Einsatz graphischer Datenverarbeitung in der Landes- und Regionalplanung

CIP-Titelaufnahme der Deutschen Bibliothek

Einsatz graphischer Datenverarbeitung in der Landes- und Regionalplanung/
Akad. für Raumforschung u. Landesplanung. – Hannover: ARL, 1990
   (Forschungs- und Sitzungsberichte / Akademie für Raumforschung
   und Landesplanung; 183)
   ISBN 3-88838-009-X
NE: Akademie für Raumforschung und Landesplanung <Hannover>:
       Forschungs- und Sitzungsberichte

Best.Nr. 009
ISBN 3-88838-009-X
ISSN 0935-0780

Alle Rechte vorbehalten · Verlag der ARL · Hannover 1990
© Akademie für Raumforschung und Landesplanung
Druck: poppdruck, 3012 Langenhagen
Auslieferung
VSB-Verlagsservice Braunschweig

FORSCHUNGS- UND
SITZUNGSBERICHTE 183

Einsatz graphischer Datenverarbeitung in der Landes- und Regionalplanung

AKADEMIE FÜR RAUMFORSCHUNG UND LANDESPLANUNG

Verfasser

Peter Domogalla, Dipl.-Geogr., Oberregierungsrat, Bezirksregierung Hannover, Dezernat Raumordnung und Landesentwicklung, Hannover

Walter Fink, Dr. techn., Dipl.-Ing., Ingenieur-Atelier Fink & Partner, Westerham

Klaus Fischer, Dr.-Ing., Ltd. Planer und Ltd. Direktor, Raumordnungsverband Rhein-Neckar, Mannheim; Korrespondierendes Mitglied der ARL

Franz Jungwirth, Dipl.-Vw., Ministerialrat, Leiter des EDV-Referates beim Bayerischen Staatsministerium für Landesentwicklung und Umweltfragen, München; Korrespondierendes Mitglied der ARL

Herbert Kähmer, Dipl.-Math., Regierungsdirektor, Landesamt für Datenverarbeitung und Statistik NRW, Düsseldorf

Hans-Werner Koeppel, B.S., M.L.A., Dipl.-Ing. (USA), Wissenschaftlicher Oberrat, Bundesforschungsanstalt für Naturschutz und Landschaftsökologie, Bonn

Günter Lützow, Dipl.-Geogr., Umlandverband Frankfurt, Frankfurt

Herbert Reiners, Dr. phil., Ministerialrat, Referent beim Minister für Umwelt, Raumordnung und Landwirtschaft des Landes NRW, Düsseldorf; Korrespondierendes Mitglied der ARL

Rainer Wilking, Dipl.-Geogr., Minister für Umwelt, Raumordnung und Landwirtschaft des Landes NRW, Düsseldorf

**Mitglieder des Arbeitskreises
„Nutzung neuer Technologien für die Tätigkeit der Landesplanung"**

MinRat Dr. *H. Reiners,* Düsseldorf (Leiter)

Ltd. Dir. Dr.-Ing. *K. Fischer,* Mannheim (Stellv. Leiter)

Dipl.-Geogr. *G. Lützow,* Frankfurt (Geschäftsführer)

MinDgt. a. D. Dr. *G. Brenken,* Mainz-Gonsenheim

ORegRat Dipl.-Geogr. *P. Domogalla,* Hannover (seit 1987)

Tech. Dir. Dr. *W. Fink,* Grasbrunn

MinRat Dipl.-Vw. *F. Jungwirth,* München

RegDir. Dipl.-Math. *H. Kähmer,* Düsseldorf

Wiss. Oberrat Dipl.-Ing. *H.-W. Koeppel,* Bonn

RegDir. Dr.-Ing. *O. Peithmann,* Hannover (bis 1986)

Inhaltsverzeichnis

HERBERT REINERS
Vorwort 1

1.   Bedarf und Defizit an allgemeinen und speziellen Informationen in der Landes- und Regionalplanung 4

KLAUS FISCHER
1.1   Einführung 4
1.2   Informationsgrundlagen 5
1.3   Informationsverarbeitung im Prozeß der räumlichen Planung 8
1.3.1   Planungsprozeß und Planungsmethodik 8
1.3.2   Informationsverarbeitung im allgemeinen 10
1.3.3   Graphische Datenverarbeitung im besonderen 10
1.3.3.1 Sammlung von Grundinformationen/Aktualisierung von Kartengrundlagen . 11
1.3.3.2 Möglichkeiten der Informationsverdichtung 11
1.3.3.3 Erarbeitung von raumbezogenen Analyseverfahren (Flächenstatistik und -bilanzierung) 12
1.3.3.4 Durchführung von raumplanerischen Bewertungs- und Entscheidungsverfahren (Flächenbewertung) 12
1.3.3.5 ADV-gestützte Plan- und Kartenentwürfe, Vorbereitung von Druckunterlagen 12
1.3.3.6 Planung als Prozeß 13
        Anmerkungen 13

HERBERT REINERS
1.4   Erstellung von Entscheidungsgrundlagen 14
1.4.1   Einführung 14

HANS-WERNER KOEPPEL
1.4.2   Beispiel: Waldschadenserhebung 15
        Literatur 15

KLAUS FISCHER
1.4.3   Beispiel: Aspekte der DV-gestützten Regionalplanung 19
        Anmerkungen 28

GÜNTER LÜTZOW
1.4.4   Beispiel: Aufstellung und Fortschreibung des Flächennutzungsplanes im Umlandverband Frankfurt 29

FRANZ JUNGWIRTH
1.4.5   Beispiel: Raumordnungsverfahren (ROV) Aus- und Neubau der B 173 (Lichtenfels-Kronach) Möglichkeiten der Unterstützung einer ROV durch den Einsatz der ADV .. 34

HERBERT REINERS
1.5	Verfahrensbegleitende Dokumentation in förmlichen Planverfahren	39
1.5.1	Manuelle Bearbeitung	40
1.5.1.1	Graphisch — Kartographisch	40
1.5.1.2	Textlich	41
1.5.2	ADV-gestützte Bearbeitung	48
1.5.2.1	Graphisch — Kartographisch	48
1.5.2.2	Textlich	49
	Anmerkungen	49

GÜNTER LÜTZOW
1.6	Technisch bedingte Vor- und Nachteile der ADV	50

WALTER FINK
2.	Gegenwärtiger Stand der ADV-Technik	53
2.1	Technische Zusammenhänge	53
2.1.1	Die wesentlichen Funktionsgruppen einer DV-Anlage	53
2.1.1.1	Datenerfassung	53
2.1.1.2	Verarbeitung und Speicherung	54
2.1.1.3	Bildschirmdarstellung	55
2.1.1.4	Aufzeichnung in Form von Listen, Zeichnungen und Bildern	55
2.1.1.5	Datentransfer	55
2.1.1.6	Systembus	56
2.1.2	Die Speicherung und Verarbeitung von Bilddaten	56
2.2	Hardware	58
2.2.1	Systeme und Komponenten der Hardware	58
2.2.1.1	Zielsetzung	58
2.2.1.2	Systemkategorien	58
2.2.1.3	Wesentliche Systemkriterien	59
2.2.1.4	Peripherie	64
2.2.1.5	Trends	64
	Anmerkungen	65

HANS-WERNER KOEPPEL
2.2.2	Techniken der Datenerfassung	65
2.2.2.1	Einführung	65
2.2.2.2	Eingabe über Bildschirm	66
2.2.2.3	Meßwerteerfassung	66
2.2.2.4	Beleg-, Seitenleser und Scanner	67
2.2.2.5	Digitalisiergeräte	67

2.2.2.6	Scanner	69
2.2.2.7	Satellitenbilderfassung	73
2.2.2.8	Luftbildauswertung	75
	Literatur	77

WALTER FINK

2.2.3	Speichermedien	78
2.2.3.1	Disketten	78
2.2.3.2	Platten	78
2.2.3.3	Magnetbänder	79

HANS-WERNER KOEPPEL

2.2.4	Techniken der Ergebnisdarstellung	80
2.2.4.1	Drucker	80
2.2.4.2	Plotter	83
	Anmerkungen/Literatur	86

FRANZ JUNGWIRTH

2.3	Software	87
2.3.1	Grundlagen	87
2.3.1.1	Rückblick	87
2.3.1.2	Neue Technologien für die Planung	88
2.3.1.3	Die Ebenen der Software-Anwendung	88

PETER DOMOGALLA

2.3.2	Datenbanksysteme	95
2.3.2.1	Einleitung	95
2.3.2.2	Grundsysteme für Datenbanken	95
2.3.2.3	Einsatz von Standardsoftware	98
	Literatur	99

FRANZ JUNGWIRTH

2.3.3	Methoden der Datenauswertung	100
2.3.3.1	Graphische Datenverarbeitung	101
2.3.3.2	Bürokommunikation	101

HERBERT KÄHMER

3.	Entscheidungshilfen für den ADV-Einsatz	102
3.1	Ausgangssituation und Aufgabe	102
3.1.1	Zugriff auf Datensammlungen/Datenbanken und Unterstützung bei der alpha-numerischen Auswertung	102
3.1.2	Graphische Darstellungen zur übersichtlichen Präsentation von Statistiken	103

3.1.3	Graphisch-interaktive Arbeiten zur Führung von raumbezogenen Informationssystemen	104
3.1.4	Bildverarbeitung	104
3.2	Funktionsumfang der Software	105
3.2.1	Geschäftsgraphik	106
3.2.2	Graphisch-interaktive Arbeiten	109
3.3	Überlegungen zur Hardware-Beschaffung	113
3.3.1	Grundsätze	113
3.3.2	Ausschreibungsbedingungen	115
3.3.3	Auswertung der Angebote	117
3.3.4	„Benchmark"	117
3.4	Organisation von ADV-Verfahren	118
3.4.1	Arbeitsteilung zwischen ADV-Abteilung und Fachbereich	119
3.4.2	Verfahrensentwicklung	120
3.4.2.1	Datenbeschaffung und -erfassung	120
3.4.2.2	Datenverarbeitung und Ergebnisdarstellung	121
3.4.2.3	Kontrolle	122
3.4.2.4	Verfahrens-Dokumentation	123
3.4.2.5	Vorkehrungen für den Fall einer Gerätestörung	124
3.4.3	Personalbedarf und -ausbildung	124
3.4.4	Raumbedarf	126
3.5	Wirtschaftlichkeit	126
3.6	Rechtliche Aspekte	127
3.6.1	Datenschutz	127
3.6.2	Mitbestimmung	129
3.6.3	Vertragsgestaltung	133
	Literatur/Anmerkungen	135

RAINER WILKING

4.	Glossar zur graphischen DV	137

Zusammenstellung der Anlagen

Anhang 1:	„Charakterisierung graphischer Systeme"	155
Anhang 2:	„Beispiele für typische Workstations"	162
Anhang 3:	„Beispiele für Video-Platinen"	165
Anhang 4:	„Datenbanksysteme für Personal Computer"	167
Anhang 5:	„Datenbanksysteme für mittlere und Großrechner"	170
Anhang 6:	„Datenbanksysteme für alle Rechnerarten"	171

Vorwort

Als das Präsidium der ARL 1984 zu einem Expertengespräch einlud, war ein Jahrzehnt vergangen, seitdem sich Ministerialrat a.D. Dr. phil. Dr.-Ing. E.h. Werner Witt und o. Universitäts-Professor Dr. phil. Dr.-Ing. h.c. Erik Arnberger (†) im Arbeitskreis "Thematische Kartographie und EDV" um eine vergleichbare Problematik bemüht hatten. Indessen, die hohen Erwartungen, die mit der ADV schlechthin – ganz abgesehen von deren Einsatzmöglichkeiten auf kartographischem und graphischem Gebiet – verbunden wurden, waren zwar berechtigt, aber damals verfrüht. Weder Hardware noch – und dies viel weniger – Software waren schon soweit gereift, als daß sie im Bereich der Landes- und Regionalplanung anwenderfreundlich hätten erfolgreich eingesetzt werden können.

Nach Anhörung der Experten entschloß sich die ARL, einen Arbeitskreis "Neue Technologien und ihre Anwendung in der Landes- und Regionalplanung" einzusetzen. Dies geschah deshalb, um nach der Periode einer geradezu stürmischen technologischen Entwicklung primär die seit langem gestellte Grundsatzfrage nach der Anwendbarkeit dieser Instrumentarien für die Aufgabenerfüllung der Landes- und Regionalplanung zu beantworten, mehr aber noch, um bei der Entscheidungsfindung zum Einsatz der neuen Techniken in den Planungsdienststellen Hilfe zu leisten. Schließlich folgte die ARL damit auch der wiederholt von Werner Witt vorgetragenen Notwendigkeit, den früheren Arbeitsansatz wieder aufzunehmen und fortzuführen.

Die Beantwortung der hiermit angesprochenen Fragen ist sehr komplex. Dies ergibt sich schon aus dem Aufgabenbereich der Landes- und Regionalplanung. Die Notwendigkeit, die sehr unterschiedlichen Raumstrukturen in ihrem Bestand, in ihrer Veränderungs- bzw. Entwicklungstendenz zu erfassen, setzt die Kenntnis einer Vielzahl von Daten und Fakten voraus, die in angemessener Weise aufbereitet werden müssen. Dabei ist auch der Zusammenhang zu bedenken zwischen der jeweiligen Organisationsstruktur der Landes- und Regionalplanung, deren technischer Ausstattung und der Möglichkeit, neue Technologien einsetzen zu können. Hierbei ist für die planerische Arbeit weniger die Einzelinformation als die Notwendigkeit der Verknüpfung vielfältiger Detailkenntnisse zu einer räumlichen Gesamtschau entscheidend. Dies gilt um so mehr, als Ergebnisse der räumlichen und sozio-ökonomischen Gesamtanalyse und der daraus abgeleiteten Folgerungen und Maßnahmen Entscheidungsgrundlagen für die Planungsträger in Politik und Verwaltung auf regionaler und Landesebene sind. Die Arbeitsgrundlagen müssen daher inhaltlich begründet, anschaulich und überzeugend, vor allem aber auch für außenstehende Nichtfachleute nachvollziehbar sein. Natürlich müssen sie auch einer verwaltungsrechtlichen Nachprüfung standhalten.

Grundlage solcher Arbeiten ist wiederum eine besondere, eben planungsspezifische Materialsammlung, -erhebung und -aufbereitung von Daten für Flächennutzung und Struktur sowie von Daten zur Umwelt. Außer der inhaltlichen Darstellung der wesentlichen Faktoren, die die derzeitigen Raumstrukturen prägen, ist eine Analyse und Bewertung der Auswirkungen von beantragten oder erwogenen raumordnerischen Maßnahmen erforderlich. Diese Arbeitsschritte sind sowohl notwendig für (rechtsverbindliche) Stellungnahmen zu raumwirksamen Einzelvorhaben, etwa in Raumordnungsverfahren, als auch bei der Aufstellung und Fortschreibung von Plänen der Landes- und Regionalplanung, aber auch für die Berichterstattung gegenüber Parlamenten und Planungsgremien (z.B. Raumordnungsberichte, Raumordnungskataster). Dabei muß beachtet werden, daß künftig bei allen planerischen Stellungnahmen und Entscheidungen im Bereich der Raumordnung in verstärktem Maße die Belange der Umwelt einfließen müssen, sei es, daß nach der Novelle zum Raumordnungsgesetz im Raumordnungsverfahren die Umweltverträglichkeitsprüfung für die überörtliche Ebene durchzuführen ist, sei es, daß Umweltbelange in die Programme und Pläne der Landesplanung zu integrieren sind. Alle Schritte zur Entscheidungsfindung sollen durch den Einsatz der ADV erleichtert und stärker nachvollziehbar gemacht werden, insbesondere durch die graphische bzw. kartographische Präsentation der wesentlichen Strukturelemente, der Bewertungen und der ermittelten Ergebnisse.

Ausgehend von diesem umfangreichen und vielschichtigen Arbeitsfeld der Landes- und Regionalplanung muß die Grundsatzfrage der Eignung der neuen Technologien — wie z.B. die Inanspruchnahme der ADV schlechthin — für die Aufgabenerfüllung der Landes- und Regionalplanung beantwortet werden. Ausschlaggebend sind dafür der Bedarf und die Leistungsfähigkeit von Hardware und Software. Klärungsbedürftig erscheinen aber auch bestimmte Voraussetzungen und Folgen computergestützter Arbeitsmethoden, Vor-, Aus- und Fortbildung des Personals, dessen Belastbarkeit beim Einsatz an graphischen Arbeitsplätzen sowie Fragen des Personalbedarfs.

Dem Arbeitskreis war somit eine sehr umfassende Aufgabe gestellt. Vor dem Hintergrund eines Gliederungsrasters informierte sich der AK über den Stand der computergestützten Arbeitsweisen bei verschiedenen Institutionen z. B. durch Referate ihrer Vertreter. Durch eine Befragung bei den Landesplanungsbehörden und Institutionen der Regionalplanung verschaffte sich der AK ergänzend dazu einen Überblick über die Ausstattung der heute bereits computergestützt arbeitenden Planungsdienststellen.

Der Ergebnisbericht umfaßt drei Abschnitte: Er wird eingeleitet mit Ausführungen über "Bedarf und Defizit an allgemeinen und speziellen Informationen in der Landes- und Regionalplanung" (Anforderungsprofil). Hier werden u. a. neben den Informationsgrundlagen die Verarbeitung von Informationen im Prozeß der räumlichen Planung und die Erstellung von Entscheidungsgrundlagen sowie die verfahrenbegleitende Dokumentation im förmlichen Planverfahren beschrieben und abschließend die technisch bedingten Vor- und Nachteile des Einsatzes der ADV gegenübergestellt.

Trotz der Schwierigkeit, mit der schnellebigen Entwicklung der ADV insgesamt Schritt zu halten, hat der zweite Abschnitt den "Gegenwärtigen Stand der ADV-Technik" zum Gegenstand. Nach einführender Klärung der technischen Zusammenhänge werden Hardware und Software insbesondere unter dem Aspekt der für Zwecke der Landes- und Regionalplanung einzusetzenden graphischen DV eingehend beschrieben.

Der Band wird abgeschlossen mit dem dritten, für die Praxis sicher auch interessantesten Abschnitt "Entscheidungshilfen für den ADV-Einsatz". Ausgehend von der Aufgabenstellung widmet er sich u. a. den Kriterien für die Software- und Hardwarebeschaffung, den Aussagen zur Organisation der ADV-Verfahren, der Fragen der Wirtschaftlichkeit. Er endet mit Ausführungen zu rechtlichen Aspekten wie Datenschutz, Mitbestimmung und Vertragsgestaltung. In diesen Abschnitt sind auch die Auswertungsergebnisse der Befragung einbezogen.

Die neue Technologie ist für Nicht-DV-Fachleute deshalb schwer zugänglich, weil sich für sie auch eine besondere Fachsprache entwickelt hat. Sie ist durch zahlreiche, meist englischsprachige Begriffe gekennzeichnet. Diese jeweils innerhalb des Textes zu erklären, hätten diesen durch die allzu häufigen Unterbrechungen unlesbar gemacht. Deshalb griff der AK gerne eine Anregung des Mitinitiators des AK, Herrn Ministerialdirigent a.D. Dr. Brenken, auf und empfahl, jene Fachbegriffe aus den Textbeiträgen sowie weitere Begriffe, die mit diesen im funktionalen Zusammenhang stehen, in englischer und deutscher Sprache aufzulisten. Diese Sonderaufgabe übernahm im Auftrag der ARL Herr Dipl.-Geograph Rainer Wilking. Der Forschungsbericht wird somit durch ein "Glossar zur graphischen Datenverarbeitung" ergänzt.

Zur Methodik der Darstellung erscheinen einige Hinweise erforderlich:

Die Ausführungen beziehen sich vornehmlich auf den PC-Bereich, weil davon ausgegangen werden kann, daß dort, wo bereits Großrechenanlagen im Einsatz sind, das erforderliche technische Vorverständnis ohnehin vorhanden ist.

Dem Bemühen, möglichst den aktuellen Stand der technischen Entwicklung darzustellen, sind Grenzen gesetzt. Dies gilt besonders für die im Anhang mitgeteilten zusätzlichen Informationen, etwa zur Charakterisierung graphischer Systeme (Lützow), für die Beispiele zu den Workstations, Videoplatinen und Bildverarbeitungssystemen ebenso wie für den Herstellernachweis (Fink) und jene für die Datenbanksysteme (Domogalla). Gleichwohl bieten auch diese Zusammenstellungen, die vielleicht bei der Drucklegung schon in Einzelheiten überholt sein können, wesentliche Aspekte für die Einarbeitung in den Themenkreis und ermöglichen eine evtl. angebrachte Aktualisierung. Die im dritten Teil des Berichtes angeführten Checklisten sollen ggf. den jeweiligen besonderen Erfordernissen der Planungsdienststellen angepaßt werden.

In der Abfolge der Darstellung konnten Wiederholungen nicht immer vermieden werden, weil sonst der Sachzusammenhang nicht erkennbar wäre. Deshalb ist durch Verweisungen auf jene Stellen hingewiesen worden, wo zusätzliche Ausführungen zu bestimmten Sachverhalten zu finden sind.

Im AK bestand Einvernehmen darüber, nicht als Autorenkollektiv aufzutreten. Vielmehr fordert die Mitarbeit der einzelnen Autoren und deren Einsatz trotz hoher beruflicher Belastung auch die Anerkennung ihrer Urheberschaft. Deshalb sind die Verfasser bei den jeweiligen Abschnitten vermerkt.

Der AK hofft, daß der Forschungsbericht den Fachkollegen im Bereich der Landes- und Regionalplanung eine Hilfe sein wird bei der Entscheidung zum Einsatz der graphischen DV im planerischen Arbeitsprozeß.

Dem damaligen Präsidium und dem früheren Generalsekretär der ARL, Herrn Dr. Karl Haubner, ist für die Initiative, den AK "Neue Technologien und ihre Anwendung in der Landes- und Regionalplanung" begründet und mit Interesse begleitet zu haben, zu danken.

Als Leiter des Arbeitskreises möchte ich den Mitgliedern, insbesondere den Herren Dr.-Ing. Klaus Fischer als stellvertretender Vorsitzender und Dipl.-Geograph Günter Lützow als Geschäftsführer, für die intensiven Diskussionen und geleistete Mitarbeit danken. In diesen Dank einzubeziehen ist auch Herr Dipl.-Geograph Dr. Volker Wille, Wissenschaftlicher Referent im Sekretariat der ARL, der den engen Kontakt zwischen Arbeitskreis und ARL stets gewährleistete.

Herbert Reiners

1. Bedarf und Defizit an allgemeinen und speziellen Informationen in der Landes- und Regionalplanung

1.1 Einführung

Eine systematische Ermittlung, wirtschaftliche Verarbeitung und problemorientierte Verwendung von Informationen ist die Grundlage aller Entscheidungs- und Planungsprozesse. So erfüllen Informationssysteme und Flächenkataster für die räumliche Planung nicht nur eine Dokumentations- und Sortierungsfunktion; für die Raumordnung sind Informationssysteme — in Zukunft vermehrt ADV-gestützt — insbesondere aus folgenden Gründen erforderlich[1]):

- Die zunehmende Komplexität und Kompliziertheit der Probleme und Problemzusammenhänge in einer hochindustrialisierten Gesellschaft führt zu wachsender Störanfälligkeit der Teilsysteme und zunehmender Unübersichtlichkeit des Gesamtsystems; hier können verbesserte Informationssysteme mit Ermittlung der Wirkungszusammenhänge, Offenlegung der Wirkungsverläufe, aber auch Filterung der Informationsmengen die Koordinierungs- und Abstimmungsfunktion der räumlichen Planung verbessern.

- Informationssysteme und Flächenkataster sind erforderlich, damit die räumliche Planung ihrer Vorsorgefunktio genügen kann. Sie sind Voraussetzung für Ressourcenschutz, Flächenbilanzierungen und Flächenhaushaltspolitik; vor allem Fragen des "Landschaftsverbrauchs" und der Freiraumsicherung sind ohne geeignete Flächendaten nicht problemgerecht zu behandeln. Insofern beinhalten Kataster nicht nur Ist-Zustände und Vorher-Nachher-Vergleiche, sondern sind geradezu als "Frühwarnsystem" geeignet.

- Informationssysteme und Flächenkataster sind auch erforderlich, um inhaltlich klare, rechtlich eindeutige und planungssystematisch verwertbare Informationen über flächenbeanspruchende und raumbeeinflussende Planungen und Maßnahmen zu gewährleisten.

  Zur Planungsfunktion von Informationssystemen gehört deren Aktualität und Verfügbarkeit, vor allem die Erweiterung der Analysedaten zu Prognosedaten und die Verknüpfung mit Flächendaten; zur Planungsfunktion von Flächenkatastern gehören (aktualisierte) Nutzungsangaben in Zustand und Planung, und zwar jeweils für die reale und zulässige Nutzung und deren Nachweis nach Lage, Form, Größe und Klassifizierung (Karten- und Datenwerk).

- Darüber hinaus sind Informationssysteme aus planungsmethodischer Hinsicht zweckmäßig, weil nur auf diese Weise eine geeignete Abstimmungsgrundlage für Fach- und Einzelplanungen gegeben und eine angemessene Rechtssicherheit für Abwägungs- und Entscheidungsprozesse gewährleistet ist; dies gilt auch in arbeitsökonomischer Hinsicht, weil nur so eine geeignete Informations- und Beurteilungsgrundlage bereitgestellt werden kann.

- Schließlich haben Informationssysteme und daraus abgeleitete Darstellungen auch eine Überzeugungs- und Vermittlungsfunktion; die gestiegenen Anforderungen an Transparenz und Effizienz, an Rechtssicherheit und Akzeptanz von Planungsarbeiten sind nur mit verbesserten, auch technikgestützten Hilfsmitteln möglich, wobei die Forderung von objektiven Daten bis zu deren Visualisierung (und damit Verfremdung) reicht.

Dem Informationsbedarf stehen erwartungsgemäß Mängel gegenüber, die sich wiederum aus den besonderen Anforderungen der Raumordnung und räumlichen Planung herleiten[2]). Insbesondere bei flächenbezogenen Daten gibt es ein erhebliches Informationsdefizit; dies gilt für die Datenbereitstellung, aber auch für die Datenaufbereitung und den Datenaustausch: So gibt es beispielsweise keine aktuelle Sammlung von Angaben zur Flächennutzung, die die tatsächliche und gewidmete, die gewesene und geplante Nutzung in den jeweils unterschiedlichen Ausprägungen, auch zahlenmäßig und räumlich quantifiziert, enthält. Es wird der zunehmende Flächenverbrauch bemängelt, ohne zu wissen, wieviel, wo und welche Flächen eigentlich "verbraucht" werden. Es wird mit hohem Anspruch über raumordnerische Probleme, Bodenschutzfragen, Flächennutzungen diskutiert und entschieden, ohne abgesicherte Grunddaten verwenden zu können. Es gibt eine Vielzahl von komplizierten und präzis anmutenden Modellrechnungen, die auf Flächendaten basieren, deren Genauigkeit und Verläßlichkeit unbekannt sind. Alles in allem: Es wird die Aufgabe einer Katastrierung von Flächendaten zwar gesehen, aber nicht vollzogen[3]), und es wird die Erforderlichkeit einer ADV-gestützten Aufbereitung von Flächendaten zwar anerkannt, aber kaum praktiziert[4]).

Aus raumordnerischer Sicht seien als Hauptmängel geltender Informationssysteme und Flächenkataster genannt:

— Mangelhafte zeit- und bedarfsgemäße Verfügbarkeit von Informationen für räumliche Planungen sowie über die jeweiligen Aufgabengebiete der Fachplanungen.

— Fehlende Vergleichbarkeit und Vernetzbarkeit von Daten, insbesondere über Landes- und Ressortgrenzen und insbesondere dann, wenn die Informationen "automationsgerecht" zur Verfügung gestellt werden (Kompatibilitätsmängel).

— Unzureichende Zusammenführung der unterschiedlichen Datenquellen, wie z.B. Amtliche Statistik und fachspezifische Sondererhebungen.

— Informationsdefizite und Kooperationsmängel, die auf unzureichender vertikaler oder horizontaler Information beruhen, wobei die Mitteilungs- und Auskunftspflichten (beispielsweise § 10 Raumordnungsgesetz vom 8. April 1965 i.d.F. vom 19. 12. 1986 oder die Mitteilungs- und Unterstützungspflichten in den jeweiligen Landesplanungsgesetzen) in der Planungs- und Verwaltungspraxis nicht in ausreichendem Maße eingehalten werden.

— Zahlreiche methodische Mängel, wie fehlende Kontinuität der administrativen Grenzziehungen, Zufälligkeit und damit Unvergleichbarkeit der Raumabgrenzungen, fehlende Disaggregationsmöglichkeiten für kleinräumliche Arealstatistiken, aber auch mangelnde Aktualität, häufig fehlender Raumbezug (falls Flächendaten überhaupt vorliegen), oft nur formale Genauigkeit und Datenschutzprobleme.

1.2 Informationsgrundlagen

Wenn die Anforderungen an Effizienz und Rechtssicherheit der räumlichen Planung größer werden, so steigen auch die Anforderungen an die Datenbasis in ihrer sachlichen und räumlichen Gliederung. Dies hat zugleich den Einsatz der automatischen Datenverarbeitung in Raumordnung und Raumplanung beschleunigt, denn umfangreichere und komplexere Methoden der Datenanalyse können ohnehin nur mit Hilfe der ADV bewerkstelligt werden. Wenn aber automationsgerechte Informationen zur Verfügung stehen, wächst das Bedürfnis nach weiter verbesserten Informations- und Entscheidungsgrundlagen. (Aus den Zahlenfriedhöfen der ersten ADV-Jahre sind inzwischen Papier- und Kartenfriedhöfe geworden.) Diesem Selbstverstärkereffekt der Datennachfrage gilt es durch problemorientierte Auswahl der Informationen zu begegnen.

Informationen schlechthin sind die Grundlage aller Raumordnungs- und Raumplanungstätigkeiten: dabei reicht die Spannweite von formalisierten Informationen, also logisch-systematisch verwertbaren, meßbaren, exakt definierten Daten bis hin zu Zeichen, die im semiotischen Sinne mehr Symbol als Inhalt bedeuten. So gilt es als Informationsformen zu unterscheiden zwischen verbalen Informationen, Rechtsnormen, Planzielen, Interessen (Wünschen), graphischen Informationen (Karten, Pläne, Skizzen) und numerischen Informationen (Daten, Statistiken), die wiederum quantitativer oder qualitativer Art sein können. Darüber hinaus gilt es zu beachten, daß Informationen nicht nur als (numerische) Strukturdaten oder flächen- und raumbezogene Daten vorliegen, sondern daß auch Einstellungs- und Verhaltensinformationen zu den wichtigen Planungsparametern gehören[5]).

Auch die unmittelbare Beobachtung der realen oder der Verwaltungswirklichkeit, die praktische Lebenserfahrung oder Untergrund- und Hintergrundinformationen unterschiedlichster Quellen gehören hierher.

Die jeweils gewählte Form der Informationsübermittlung ist vom Zweck abhängig zu machen; auch hier reicht die Spannweite von rechtlich (auch räumlich) eindeutigen und damit verbindlichen Festsetzungen bis zu gezielter Desinformation. Daten sind dabei abstrakte, zugleich aufs höchste verdichtete Sachverhalte, die eine formalisierte Bearbeitung des Planungsprozesses ermöglichen, dies wiederum kann in manueller oder automatischer Weise geschehen. Liegen graphische Datenbestände auch digitalisiert vor, so ist deren Verknüpfung mit numerischen Daten ADV-gestützt möglich.

In der Praxis der Raumordnung und Planung gilt es nicht nur nach Informationsformen, sondern auch nach Datenquellen und Datenarten und — zusammenfassend — nach Informationssystemen zu unterscheiden.Ohne auf Einzelheiten möglicher Datenquellen eingehen zu wollen, seien hier als wichtigste Anbieter von raumbezogenen Daten genannt[6])[7])

- die Amtliche Statistik mit ihren Großzählungen und Sondererhebungen, insbesondere die Daten nach Gemeindegliederung, aber auch Gemeindedaten aus laufenden Erhebungen sowie die Städtestatistik;

- Daten aus dem Verwaltungsvollzug, wobei über das (automatisierte) Liegenschaftskataster hinaus dazu Daten aus dem Einwohnerwesen, der Grundsteuer- und Gewerbesteuerveranlagung, den Gebäude- und Gewerbekarteien, der Kfz-Zulassungskartei, das Raumordnungskataster, insbesondere aber Daten aus Raumordnungs-, Bauleitplan- und Planfeststellungsverfahren gehören;

- Sekundärstatistik: hierzu gehören die Beschäftigtenstatistik der Bundesanstalt für Arbeit, Emissionskastaster, Brandversicherungskataster, Biotopkataster, vor allem das neue Liegenschaftskataster mit (künftighin) automatisiertem Liegenschaftsbuch und Karte;

- Sondererhebungen: hierzu rechnen Verkehrszählungen, Zusatzerhebungen zu Großzählungen, insbesondere aber flächenbezogene Sondererhebungen und Auswertungen;

- das amtliche topographische Kartenwerk und Luftbilder, auch Ergebnisse der Fernerkundung mit Hilfe von Photogrammetrie oder Satellit, örtliche Messungen und thematische Karten.

Ohne auf den räumlichen Bezug der Daten einzugehen (Strecken-, Netzdaten), also deren Identifikation, und ohne die Definitionsprobleme der Daten anzusprechen, gilt es Daten aus folgenden Bereichen zu unterscheiden:

— Landschaftsstruktur und natürliche Ressourcen,

— Bevölkerungs- und Erwerbsstruktur,

— Wirtschaftsstruktur,

— Siedlungs- und Funktionsstruktur,

— Infrastruktur.

Um die aus verschiedenen Datenquellen gewonnenen Datenarten in geeigneter Weise miteinander verknüpfen zu können, bieten sich (rechnergestützte, geographische, planungsbezogene) Informationssysteme an. Auch wenn wegen der Wandelbarkeit der Planungsanforderungen und damit in der Datenauswahl selbst Schwierigkeiten zu erwarten sind, ist es gleichwohl erforderlich, Informationssysteme zu konzipieren, die eine einheitliche Basis für Daten aus dem Verwaltungsvollzug, aus der Statistik und aus Sondererhebungen — jeweils mit räumlichen, Bezug — ermöglichen. Dabei ist nicht nur der geometrische Bezug über Gauß-Krüger-Koordinaten oder andere Adressierverfahren herzustellen, sondern auch zu gewährleisten, daß die unterschiedlichen Daten in räumlicher, zeitlicher und sachlicher Hinsicht miteinander verknüpft werden können. An Informationssystemen, die für die Regional- und Landesplanung Bedeutung haben, gilt es zu unterscheiden

— Landesinformationssysteme, die neben einer Gemeindedatenbank in der Regel auch Daten aus weiteren Sachbereichen enthalten, die zu unterschiedlichen Gebietskategorien aggregiert werden können; die meisten Landesinformationssysteme beinhalten ein automatisiertes Abrufsystem mit schnellem Zugriff der Daten, aber auch Durchführung von Rechenoperationen, der Erstellung von Tabellen und thematischen Druckerkarten sowie Farbgraphiken; auch sind die Landesinformationssysteme mit verschiedenen Auswertungsprogrammen ausgestattet[8]).

— Fachinformationssysteme mit Bezug auf die Raumordnung[9]), aber auch Land- und Landschaftsinformationssysteme, die zunehmend aufgebaut werden.

— Regionale und kommunale Informationssysteme, die mit der Zielsetzung umfassender Informationsmöglichkeit oder mehr für Zwecke der Stadt- und Regionalplanung ausgelegt sind[10]).

— Raumordnungskataster als Informationssysteme zur Speicherung raumbedeutsamer Maßnahmen und Planungen, mehrheitlich als Plankartei und bisher nur in Ausnahmefällen automationsgerecht als Karten- und Datenwerk aufgebaut[11]).

— Sonderkastaster, wie Emissions- und Immissionskataster, ökologische Kataster, Straßenkataster u.a.

Übersicht 1: Definition und Gegenüberstellung der einzelnen Arbeitsschritte von Planungsprozeß, allgemeiner Informationsverarbeitung und graphischer Datenverarbeitung

Planungsprozeß und Planungsmethodik	Informationsverarbeitung im allgemeinen	Graphische Datenverarbeitung im besonderen
– Zustandsbeobachtung und Analyse der Entwicklung	– Informationsauswahl	– Informationssammlung und Informationsverbesserung, Aktualisierung von Kartenunterlagen
– Problemerkenntnis und Zielerwägung	– Informationsbeschaffung	
	– Informationserfassung	
– Vorausschätzungen als Prognosen und Projektionen	– Informationsspeicherung	– Informationsverdichtung
	– Informationsverdichtung	– Erarbeitung raumbezogener Analyseverfahren, z. B. Flächenbilanzierung
	– Informationsverarbeitung	
– Entscheidung und Bewertung	– Informationswiedergabe	
	– Informationsaustausch	– Durchführung raumbezogener Bewertungs- und Entscheidungsverfahren, z. B. Flächenbewertung
– Konzeptentwicklung und Planaufstellung		
– Planverwirklichung und Planfortführung		– ADV-gestützte Plan- und Kartenentwürfe, Visualisierung
		– Planung als Prozeß

1.3 Informationsverarbeitung im Prozeß der räumlichen Planung

Der Prozeß der räumlichen Planung verlangt ebenso wie die Verarbeitung von Informationen systematische Vorgehensweise. Es haben sich deshalb Bearbeitungsmethoden und Verarbeitungsregeln herausgebildet, die den Gesetzen formaler Logik genügen, ausreichende Plausibilität und Überzeugungskraft entfalten und nach Möglichkeit normierbare Elemente und formalisierbare Verarbeitungsvorgänge beinhalten. Eine Gegenüberstellung der notwendigen Arbeitsschritte

– im Prozeß der räumlichen Planung,

– bei der Informationsverarbeitung im allgemeinen und

– der Graphischen Datenverarbeitung im besonderen

zeigt sogar, daß Grundähnlichkeiten im Systemkomplex von Analyse – Bewertung – Entscheidung bestehen, die es zu berücksichtigen und miteinander zu verbinden gilt (Übersicht 1).

1.3.1 Planungsprozeß und Planungsmethodik

Die Arbeitsmethodik der Raumplanung hat sich von der herkömmlichen Betrachtungsweise (Analyse – Prognose – Planung bzw. Diagnose – Prognose – Therapie) gelöst und ist zu einer differenzierten Vorgehensweise gelangt. Die wesentlichen Verfeinerungen dabei stützen sich auf die Erkenntnis, daß auch Planungen prozessualen Charakter haben, in Regelkreisen verlaufen und ohne Fortschreibung und Erfolgskontrolle undenkbar sind; darüber hinaus werden Wirkungen und (unbeabsichtigte) Nebenwirkungen der Planung behandelt sowie die gegenwärtigen und zukünftigen Handlungsspielräume offengelegt. Diese Planungsmethodik ist im wesentlichen mit sechs Arbeitsschritten umschrieben:

1. Zustandsbeobachtung und Analyse der Entwicklung
2. Problemerkenntnis und Zielerwägung
3. Vorausschätzungen als Prognosen und Projektionen
4. Bewertung und Entscheidung
5. Konzeptentwicklung und Planaufstellung
6. Planverwirklichung und Planfortführung
7. = 1.

Der Ablaufmechanismus selbst stellt sich komplizierter dar. Wenngleich auch individuelle Planungsgeschehen nicht im Sinne einer "Bedienungsanleitung" schematisiert werden können, so gibt es doch eine Reihe von wiederkehrenden Grundprozessen und handwerklichen Details, die es zu beachten gilt. Der Planungsvorgang beginnt mit der Bestandsanalyse und endet nicht mit der Vorlage des Planentwurfes: Eine ständige Überprüfung und Plankontrolle sollte genauso selbstverständlich sein wie wiederholte Anpassung an geänderte Verhältnisse und Voraussetzungen. Beachtenswert im Planungsablauf ist auch die Rückwirkung von Daten und Ereignissen auf andere Größen und die sodann erfolgende Beeinflussung der Ausgangsgröße selbst (Rückkoppelung). Wenn der Zustand und die Entwicklungstendenzen ermittelt sind, ist eine kritische Bewertung der vorgegebenen Situation möglich.

Die eigentliche Analyse vollzieht sich bereits vor dem Hintergrund von Ordnungsvorstellungen und Zielvorgaben und leitet damit in die Phase des Planentwurfs über. Die Vorausschätzung — hierbei gilt es streng zwischen Trendprognosen und Zielprojektionen zu unterscheiden - verwendet ebenfalls Ziele und Wertmaßstäbe als Entscheidungshilfe. Hervorgehoben sei die Bedeutung einer ausreichend exakt formulierten Zielvorstellung; der normative Soll-Zustand muß nämlich zur Analyse des Bestandes und zur Formulierung der Vorausschätzungen in gleicher Weise bekannt sein. Nur dann gelingt es, Bewertungen und Entscheidungen vor dem Hintergrund von Wirkungsprognosen vorzunehmen, Planalternativen zu berücksichtigen, heutige Handlungsspielräume im Vergleich zwischen Trendprognosen und Zielprojektionen zu ermitteln und künftige Handlungsspielräume zu belassen. Nur dann lassen sich Abweichungen von Ist und Soll bestimmen und geeignete Aktionsprogramme über Entwicklungsumfang und Entwicklungsmaßnahmen herleiten. Selbstverständlich wird jede räumliche Planung nicht ohne die Ableitung von Planalternativen erarbeitet werden können.

An dieser Stelle sind üblicherweise Rückkoppelungseffekte zu beachten, sei es durch zwischenzeitlich geänderte Voraussetzungen oder infolge erster Plankontrollen. Um die Plandurchführung zu gewährleisten, ist nicht nur ein Aktionsprogramm nach Dringlichkeit, Zeitstufen und Kosten erforderlich, sondern auch eine gewisse Realisierungsstrategie. Die Ergebniskontrollen hinsichtlich Geplantem und Erreichtem werden nicht nur zur Effizienzprüfung der Planung und ihrer Instrumente erforderlich sein, sondern führen zwangsläufig zur Planfortschreibung. Wenn auch nicht alle Arbeitsschritte in der gleichen Intensität zu behandeln sind, so beginnt doch prinzipiell die Fortschreibung mit einer erneuten Analyse des Bestandes und Überprüfung der Voraussetzungen[12]).

1.3.2 Informationsverarbeitung im allgemeinen

Informationsverarbeitung für Zwecke der raumbezogenen Planung ist stets vor dem Hintergrund von formaler Zuständigkeit und praktischer Datenverfügbarkeit zu sehen. Nur im Ausnahmefall erhebt die planende Verwaltung eigene Daten, führt eigene Kataster und Informationssysteme. Zu den wichtigsten - und oft in ihrer Bedeutung unterschätzten - Aufgaben gehört daher die Beschaffung von Informationen und ihre Auswahl derart, daß die für den jeweiligen Zweck, aber auch für künftig zu erwartende Aufgabenänderungen, geeigneten Daten zur Verfügung stehen. Zur Erfassung und Speicherung von Informationen sind sowohl Listen, Karteikarten und Landkarten, aber natürlich auch elektronische Medien (Bänder, Disketten) denkbar. Hinsichtlich der Logik unterscheiden sich manuelle oder ADV-gestützte Verfahren nicht; in jedem Falle sind die Art der Informationen, ihre Struktur und Identifikationsschlüssel eindeutig zu dokumentieren.

Informationsverdichtung ist die schwierige Aufgabe, Datenmengen zu reduzieren, ohne Informationsverluste in Kauf nehmen zu müssen. (So ist die thematische Karte nicht nur eine beliebte Speicherform, sondern auch ein geeignetes Instrument der Informationsverdichtung und natürlich der Informationswiedergabe.) Datenverdichtungen reichen von Aggregationen und Verknüpfungen bis hin zu Verhältniszahlen, Mittelwerten und Streuungsmaßen.

Zum Kernbereich der Informationsverarbeitung gehören alle Analyse-, Bewertungs- und Entscheidungsverfahren; auch deterministische Modelle, Optimierungsverfahren und rechnergestützte Simulationsmodelle zählen hierzu.

Was die Wiedergabe und den Austausch von Informationen anbelangt, so lassen sich Texte und Zahlen in schriftlichen Darstellungen, Kurven und Diagramme in graphischen Darstellungen sowie Linien, Flächen und Symbole in kartographische Wiedergaben unterscheiden. Vergleicht man traditionelle Informationsverarbeitung mit der ADV, so liegen die Vorteile des ADV-Einsatzes vor allem in der Möglichkeit der Analyse und Verknüpfung großer Datenbestände und der rechnergestützten Zeichnung der Karten und Pläne.

1.3.3 Graphische Datenverarbeitung im besonderen

Für traditionelle Informationsverarbeitung und Graphische Datenverarbeitung gilt, daß die Datensituation im Flächenbereich unvollkommen ist und die automatische Verarbeitung von Flächendaten erst in ihren Anfängen steckt[13]). Bezeichnend ist auch, daß Daten zur Flächennutzung jeweils unterschiedlichen Erhebungen entnommen werden müssen; dabei sind — allerdings nicht digitalisiert und auch nicht lagetreu nachgewiesen — bedingt verwertbar

— die frühere Bodennutzungserhebung und die heutige Flächenerhebung,

— die Statistik über die Bodennutzung, die im Jahrbuch deutscher Gemeinden veröffentlicht wird,

— luftbildgestützte Flächendateien.

Die Bodennutzungserhebung ist vor allem für landwirtschaftliche Zwecke gedacht; wegen der nicht planungsrelevanten Kategorisierung der Flächendaten, vor allem aber wegen ihrer Ungenauigkeit erübrigen sich nähere Erörterungen. Die neu in die allgemeine Statistik eingeführte Flächenerhebung findet seit 1981 alle vier Jahre statt. Im Gegensatz zur Bodennutzungshaupterhebung ermöglicht die Flächenerhebung auch Ergebnisse über die außerlandwirtschaftliche Flächennutzung. Der Nutzungsartenkatalog - insgesamt 13 Nutzungsarten nach Belegenheitsprinzip — beruht auf dem ADV-Sollkonzept "Automatisiertes Liegenschaftskataster als Basis der Grundstücksdatenbank". Probleme gibt es im definitorischen Bereich, hinsichtlich der Aktualität der Kataster bei Nutzungsänderungen und wegen der nicht flächendeckenden Verfügbarkeit. Die Flächenerhebung 1989 wird erstmals aus zwei (verschiedenen) Erhebungsteilen bestehen: der Erhebung der "tatsächlichen" Bodennutzung gemäß Liegenschaftskataster und der "geplanten" Bodennutzung gemäß Flächennutzungsplan.

Ebenfalls nur buchmäßig und nicht kartenmäßig sind die Flächendaten im Jahrbuch deutscher Gemeinden aufgeführt; hier ist die Aggregationsstufe vergleichsweise hoch (Gemeindegebiet, bebaute Fläche, Verkehrsfläche, Grünanlage, Wasserfläche, Forsten, landwirtschaftliche Fläche). Die Daten werden aperiodisch aktualisiert; ihre Aussagekraft leidet darunter, daß in den einzelnen Gemeinden unterschiedliche Erhebungstechniken verwendet werden.

Luftbildgestützte Flächenkataster lassen sich auch mit Hilfe von Fernerkundungsverfahren (Luftbilder, Satellitenbilder) aufbauen. Während die Luftbildinterpretation zu den traditionellen Verfahren zählt und bei Flurbereinigungen, Straßenplanungen, Bauleitplanungen häufig eingesetzt wird, ist die digitale Bildverarbeitung weniger weit verbreitet. Dies gilt insbesondere für die Auswertung von Satellitenaufnahmen (z.B. Landsat D, MSS), deren praktische Verwendbarkeit bislang auf Sonderaufgaben beschränkt ist. Weiterentwickelte Fernerkundungsverfahren werden sicherlich die Luftbildauswertung auch für statistische, planerische und ökologische Zwecke ermöglichen (z.B. Landsat TM, Spot, vgl. Kap. 2.2.28)[14]).

Für die Praxis der graphischen Datenverarbeitung lassen sich im Kontext mit der dargelegten Planungsmethodik folgende Arbeitsschritte ableiten (vgl. Übersicht 1).

1.3.3.1 Sammlung von Grundinformationen, Aktualisierung von Kartenunterlagen

Grundproblem aller auf Entscheidungen bezogenen Tätigkeiten ist ein ausreichender, zudem zeitgemäßer Informationsfluß. In besonderem Maße gilt dies für raumplanerische Aktivitäten, die ein komplexes Feld von Wirkungsverkettungen bilden.Hierher gehört auch die vergleichsweise simple Forderung nach aktuellen Kartenunterlagen, die freilich aus Zeit- und Kostengründen in der Regel nicht zu erfüllen ist, und hierher gehört auch die Problematik der Flächendaten. Über eine ausreichend differenzierte, zudem aktuelle Flächennutzung (Ist-Werte) oder gar die planungsrechtliche Flächenbeanspruchung (Soll-Werte) gibt es einheitlich und flächendeckend keine zuverlässigen Werte.

1.3.3.2 Möglichkeiten der Informationsverdichtung

Bedeutende Möglichkeiten, auch Rationalisierungsreserven, liegen in der Nutzung von Flächenkatastern zur Informationsverdichtung und Informationsverknüpfung. Dabei reicht die Spannweite von einfachen Flächenberechnungen, über Flächenbilanzierungen bis zu komplizierteren Flächenverschneidungen. So ist für regionale und kommunale Planungen beispielsweise die Frage von Bedeutung, wie hoch der Anteil der Siedlungsflächen an der jeweiligen Gesamtfläche oder der Anteil der Freiflächen je Einwohner ist und wo er liegt. Flächenbilanzierungen mit dem Nachweis realer und planungsrechtlich zulässiger Nutzung — zudem differenziert nach Raumkategorien — liefern Hinweise auf Umweltpässe oder lassen Gestaltungsspielräume erkennen.

1.3.3.3 Erarbeitung von raumbezogenen Analyseverfahren (Flächenstatistik und Flächenbilanzierung)

Für Raumordnung und Raumplanung stellt sich immer wieder die Frage nach direkten und indirekten Abhängigkeiten, nach räumlichen Gliederungen und Typisierungen bei variierenden Indikatoren und Schwellenwerten; alles dies sind Aufgaben, die mit Hilfe thematischer Kartierungen gelöst werden können. Wichtige Fragen sind beispielsweise: Wie orientieren sich Pendlerströme? Wo liegen schulische Einzugsbereiche oder Kaufkraftpotentiale? Wie hoch ist der Anteil der aktuell nutzbaren Gewerbeflächen und reichen die geplanten Gewerbeflächen in quantitativer Hinsicht (Größe) und qualitativer Hinsicht (Lagegunst) überhaupt aus?

1.3.3.4 Durchführung von raumplanerischen Bewertungs- und Entscheidungsverfahren (Flächenbewertung)

Einen weiten Aufgabenbereich stellt das Feld der Flächeneignungsbewertungen, ökologischen Tragfähigkeitsabschätzungen, der Simulationsmodelle und Optimierungsmodelle dar. Stets geht es darum, wertende Entscheidungen bei sich ändernden Randbedingungen und wechselnden Zielvorstellungen zu treffen. Wichtige Fragen sind beispielsweise: Welches sind optimale Einzugsbereiche oder maximale Tragfähigkeiten? Wie hoch ist der Anteil der Wohnbauflächen, und wo liegen diese Wohnbauflächen, die beeinträchtigt sind von benachbarten Störfaktoren wie Lärm, Luftverschmutzung, Freiflächendefizit, infrastrukturelle Unterversorgung, mangelnde Frischluftzirkulation.

Die Frage nach wirkungsvollen raumplanerischen Steuerungsmöglichkeiten ist eng verbunden mit der Frage nach den Grenzen der Belastbarkeit des Naturhaushaltes, denn raumplanerische Festlegungen werden sich nur begründen lassen, wenn zugleich plausible Grenzwerte vorliegen. Für die Freiraumplanung fehlt es meist an entsprechenden statistischen Daten, oft auch an abgesicherten Erkenntnissen über ökologische Grundlagen und anwendbare Grenzwerte. Insbesondere die quantitative Erfassung der notwendigen Daten hat bislang Schwierigkeiten bereitet. Hier bieten sich Raumordnungs- und Raumplanungskataster mit entsprechender Auswahl der Flächenelemente und problemorientierte Rechenalgorithmen geradezu an.

1.3.3.5 ADV-gestützte Plan- und Kartenentwürfe, Vorbereitung von Druckunterlagen

Die automatisierte Herstellung von Karten und Plänen bietet nicht nur Vorteile in zeitlicher Hinsicht; für die Erarbeitung von thematischen Karten wie die Verteilung der Arbeitsplätze nach Gemeinden, die Bevölkerungsdichte nach Kreisen, Einzelhandelsumsätze oder Baulandpreise in absoluter, relativer oder zeitbezogener Darstellung gilt es zunächst einmal Schwellenwertermittlungen durchzuführen, für die sich die EDV geradezu anbietet. Ein gleiches gilt für die Umsetzung der Daten in Symbole, Raster, Schraffuren, Farben oder flächenhafte Darstellungen, die ebenfalls rechnergestützt ermittelt und interaktiv bearbeitet werden müssen. Ein weiterer, vor allem in arbeitsorganisatorischer Hinsicht wichtiger Anwendungsbereich ist die Herstellung von Konturenkarten und Farbauszügen mit Hilfe des Plotters zur Vorbereitung von Druckunterlagen für die vervielfältigungstechnische Weiterverarbeitung.

1.3.3.6 Planung als Prozeß

Wenn Planungen prozessualen Charakter haben und ohne Wirkungsanalysen und Erfolgskontrollen eigentlich undenkbar sind, so bedeutet dies gleichzeitig, daß EDV-gestützte Analysen, Prognosen und Evaluierungen unverzichtbarer Bestandteil räumlicher Planungen sein müssen. Nur so kann es gelingen, die Vielzahl der Informationen zeit- und kostengerecht aufzuarbeiten und den Regelkreis zwischen Zustandsbeobachtung und Planfortführung effizienter zu gestalten. Dabei sind die Chancen, die in der graphischen Datenverarbeitung liegen, noch keineswegs ausgeschöpft. Vielleicht wird es in absehbarer Zeit möglich sein, entsprechende Raumordnungs- und Raumplanungskataster mit Regional- oder Bauleitplänen zu verschmelzen, um auf diese Weise die Raumplanung methodisch und inhaltlich als Prozeß zu begreifen.

Anmerkungen

[1]) Vgl. im allgemeinen Klaus Fischer: "Die neuen Informations- und Kommunikationstechniken — Raumordnerische Auswirkungen, raumplanerische Konsequenzen und regionalplanerischer Handlungsbedarf". In: Räumliche Auswirkungen der Telematik. Forschungs- und Sitzungsberichte der Akademie für Raumforschung und Landesplanung, Bd. 169, Hannover 1987 und im besonderen Klaus Fischer: "Das Raumordnungs- und Raumplanungskataster Rhein-Neckar. Ein Werkstattbericht über rechnergestützte Informationssysteme und Flächenkataster." In: Vermessungswesen und Raumordnung, 1988/Heft 2.

[2]) Zur besseren Nutzbarmachung der Amtlichen Statistik für Zwecke der Raumordnung und Landesplanung, zur Notwendigkeit von Großzählungen und zum Ausbau der Fachinformationssysteme vgl. im einzelnen die Äußerungen der Ministerkonferenz für Raumordnung:
 a) Entschließung zur Verbesserung der regionalstatistischen Informationen v. 16. April 1970
 b) Entschließung zur Sicherung kleinräumiger Informationen bei der Bevölkerungsfortschreibung vom 28. Februar 1974
 c) Entschließung zur Einführung statistischer Gemeindeteile in die Amtliche Statistik vom 14. Februar 1975
 d) Entschließung über die Anforderungen der Raumordnung an die Großzählungen im Jahre 1981 vom 31. Oktober 1977
 e) Stellungnahme zum Ausbau der Fachinformationssysteme vom 12. November 1979
 f) Stellungnahme zum Fachinformationssystem 8 vom 12. November 1979
 g) Stellungnahme zur Notwendigkeit und Umfang der im Volkszählungsgesetz vorgeschriebenen Erhebungen vom 16. Juni 1983.

[3]) Vgl. hierzu Zweites Gesetz zur Änderung des Gesetzes über Bodennutzungs- und Ernteerhebung vom 11. 8. 1978, BGBl. I, S. 1369 und dessen Aussetzung vom 14. 9. 1984 BGBl. I, S. 1247.

[4]) Klaus Fischer: "Zum Aufbau eines Planungskatasters für Zwecke der Regional- und Bauleitplanung". In: Der Landkreis, 47. Jg. (1977) Heft 4.

[5]) Norbert J. Lenort: "Strukturforschung und Gemeindeplanung", Köln und Opladen 1960.

[6]) Olaf Boustedt: "Statistische Grundlagen". In: Grundriß der Raumordnung, Hrsg. Akademie für Raumforschung und Landesplanung, Hannover 1982.

[7]) Ludwig Baudrexl, Franz Jungwirth: "Statistische Grundlagen". In: Daten zur Raumplanung, Teil A, Ziffer AV. 2.1, Hrsg. Akademie für Raumforschung und Landesplanung, Hannover 1981.

[8]) Vgl. dazu beispielsweise HEPAS — Hessisches Planungs-, Informations- u. Analysesystem, LIS-Landesinformationssystem Rheinland-Pfalz, HAMPAS — Hamburgisches computerunterstütztes Planungs-, Informations- und Analysesystem oder Karl-Albert Heilmann: "Graphische Datenverarbeitung im Statistischen Landesamt". In: Baden-Württemberg in Wort und Zahl, 1987/ Heft 9.

[9]) Viktor Frhr. von Malchus: "Fachinformationssysteme Raumordnung, Bauwesen, Städtebau und Bibliotheksdienste". In: Daten zur Raumplanung, Teil A, Ziffer AV.8. Hrsg. Akademie für Raumforschung und Landesplanung, Hannover 1981.

[10]) "Informations- und Planungssystem des Umlandverbandes Frankfurt", Frankfurt 1985.

[11]) Klaus Fischer: "Das Flächennutzungskataster Unterer Neckar. Ein Pilotprojekt aus der Sicht des Anwenders". In: Raumordnungskataster und elektronische Datenerfassung, Schriftenreihe des Österreichischen Instituts für Raumplanung, Reihe B, Bd. 1; Wien 1982. Klaus Fischer: "Das Raumordnungs- und Raumplanungskataster Rhein-Neckar. Ein Werkstattbericht über rechnergestützte Informationssysteme und Flächenkataster". In: Vermessungswesen und Raumordnung (1988, Heft 2).

[12]) Klaus Fischer u. Rolf Balzer: "Arbeitsmappe Bauleitplanung", 6. Aufl. Köln 1987.

[13]) Dieter Michel: "Anforderungen der Raumbeobachtung an aussagefähige Daten und Indikatoren der Umweltqualität auf der Ebene der Regionalplanung". In: Wechselseitige Beeinflussung von Umweltvorsorge und Raumordnung, Hrsg. Akademie für Raumforschung und Landesplanung. Forschungs- und Sitzungsberichte, Bd. 165, Hannover 1987; Diethard Rach: "Landschaftsverbrauch in der Bundesrepublik Deutschland". In: Informationen zur Raumordnung, 1987/Heft 1−2; Klaus Fischer: "Graphische Datenverarbeitung in der planenden Verwaltung". In: VOP-Fachzeitschrift für die öffentliche Verwaltung, 1985/Heft 2.

[14]) "Angewandte Fernerkundung. Methoden und Beispiele" bearbeitet von Siegfrid Schneider, Hrsg. Akademie für Raumforschung und Landesplanung, Hannover 1984.

1.4 Erstellung von Entscheidungsgrundlagen

1.4.1 Einführung

Behörden und Dienststellen der Landes- und Regionalplanung sind im Rahmen ihrer Aufgabenstellung vielfach verpflichtet, Grundlagen in kartographischer bzw. graphischer Form zur Verdeutlichung ihrer Planungsabsichten bereitzustellen. Dies gilt sowohl für Einzelfälle aus aktuellem Anlaß als auch für die Vorbereitung überregionaler bzw. regionaler Darstellungen. Dafür sollen nachfolgend einige Beispiele planerischer Arbeit aus der jüngsten Vergangenheit bzw. gegenwärtigen praktischen Arbeit vorgestellt werden.

Dabei mag zwar der Eindruck entstehen, daß es sich bei den beschriebenen Falltypen nicht um jene Verarbeitung von Datenmassen in sich wiederholender Form handelt, die in erster Linie für die ADV-Anwendung in Frage kommen. Dafür kommt aber dem in regelmäßigen Abständen erforderlichen Aufwand der Überarbeitung und der Anpassung an eine neuere Entwicklung (= Laufendhaltung) erhebliche Bedeutung zu. Diese computergestützt abzuwickeln, trägt auch zur Verfahrensabkürzung und damit zur Planungssicherheit bei. Hinzu kommt, daß mit der bisherigen manuellen Methode − abgesehen von dem damit verbundenen Zeit- und Personalaufwand − Arbeitsgänge bewältigt bzw. zusätzlich die Ausweitung der Erkenntnisse und Verbesserung der Entscheidungsgrundlagen herbeigeführt werden, die mit den "alten" Mitteln nicht zu bewältigen sind. Dennoch wird − wie seitens der Mitarbeiter und Personalvertretungen häufig befürchtet − eine Einsparung an Arbeitskräften zunächst deshalb nicht zu erwarten sein, weil die Arbeitsmöglichkeiten schlechthin vergrößert und das hohe Potential der Anwendung der ADV für die Zwecke der Raumordnung und Landesplanung derzeit noch nicht ausgeschöpft ist.

1.4.2 Beispiel: Waldschadenserhebung

Seit 1983 werden jährlich in den Bundesländern die Waldschäden an Stichprobenpunkten erhoben. Die Punkte sind die Schnittpunkte eines 2 x 2 km bzw. 4 x 4 km (1987: 8 x 12 km) gorßen Gitternetzes, daß sich an Gauß-Krüger-Koordinaten orientiert.

Aus diesen Punkteerhebungen wird mittels statistischer Methoden der Schädigungsgrad des Waldes, bezogen auf 58 Wuchsgebiete, ermittelt.

Der Schädigungsgrad wird in 5 Stufen von gesund bis abgestorben unterteilt und nach Baumarten (Fichte, Kiefer, Tanne, Buche und Eiche) sowie Alter (in 2 Stufen: bis 60 Jahre und > 60 Jahre) differenziert.

Die Bezugseinheiten der Wuchsgebiete wurden von der Forstverwaltung in Anlehnung an die naturräumlichen Großlandschaften abgegrenzt und bilden auch die Grundlage für die bundesweite Darstellung. Für die Erstellung der Waldschadenskarte (Abb. A4. 1—1) wurden die Wuchsgebietsgrenzen und die Waldflächen im Maßstab 1:1 000 000 digitalisiert und durch Verschneidung der geometrischen Grundstruktur logisch verbunden. Somit werden nur die Waldflächen innerhalb eines Wuchsgebietes mit der entsprechenden Schadklassenschraffur automatisch ausgefüllt.

Von der Erstdigitalisierung bis zur ersten farbigen Karte (Plot) wurden 4 Wochen intensivster Arbeit von 3 Personen investiert. Seitdem wird die Waldschadenskarte routinemäßig jedes Jahr im Herbst durch die Bundesforschungsanstalt für Naturschutz und Landschaftsökologie (BFANL) erstellt. Routine heißt hier, daß das Bundesministerium für Ernährung, Landwirtschaft und Forsten (BML) im Oktober eines jeden Jahres die Waldschadensdaten von den Ländern erhält, sie dann in einigen Tagen zusammenstellt und auswertet. Anschließend übernimmt die BFANL die Daten auf Magnetband und bereitet sie so auf, daß innerhalb von zwei Tagen die Karte gezeichnet und dem Minister vorgelegt werden kann. Das gesamte Verfahren, vom Erhalt der Länderdaten im BML bis zur Vorstellung der Karte in der Öffentlichkeit, dauert aufgrund der jährlichen Wiederholung und des EDV-Einsatzes nur ca. eine Woche.

Durch die jährliche Erfassung der neuen Daten können direkt auch die jährlichen Veränderungen des Waldschadens in den Wuchsgebieten berechnet und dargestellt werden.

Neben der Gesamtschadenskarte kann das komplexe statistische Material auch zu Kartendarstellungen über jede der fünf erfaßten Holzarten und deren Schädigungsgrad genutzt werden. Eine weitere Differenzierung ist durch die Altersstufe und durch die Zeitvergleiche möglich. Insgesamt könnten aus der Waldschadenserhebung ca. 70 Karten erstellt werden (vgl. „Daten zur Umwelt 1986/87", UBA).

In den Abbildungen 1 und 2 werden die Schadstufen 2—4 für die Jahre 1985 und 1986 dargestellt. Abbildung 3 zeigt den Grad der Veränderung von 1985—1986 für jedes Wuchsgebiet auf.

Literatur

BML, 1986: „Waldschäden in der Bundesrepublik Deutschland". Ergebnisse der Waldschadenserhebung 1986. In: Angewandte Wissenschaft, Schriftenreihe des BML, Heft 334.

Umweltbundesamt, 1986: „Daten zur Umwelt 1986/87". Erich Schmidt-Verlag GmbH, Berlin.

Koeppel, H.-W., 1984: „Waldschadenskarte 1984 — bezogen auf die Naturparke der Bundesrepublik Deutschland". Natur und Landschaft, 60 Jg., Heft 2, S. 50—53.

Abb. 1: Waldschäden in der Bundesrepublik Deutschland 1985 — Schadstufe 2—4

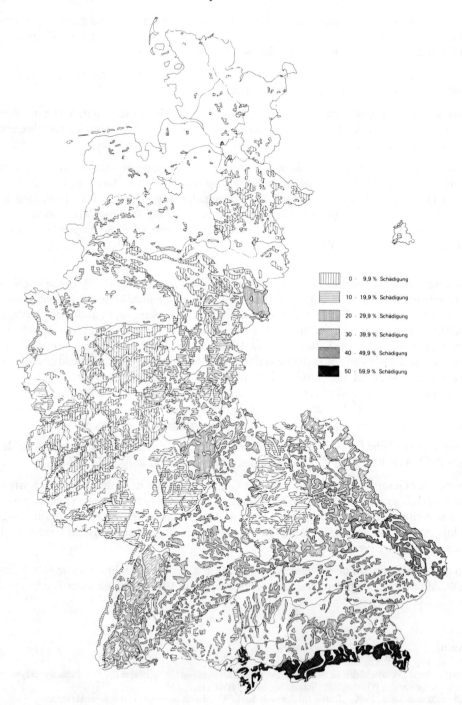

Quelle: Bundesminister für Ernährung und Forsten, BANL/MILAN

Abb. 2: Waldschäden in der Bundesrepublik Deutschland 1986 – Schadstufe 2–4

Quelle: Bundesminister für Ernährung und Forsten, BANL/MILAN

Abb. 3: Veränderung der Waldschäden von 1985–1986 – Schadstufe 2–4

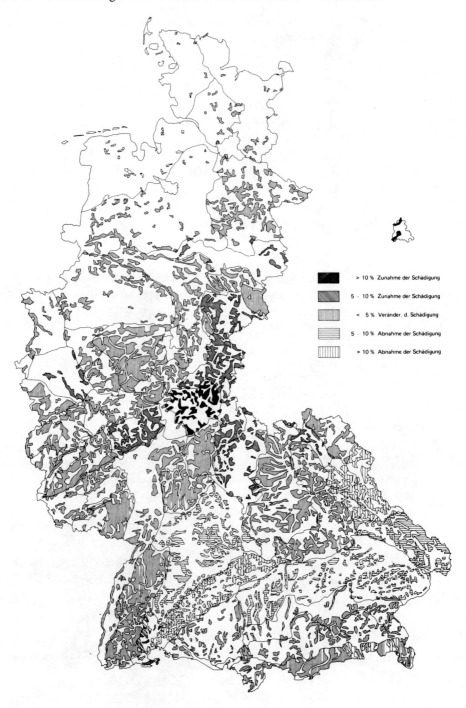

Quelle: Bundesminister für Ernährung und Forsten, BANL/MILAN

1.4.3 Beispiel: Aspekte der DV-gestützten Regionalplanung

Es gibt in der regionalen Planungspraxis eine Vielzahl von Anforderungen, die aus methodisch-systematischen oder auch nur aus Kostengründen nicht realisiert werden können. Hierzu gehören sowohl die Vorbereitung von Planungsentscheidungen wie auch die Erfolgskontrolle von Planverwirklichungen. Wenn programmatische Festlegungen oder Landesentwicklungs- und Regionalpläne beispielsweise konkrete Zielsetzungen enthalten, so gilt es diese Plansätze auch in die Wirklichkeit zu überführen:

— "Raumordnung und Landesplanung haben für einen Interessenausgleich zu sorgen, indem sie einerseits schutzwürdige Naturgüter und Flächen bewahren und andererseits Nutzungsansprüchen sparsam Flächen zuweisen. Deshalb ist vor Inanspruchnahme von Freiräumen der Bedarf zu belegen. Flächensparsame und ressourcenschonende Lösungsalternativen sind darzulegen"[1].

— "In den Verdichtungsräumen sind ... gesundheitliche Belastungen der Bevölkerung beim Wohnen, am Arbeitsplatz und auf den Verkehrswegen dadurch zu vermeiden oder zu vermindern, daß ... Umfang und Nutzungsintensität der dafür benötigten Flächen auf die Belastbarkeit abgestellt ... werden"[2].

— "Die Erfordernisse der zivilen und militärischen Verteidigung sind zu beachten. Hierbei sollen, soweit es die Belange der Verteidigung zulassen, die Verdichtungsräume, nach Möglichkeit auch ihre Randzonen und die Verdichtungsbereiche im ländlichen Raum, von militärischen Anlagen größeren Umfangs, wie Kasernen, Flugplätzen und Übungsgelände, freigehalten werden"[3].

— "Die Voraussetzungen für die Inanspruchnahme von "Freiraum" müssen im Verdichtungsgebiet entsprechend der Belastungssituation gestaffelt werden: a) bei mehr als 50 % Besiedlung ist zusätzlich zu prüfen, ob die Lösung im Wege überkommunaler Zusammenarbeit gefunden werden kann; b) mehr als zwei Drittel Besiedlung soll in Zukunft nicht mehr zugelassen werden"[4].

— "Die naturnahen Teile der Rheinauenlandschaft (Wälder, Altrheinarme, Überschwemmungsflächen, Feuchtgebiete) sollen möglichst zusammenhängend und großflächig gesichert und wirksam vor schädigenden Einflüssen bewahrt werden. In der Rheinniederung sollen in der Regel nur solche Nutzungen vorgesehen werden, die besonders an einen Standort in diesem Raum gebunden sind. Sonstige Nutzungen sollen auf den unbedingt notwendigen Umfang beschränkt bleiben. Auch das Hochgestade ist als markante Reliefform von weiterer Bebauung freizuhalten"[5].

— "Bestehende geogen oder anthropogen bedingte flächenhafte Bodenbelastungen sind zu erfassen und in Form eines Katasters in ihrer Flächenausdehnung darzustellen"[6].

Solcherart Zielsetzungen sind ohne rechnergestützte Aufbereitung der Daten in numerischer und kartographischer Form gar nicht behandlungsfähig; ohne technische Hilfen wäre es aus zeitlichen und finanziellen Gründen nicht möglich festzustellen,

— wie groß denn der "Bedarf" an Freiräumen eigentlich ist oder was es heißt, "flächensparend und ressourcenschonend" vorzugehen;

— wo denn Grenzen der "räumlichen Belastbarkeit" anzunehmen sind, um "Umfang" und "Nutzungsintensität" der Flächen zu bestimmen;

- wie groß die militärischen Anlagen beispielsweise innerhalb der Verdichtungsräume sind;

- wie hoch der Siedlungsflächenanteil auf Gemeindefläche überhaupt ist, wie er sich verteilt und wo er liegt;

- wie hoch denn die vorhandenen oder geplanten Siedlungsflächen innerhalb empfindlicher Raumkategorien wie beispielsweise der Rheinauen sind;

- welche Art von Bodenbelastung wo und in welchem Maße vorkommt oder vermutlich zu erwarten ist.

Rechnergestützte Regionalplanung mit Hilfe von digitalisierten Datenbeständen läßt sich insbesondere in drei Aufgabenfeldern einsetzen, nämlich für

- Informationssammlungen, Informationsverbesserungen, Informationsverdichtungen

- raumbezogene Analyse-, Bewertungs- und Entscheidungsverfahren

- Datenaustausch und automatisierte Plan- und Kartendarstellung.

Voraussetzung ist jeweils ein planungsorientiertes Flächenkataster als (rechnergestütztes) Informationssystem: Die Grundausstattung eines graphischen Arbeitsplatzes ist in Abbildung 4, die Grundstruktur des Systems in Abbildung 5 dargestellt. Beides sind Beispiele des Raumordnungs- und Raumplanungskatasters Rhein-Neckar, das seit längerer Zeit betrieben wird[7]).

Abb. 4: Graphischer Arbeitsplatz für ein rechnergestütztes Informationssystem

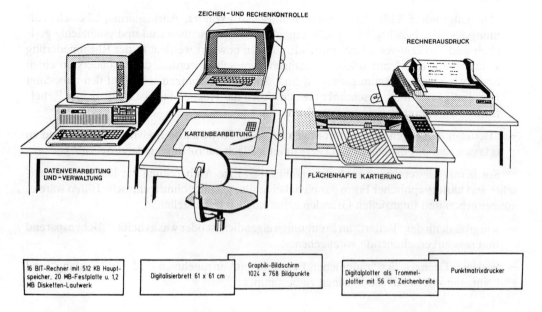

Abb. 5: Grundstruktur eines Raumordnungs- und Raumplanungskatasters, wie es beim Raumordnungsverband Rhein-Neckar betrieben wird

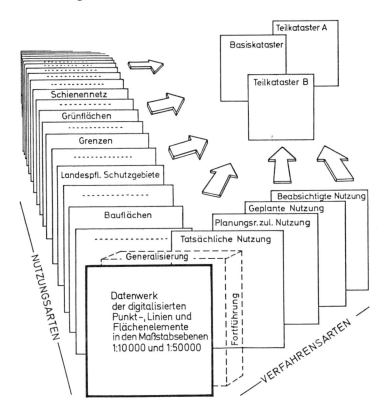

Die Erarbeitung bzw. Aufstellung eines Regionalplanes — ähnliches gilt für Bauleitpläne oder Fachpläne aller Art — reicht von Materialsammlungen bis zum Plandruck, von Analysen und Vorentwürfen bis zum verbindlichen Planwerk (vgl. Kap. 1.3). Bei herkömmlicher Vorgehensweise wird man vorhandene Informationen kaum vollständig nutzen können, eine Vielzahl von Arbeitsschritten wiederholen, Mehrfachzeichnungen anfertigen, Umarbeitungen in Text oder Karte vornehmen, Korrekturen und Kontrollen veranlassen müssen. All dies wird bei ADV-gestützter Planbearbeitung nicht ersatzlos entfallen, aber doch wesentlich rationeller durchgeführt werden können. Entscheidend aber ist, daß rechnergestützte Planbearbeitung eine neue Qualität des Planinhaltes mit sich bringt. Am Beispiel regionaler Flächenbilanzierungen und automatisierter Kartierungen läßt sich dies am besten verdeutlichen. Die folgende Tabelle zeigt Flächenberechnungen und Flächenverschneidungen von realen und geplanten, planungsrechtlich zulässigen und gewidmeten Nutzungen sowie von administrativen, naturräumlichen und funktionsräumlichen Einheiten. Die Plotbeispiele (Abb. 6—11) sind sowohl erläuterndes Planwerk, wie Falltypen für Selektion und Verschneidung, aber auch Konturenkarten für den Vervielfältigungsprozeß.

Abb. 6: Druckerkartierung zur Plankontrolle
(Auswertemaßstab etwa 1:50 000, verzerrt, verkleinert)

Abb. 7: Automatische Zeichnung (Plot) als Flächenkataster
(Originalmaßstab 1:50 000, verkleinert)

Abb. 8: Plotbeispiel: Tatsächliche und geplante Nutzung als Konturenkarte
(Aufnahme- und Wiedergabemaßstab 1:50 000, verkleinert)

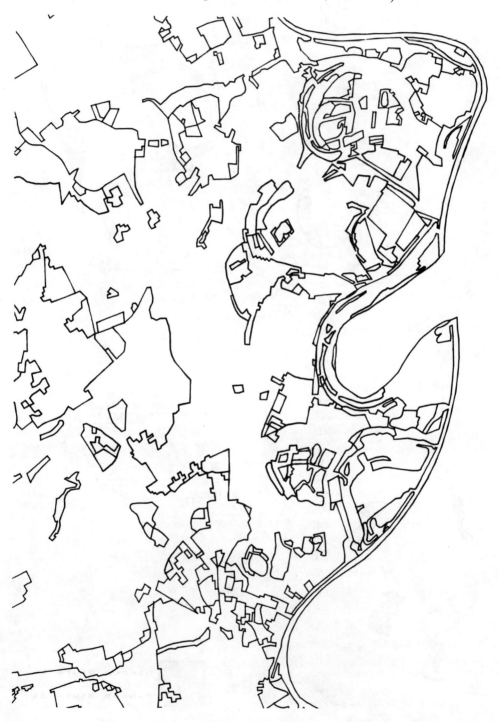

Abb. 9: Plotbeispiel: Vierfachverschneidung (Naturräumliche Einheit/Biotope/Natur/ Wasserschutzgebiete; Aufnahme- und Wiedergabemaßstab 1:50 000, verkleinert)

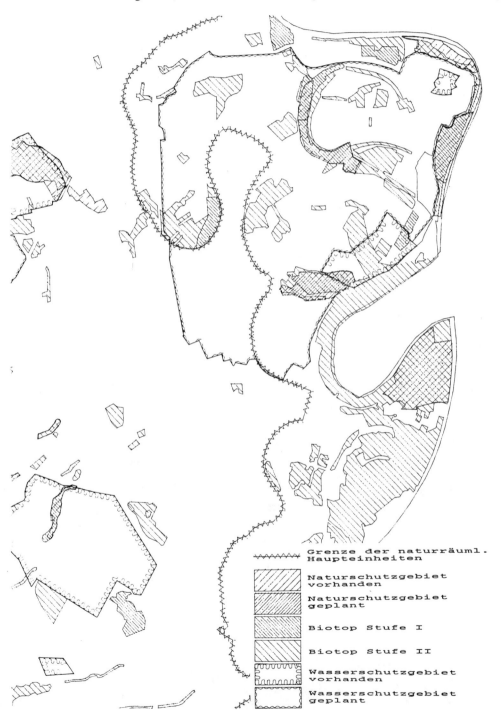

Abb. 10: Plotbeispiel: Selektion der Siedlungsflächen
(Aufnahme- und Wiedergabemaßstab 1:10 000, verkleinert)

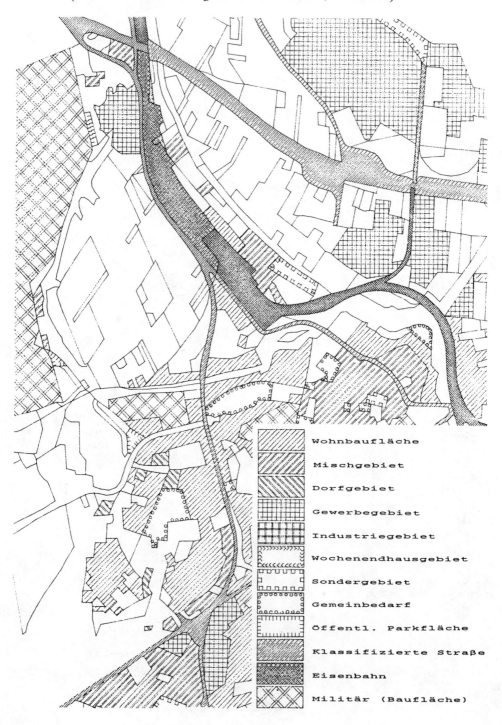

Abb. 11: Plotbeispiel: Selektion der Freiflächen
(Aufnahme- und Wiedergabemaßstab 1:10 000)

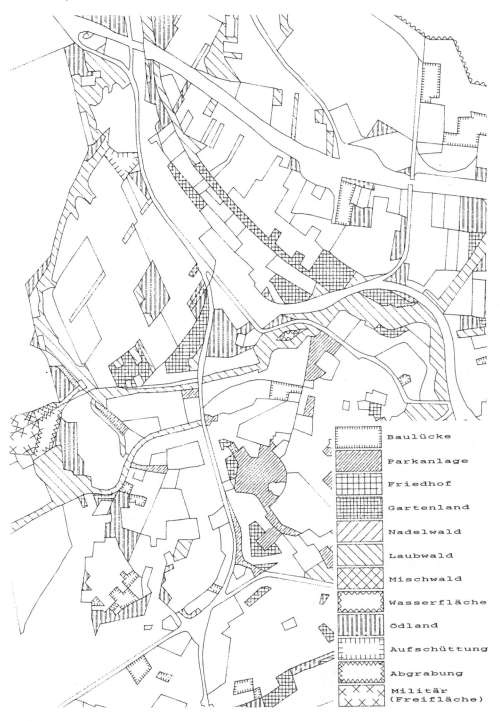

Übersicht 2: Kreuztabelle zur regionalen Flächenbilanzierung

		Regionsfläche in ha				
		administrative Einheit		naturräuml. Einheit C (Rheinniederr.)	funktionsräuml. Einheit D (Mittelbereich)	insgesamt
		Stadt A	Kreis B			
Wohnbaufläche	vorhanden	770	4 100	3 413		22 680
	geplant	160	500	498		3 130
gewerbliche Baufläche	vorhanden	200	360	2 290		4 710
	geplant	76	220	1 168		2 590
Wasserschutzgebiet	vorhanden	302	5 896	2 176	398	16 560
	geplant	233	1 270	3 265	372	6 530
Naturschutzgebiet	vorhanden	–	113	1 892		2 576
	geplant	–	460	44		2 885
Landschaftsschutzgebiet	vorhanden	753	27 320	18 907		105 486
	geplant	–	–	30		30
Waldfläche				6 003		
Fläche insgesamt		4 370	59 220	31 560	10 190	247 000

Anmerkungen

[1]) Programmatische Schwerpunkte der Raumordnung, Schriftenreihe des Bundesministers für Raumordnung, Bauwesen und Städtebau, Heft 06.057. Bonn 1985.
[2]) Landesentwicklungsplan Baden-Württemberg vom 12. Dezember 1983, Plansatz 1.8.3.5.
[3]) Landesentwicklungsplan Baden-Württemberg vom 12. Dezember 1983, Plansatz 2.2.8.1.
[4]) Landesentwicklungsplan III Nordrhein-Westfalen, März 1988 (Bericht über das Erarbeitungsverfahren, S. 47).
[5]) Regionaler Raumordnungsplan Rheinpfalz (Entwurfsfassung Okt. 1987), Plans. 3.2.4.1 u. 3.2.4.5
[6]) Bodenschutzprogramm Baden-Württemberg vom 1. Dez. 1986, S. 41.
[7]) Klaus Fischer: "Das Flächennutzungskataster Unterer Neckar". In: Raumordnungskataster und elektronische Datenverarbeitung, Schriftenreihe des Österreichischen Instituts für Raumplanung, Reihe B, Bd. 1, Wien 1982 sowie "Grafische Datenverarbeitung in der planenden Verwaltung". In: Zeitschrift für die öffentliche Verwaltung, 1985/Heft 2 sowie "Das Raumordnungs- und Raumplanungskataster Rhein-Neckar. Ein Werkstattbericht über rechnergestützte Informationssysteme und Flächenkataster". In: Vermessungswesen und Raumordnung, 1988/Heft 2.

1.4.4 Beispiel: Aufstellung und Fortschreibung des Flächennutzungsplanes im Umlandverband Frankfurt

Der Umlandverband Frankfurt hat u. a. die Aufgabe, den Flächennutzungsplan für sein Verbandsgebiet zu erstellen und fortzuschreiben. Für ca. 1 400 qkm, 43 Städte und Gemeinden und ca. 1,5 Mio. Einwohner ist dieser Plan der größte Flächennutzungsplan in der Bundesrepublik Deutschland. Zur Durchführung des umfangreichen Beteiligungsverfahrens nach § 2 a (6) und § 2 (5) BauGB hat der Verband deshalb ein besonderes Informations- und Dokumentationssystem (INFODOK) entwickelt und in engem Zusammenhang mit der ebenfalls selbst entwickelten computerlesbaren Digitalen Karte sowie dem Digitalen Flächennutzungsplan zum Einsatz gebracht. Darüber hinaus ist INFODOK Teil eines übergreifenden Informations- und Planungssystems, das vollständig auf ADV-Technik beruht (vgl. Kap. 1.5.2.2).

Nach Abschluß des Aufstellungsverfahrens und nach der Feststellung des Flächennutzungsplanes wird dieses ADV-gestützte Verfahren inzwischen für die Fortschreibung des Flächennutzungsplanes eingesetzt.

Der Flächennutzungsplan des UVF enthält eine sehr große Anzahl von Einzelinformationen, die sämtlich in einem räumlichen und sachlichen Zusammenhang stehen. Die Verknüpfungen sind unterschiedlich ausgeprägt. Die Aufgabe der Planer war es, die Zuordnungen und Verknüpfungen zu erkennen und für die Entscheidungsfindung zu beachten und darzustellen. Bei rund 23 000 Hinweisen bzw. Bedenken und Anregungen war dies ohne systematische Ordnung der Information nicht möglich. Die zusätzliche Anforderung, das Beteiligungsverfahren und die Abwägung so zu dokumentieren, daß diese eventuell auch vor Verwaltungsgerichten nachvollzogen werden können, erfüllt das System INFODOK ebenfalls. Kern des Systems ist ein Verfahren, mit dem räumliche und sachliche Zusammenhänge abgefragt und ermittelt werden können. Der aufgrund der vorliegenden Informationen durchgeführte Abwägungsvorgang wird von der Erstbearbeitung durch den zuständigen Gebietsreferenten über die Beurteilung durch andere Fachreferenten bis zur Entscheidung durch die gesetzlich bestimmten Verbandsorgane Verbandsausschuß, Gemeindekammer dokumentiert. Die Entscheidungsgrundlagen lassen sich entsprechend den Beratungen ständig fortschreiben. Der Abwägungsprozeß ist somit in allen Stufen nachzuvollziehen.

Das System arbeitet in folgenden Schritten:

— Systematische Aufnahme der Hinweise zum FNP (Anregungen und Bedenken)

— räumliche Zuordnung

— inhaltliche Zuordnung

— Erfassung des Hinweises in Kurzform (Klartext)

— formalisierte Zuordnung zusammenhängender Hinweise

— Unterrichtung des Bearbeiters auf sachlich und räumlich zusammenhängende Hinweise durch ein automatisches Suchverfahren

— Dokumentation.

Die Hinweise werden durch folgende Kennungen beschrieben:

Absender:

Hinweisgebende Stellen, z. B. Bürger, Träger öffentlicher Belange.

Räumliche Zuordnung:

- Lage im Raum durch Angabe des Planquadrates
- Lage im Raum durch Angabe der betroffenen kommunalen Verwaltungseinheit, Stadt und Ortsteil.

Inhaltliche Zuordnung:

- Bisherige Nutzungsdarstellung im Vorentwurf des FNP, z. B. landwirtschaftliche Nutzfläche
- gewünschte Nutzungsdarstellung, z. B. Wohnbaufläche.

Die formalisierte Zuordnung zusammenhängender Hinweise geschieht durch ein automatisiertes Suchverfahren. Dieses Suchverfahren berücksichtigt

- den engen räumlichen Zusammenhang, definiert durch die Lage im gleichen Planquadrat der Digitalen Karte bzw. des Digitalen FNP
- den räumlich-sachlichen Zusammenhang, definiert durch dasselbe Linienelement bzw. dasselbe angesprochene Kapitel im Erläuterungsbericht zum FNP
- den inhaltlichen Zusammenhang.

Der enge räumliche Zusammenhang soll der primären Frage dienen, inwieweit die Einzelfläche durch mehrere Hinweise angesprochen wird.

Der räumlich sachliche Zusammenhang dient der fachlichen Entscheidung, z. B. Abwägung über das Für und Wider einer zusätzlichen Wohnbaufläche in einem Ortsteil, andere Ergänzungen oder Reduzierung dieser Nutzungskategorie in diesem Ortsteil oder der Gemeinde. Der sachliche Zusammenhang ermöglicht bei Linienelementen die durchgängige Beurteilung über längere Abschnitte, die durch den vorgegebenen Rahmen für den räumlichen Zusammenhang nicht erfaßt werden. Bei der Zuordnung zu den verschiedenen Kapiteln des Erläuterungsberichtes wird die inhaltlich schlüssige Bearbeitung sichergestellt.

Im einzelnen werden die Hinweise in Beteiligungsverfahren folgendermaßen behandelt:

Die Hinweise zum Entwurf des FNP werden vom Fachreferenten bearbeitet. Er erhält dazu einen Ausdruck des Hinweises mit Textkurzfassung und den beschreibenden Kennungen. Außerdem wird eine Liste mit den anderen Hinweisen erstellt, die sich aus der oben beschriebenen formalen Zuordnung ergeben haben. Die Bearbeitung des Hinweises erfolgt mit zwei Aussagen. Zunächst wird der Hinweis in Kenntnis der Zusammenhänge mit einem kurzen Text bewertet. Zur weiteren Umsetzung dieses Ergebnisses wird die Aussage nach folgenden Kriterien kategorisiert:

- Betrifft der Hinweis das FNP-Verfahren?
- Wird der Hinweis ganz oder teilweise übernommen?
- Ist eine Änderung der Darstellung des FNP erforderlich?

– Ist eine Änderung des Erläuterungsberichtes erforderlich?

Gleichzeitig bewertet der Referent auch die Bedeutung der ihm mitgeteilten anderen Hinweise als Ergebnis der formalen Zuordnung. Hierbei prüft er folgende Fragen:

– Welche anderen Hinweise sind in der Aussage identisch?

– Welche anderen Hinweise stehen in einem direkten räumlichen Zusammenhang?

Diese Merkmalsaufnahme dient u. a. der lückenlosen Übertragung des Abwägungsprozesses in Karte und Erläuterungstext des FNP. Diese Dokumentation erleichtert auch die Weiterbearbeitung durch die anderen Fachressorts, durch die jeweils verantwortlichen Referats- und Abteilungsleiter sowie durch den Dezernenten. Jede Änderung des Bearbeitungsvorschlages aufgrund neuer Erkenntnisse kann in ihrer Wirkung auf die Bearbeitung anderer Hinweise beurteilt und umgesetzt werden.

Dies gilt insbesondere für die Beratungen in den gewählten Organen des Verbandes. Hier ist es erforderlich, bei der Entscheidungsfindung den komplexen Zusammenhang mit anderen Entscheidungen schnell und präzise aufzuzeigen. Die Dichte und Vielfalt der menschlichen Aktivitäten im Ballungsgebiet schlägt sich in der engen Verknüpfung vieler Details nieder. Eine isolierte Betrachtung der einzelnen Hinweise würde der Planungsaufgabe nicht gerecht werden.

Abb. 12: Flächennutzungsplan 1:10 000 (verkleinerter Ausschnitt) Farbversion

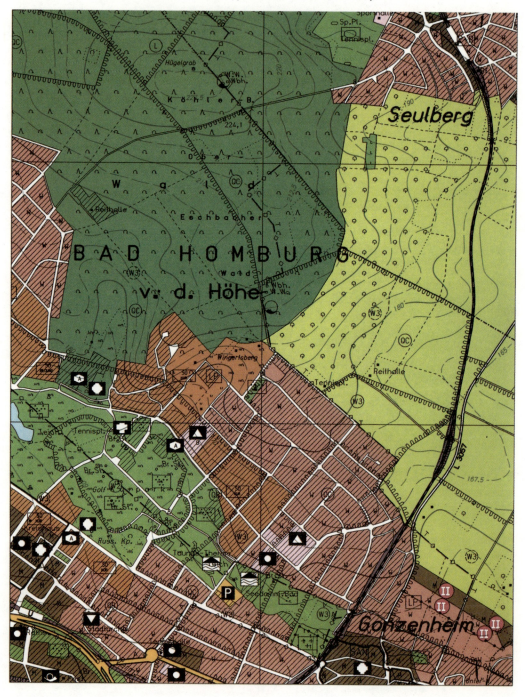

Abb. 13: Flächennutzungsplan 1:10 000
(verkleinerter Ausschnitt) Schwarzweißversion

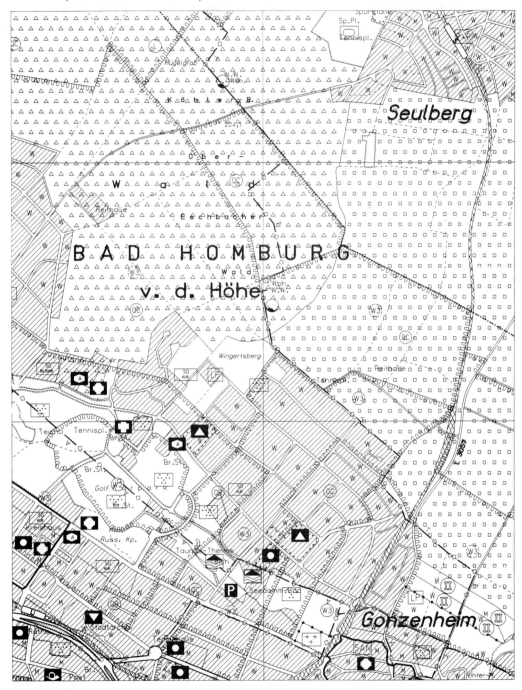

1.4.5 Beispiel: Raumordnungsverfahren (ROV)
Aus- und Neubau der B 173 (Lichtenfels-Kronach)
Möglichkeiten der Unterstützung eines ROV durch den Einsatz der ADV

Im folgenden sollen anhand eines konkreten Raumordnungsverfahrens die Vorgehensweise sowie die Möglichkeiten, die sich aus einer DV-Unterstützung im Abwägungsprozeß eines solchen Verfahrens ergeben, in geraffter Form aufgezeigt werden. Dabei handelt es sich um das „Raumordnungsverfahren zum Ausbau bzw. Neubau der Bundesstraße 173 Lichtenfels — Kronach im Abschnitt Lichtenfels — Zettlitz". Nach den rechtlichen Vorschriften muß für den Bau einer Bundesstraße ein Raumordnungsverfahren durchgeführt werden, wobei auch die Umweltverträglichkeit zu überprüfen ist. Im konkreten Verfahren sollte das DV-Instrument insbesondere bei der Abwägung von neun vorgeschlagenen Trassenvarianten behilflich sein. Es sollten in einer vergleichenden Prüfung die Umweltauswirkungen festgestellt werden, die sowohl von der Trassenführung als auch vom späteren Betrieb zu erwarten sind. Zum Beispiel waren sog. Verlärmungsbänder darzustellen, zu berechnen und in ihrer Auswirkung zu berücksichtigen.

Untersuchungskriterien

Zunächst wurde ein umfangreicher Katalog von Themen, nach denen die Prüfung der Trassenalternativen erfolgen sollte, festgestellt. Im wesentlichen waren für dieses Projekt folgende flächenbezogene Kriterien maßgebend:

1. Forstliche Kriterien (Wälder hinsichtlich ihrer Funktion wie z. B. Bodenschutzwald, Straßenschutzwald, Biotopwald)

2. Landwirtschaft (Einstufung von Landwirtschaftsflächen nach dem Agrarleitplan, Hofnähe, Flurbereinigung)

3. Rohstoffabbau (Kiesabbau, Bestand und Planung), Ablagerungsfläche, Betriebsfläche

4. Siedlungsräume (Wohnbau-, Misch- und Gewerbegebiete)

5. Wasserwirtschaft (Wasserschutzgebiete nach Zonen, amtlich festgelegte Überschwemmungsgebiete, stehende und fließende Gewässer)

6. Kulturhistorische Denkmale

7. Bandinfrastruktur (Straßen- und Schienennetz, Elektrizitäts- und Gasleitungen)

8. Erholung (innerörtliche Erholungsflächen, erholungsrelevantes Landschaftsbild)

9. Naturschutz (Biotope, Feuchtflächen, Natur- und Landschaftsschutzgebiete, landschaftliche Vorbehaltsgebiete, sonstige ökologisch wertvoll eingestufte Flächen).

Natürlich war es auch notwendig, die Trasse jeder Straßenalternative in ihrer räumlichen Ausprägung (Flächenbedarf!) digital vorrätig zu haben. Die ebenfalls erfaßten Mittellinien jeder Trasse wurden als Basis für die Konstruktion der Verlärmungsbänder benötigt.

Datenerhebung, -erfassung

Ein Teil der benötigten Daten konnte dem Raumordnungskataster entnommen werden. Weitere wurden aus Datenbeständen anderer Behörden hinzugefügt. Ein nicht unerheblicher Teil mußte zusätzlich erhoben werden, darunter auch durch Digitalisierung aus Luftbildern.

Für die Erfassung der Datenbestände wurde für jedes der o. g. Themen eine graphische Datenbank eingerichtet, die graphische Daten und — durch einen Querbezug verbunden — die zugehörigen Sachdaten (Merkmale) enthält.

Die Digitalisierung erfolgte ausschließlich durch einen Kartographen. Dazu wurde eine Benutzeroberfläche geschaffen, die ihn von technischen Einzelheiten der Kommando-Eingabe (Datenbank-Eröffnung, Ebeneneinstellung, räumlicher Zugriff, Abspeicherung) entlastete und eine Konzentration auf die eigentliche Eingabe von Punkten, Linien und Flächen in angemessener Genauigkeit gestattete. Derart konnte in kurzer Zeit ein immer selbständigeres Arbeiten erreicht werden, so daß Hilfestellung durch ADV-Personal immer seltener und schließlich nur noch in Ausnahmefällen benötigt wurde.

Auswertungen

Zunächst wurden von den gesamten Trassenverläufen Übersichtskarten in verschiedenen Maßstäben gefertigt, wie sie für die verschiedenen Anlässe benötigt wurden, etwa bei Besprechungen mit anderen Fachbehörden oder zur Dokumentation in den eigenen Unterlagen.

Daran schlossen sich numerische Auswertungen an, wie Flächenbezeichnungen der Trassen selbst und der Brückenbauten. Auch Verlärmungszonen wurden berechnet. Die Ergebnisse fanden ihren Niederschlag in Tabellen sowie in Karten und Graphiken.

Im ersten Schritt wurden dann Nutzungskonflikte nach Inhalt und Fläche berechnet (Verschneidungen). Die Ergebnisse wurden sowohl als Karten als auch in Form von Tabellen darge-

Tabelle 1: Überlagerung von Naturschutzbereichen durch Straßenvarianten

Natur-schutz-kate-gorien	Konfliktflächen in m^2 für die Trassenvarianten								
	1	2	3	4	5	6	7	8	9
NAT.1	10 355	9 195	9 007	9 024	0	0	0	0	24 547
NAT.2	6 352	4 050	3 695	3 742	0	0	0	0	8 367
NAT.3	5 142	6 175	1 024	0	0	18 897	18 924	22 364	3 695
NAT.4	0	0	0	0	0	0	0	0	0
NAT.5	2 619	4 888	4 425	5 235	3 587	6 521	5 353	7 904	4 424
NAT.6	95 265	107 363	93 258	83 706	49 417	102 194	96 721	95 130	96 375
NAT.7	112 184	119 027	105 674	103 987	97 551	103 049	97 913	96 302	113 238
NAT.8	77 413	98 158	82 173	69 168	40 023	67 775	63 770	60 220	89 950
NAT.9	0	0	0	0	0	0	0	0	0
NAT.10	26 631	28 039	26 561	22 144	31 828	5 477	4 239	5 884	28 480

Erläuterungen der betreffenden Naturschutzkategorien:
NAT.1 = Amtlich festgesetzte Biotope
NAT.2 = Feuchtbiotope
NAT.3 = Wiesenbrüter-Biotope
NAT.4 = Naturschutzgebiet „Gaabsweiher"
NAT.5 = Landschaftsschutzgebiet „Katzogel"
NAT.6 = Geplantes Landschaftsschutzgebiet „Steinach-, Rodach-, Maintal"
NAT.7 = Landschaftliches Vorbehaltsgebiet (nach Regionalplan)
NAT.8 = Flächen mit überregional herausragender ökologischer Gesamtbewertung
NAT.9 = Flächen mit sehr hoher ökologischer Gesamtbewertung
NAT.10 = Flächen mit mittlerer ökologischer Gesamtbewertung

stellt. Als Beispiel wird die Matrix „Forstliche Nutzungen = Trassenverläufe" gezeigt (vgl. Tab.). Die Zeile 1 steht für Bodenschutzwald, 2 für Straßenschutzwald usw. Die neun Zahlen jeder Zeile wurden als Ergebnisse von Flächenverschneidungen genommen und geben an, wieviel Fläche der jeweiligen Waldart in qm von den neun Trassenalternativen beansprucht wird.

Erkennbare Vorteile

Mit zunehmendem DV-Einsatz in der öffentlichen Verwaltung werden mehr und mehr Datenbestände digital und damit „mobil" zur Verfügung stehen. Bei Raumordnungsverfahren wird man dann zu den Informationen des Raumordnungskatasters weitere Informationen über den untersuchten Raum relativ schnell und kostengünstig hinzufügen können. Für die Phase der Auswertungen haben sich thematische Karten zur Darstellung des gerade benötigten Auswerteergebnisses bewährt (Abb. 14); die Karten sind nicht originäre Datenträger im Sinne eines allgemeinen Informationsspeichers; ihr Inhalt ist vielmehr Antwort auf eine spezielle Fragestellung und stellt somit in der Regel eine entsprechende Selektion des Gesamtdatenbestandes dar. Daher reichen zur Darstellung von Nutzungen und Nutzungskonflikten normalerweise Flächenschraffuren aus. Die stark differenzierten Planzeichen sind dann nicht erforderlich.

– Eine geeignete DV-Technik läßt schnell die möglichen konkurrierenden Beanspruchungen durch verschiedene Nutzungsarten sowohl „auf einen Blick im Bild" als auch quantitativ (Flächenberechnungen) erkennen.

– Der zu erzielende Zeitgewinn – insbesondere dann möglich, wenn die benötigten Daten bereits digital und stimmig vorliegen – kann u. a. für detaillierte und ergänzende Untersuchungen verwendet werden.

– Die inzwischen gewonnenen Erfahrungen weisen darauf hin, daß es bei Umweltverträglichkeitsprüfungen gerade dem stellungnehmenden Naturschützer möglich wird, sein Anliegen den übrigen am Verfahren Beteiligten deutlich und verständlich zu machen. Mit dieser Art „Waffengleichheit" ist häufig auch eine Versachlichung der Diskussion und die Bereitschaft zum vernünftigen Kompromiß verbunden.

– Mit der Möglichkeit, Informationen schnell, kostengünstig und umfassend zusammenzuführen, wächst die Chance, zu einem echten Abbild der Situation und der Wirkung von Maßnahmen im Untersuchungsgebiet und damit zu der in der Landes- und Regionalplanung geforderten Gesamtschau zu gelangen.

Als Alternative zu graphischen Darstellungen in Form einer Karte zeigt obige Tabelle die Konflikte zwischen Naturschutz und Straßenplanung quantitativ auf.

Die 10 Zeilen der Matrix stehen für Typen von Flächen, die aus der Sicht des Naturschutzes erhaltenswert sind, die neun Spalten für die neun Varianten der Trassenführung.

Es wird z. B. deutlich, daß „ökologisch hochwertig einzustufende Gebiete" (= Zeile NAT. 8) von Trasse 8 (ca. 60 ha Konfliktfläche) sehr viel schonender als von Trasse 9 (ca. 90 ha Konfliktfläche) behandelt werden.

Gerade umgekehrt verhalten sich dagegen dieselben Trassen 8 und 9 gegenüber einem Landschaftsschutzgebiet (Zeile NAT. 5) mit 7,9 bzw. 4,4 ha Konfliktfläche. Nullwerte sagen aus, daß in diesem Straßenabschnitt keine Konfliktflächen existieren.

Abbildung 14 Raumordnungsverfahren für den Ausbau der Bundesstraße 173 "Lichtenfels – Kronach" im Abschnitt "Lichtenfels – Zettlitz"

EDV-gestützte Konfliktanalyse im Rahmen der Raum- und Umweltverträglichkeitsprüfung

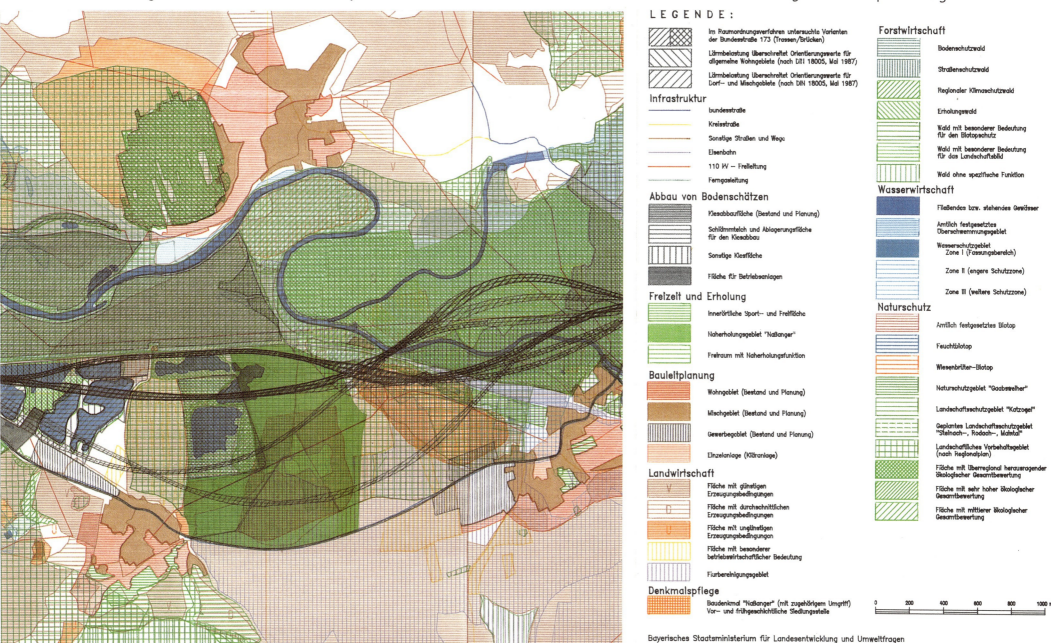

Bayerisches Staatsministerium für Landesentwicklung und Umweltfragen in Zusammenarbeit mit der Regierung von Oberfranken, München/Bayreuth 1987/88

Mit diesen Zahlen und Aussagen wird ein quantitativer Anhaltspunkt im Hinblick auf betroffene Flächentypen gegeben. Es läßt sich eine hohe Vergleichbarkeit der einzelnen Planungsalternativen erreichen.

Solche Verfahren entlassen den Planer aber nicht aus der Pflicht, vor seiner Entscheidung die unterschiedlichen Flächennutzungen auch qualitativ zu bewerten und die Nutzungskonflikte gegeneinander abzuwägen, um schließlich zu einer „günstigsten" Trassenvariante zu gelangen. Der „Computer" kann und darf nicht einer „Knopfdruckplanung" Vorschub leisten.

1.5 Verfahrensbegleitende Dokumentation im förmlichen Planverfahren

Die Thematik berührt zwei Aufgabenbereiche: Das graphisch-kartographische Festhalten der Ergebnisse der aufeinanderfolgenden Verfahrensschritte im Planverfahren selbst sowie die Auswertung der im Rahmen dieser Verfahren von den Beteiligten und Betroffenen abgegebenen Anregungen und Bedenken zu den Planinhalten.

Das förmliche Verfahren für die Erarbeitung und Aufstellung der raumordnerischen Pläne der verschiedenen Planungsebenen ist durch die in den landesplanungsrechtlichen Vorschriften enthaltenen Verfahrensregelungen festgelegt. Insoweit kann darauf verwiesen werden. In der Regel sind folgende Stadien zu unterscheiden, die den Plänen sowohl auf Landes- als auch auf Regionalebene gemeinsam sind (vgl. Kap. 1.3.1):

— Vorentwurf
  (unter ausschließlicher Berücksichtigung fachlicher Belange),
— Entwurf
  (unter Beachtung der übrigen Nutzungsansprüche, ggf. in Planungsbeteiligungskarten),
— überarbeiteter Entwurf
  (mit Berücksichtigung der Anregungen und Bedenken der Beteiligten),
— beschlußreifer Plan
  (nach Entscheidung über die Anregungen und die mit den Beteiligten nicht ausräumbaren Bedenken),
— (Rechts-) verbindlicher Plan (Festlegungskarte).

Diese Abfolge der Planungsarbeit ist unabhängig von der Art und Weise, wie die erforderlichen zeichnerischen Bestandteile der Pläne hergestellt werden, ob — wie bisher — manuell oder — künftig — ADV-gestützt.

1.5.1 Manuelle Bearbeitung

1.5.1.1 Graphisch — Kartographisch

Vorentwurf:
Auf der Grundlage einer topographischen Karte (Landesebene 1 : 500 000, 1 : 200 000; Regionalebene 1 : 50 000) wird aus vielfältigen Planunterlagen der Bauleitplanung, der Fachplanung (Verkehr, Wasserwirtschaft, Ver- und Entsorgung etc.) und ggf. der Landesplanung, die in sehr unterschiedlichen Maßstäben zur Verfügung gestellt werden, ein Vorentwurf hergestellt. Dies geschieht von Hand; z. T. unter Zuhilfenahme phototechnischer Methoden. Dabei werden für die Entwicklung der neuen Planungskonzeption die erforderlichen Inhalte mit dem Signaturenschlüssel übernommen, der für die landesplanerischen Pläne nach den einschlägigen Vorschriften vorgesehen ist.

Dabei wird in der zeichnerischen Darstellung von vornherein eine Trennung in zwei- bzw. dreifacher Art vorgenommen, zum einen nach flächen-, punkt- und linienhaften Signaturen, zum anderen nach den Farben, die später im Mehrfarbendruck vorgesehen sind. Dies hat zur Folge, daß eine große Zahl von einzelnen Zeichenträgern (maßhaltige Kunststoff-Folien/Astralon) erforderlich ist. Deren Zahl verringert sich dann, wenn Darstellungen in gleicher Farbe, aber unterschiedlicher Farbintensität "zusammengerastert" werden; eine noch stärkere Verminderung ergibt sich durch die Kombination zur vierfarbigen Euroskala.

Entwurf:
Im Zuge der Abstimmung werden die erforderlichen fachlichen Ansprüche und die sich daraus ergebenden Nutzungskonflikte, soweit dies im Vorfeld der fachgesetzlichen Genehmigungsverfahren möglich ist, ausgeräumt.

In diesem Stadium wird ein mehrfarbiger (gedruckter) Plan vorgelegt.

Überarbeiteter Entwurf:
Die von den Beteiligten (d. s. die Gemeinden und Gebietskörperschaften, die Vertreter der funktionalen Selbstverwaltung, der übrigen Landesbehörden und der Bundesbehörden) vorgebrachten Anregungen und Bedenken betreffen regelmäßig einerseits den Gesamtinhalt des Planentwurfes, d. h. die Abgrenzung der verschiedenen Nutzungsarten und andererseits den Planungsraum insgesamt.

Je nach Umfang der erforderlichen Änderungen und Ergänzungen wird ein mehrfarbiger Neudruck des Planes erforderlich.

Beschlußreifer Plan:
Trotz vielfältiger Bemühungen der Planungsbehörden verbleiben manche der Anregungen und Bedenken als ungelöst, sei es wegen der nicht erreichbaren Koordinierung fachbehördlicher Ansprüche, sei es wegen abweichender Auffassungen der beteiligten Gemeinden und Gebietskörperschaften über die künftige Entwicklung. Entscheidungen werden von den vorgesetzten Behörden getroffen (d. h. für die Pläne der Regionalplanung durch die für Raumordnung und Landesplanung zuständigen obersten Landesbehörden, für die Pläne auf Landesebene — durch die Landesregierung, ggf. unter Einbeziehung des Landtages).

Für dieses Stadium ist allein schon wegen der Zahl der an den Entscheidungen Beteiligten ein ggf. vereinfachter bzw. auszugsweiser Neudruck notwendig.

Die in der zeichnerischen Darstellung der landesplanerischen Pläne im Zuge dieses Stadiums vorzunehmenden vielfältigen Änderungen sind um so einfacher durchzuführen, je analytischer die Planvorbereitung angelegt ist: Lokal und fachlich können Änderungen und Ergänzungen auf der betreffenden Farbplatte von Hand vorgenommen werden. Der sich dabei ergebende reproduktionstechnische Aufwand hinsichtlich Zeit und Material ist zwar erheblich, aber technisch zu bewältigen.

(Rechts-) Verbindlicher Plan:
Die landesplanerischen Pläne enthalten in dieser Planungsstufe die von allen Behörden zu beachtenden Ziele der Raumordnung und Landesplanung. Sie können im gleichen Verfahren geändert werden, wie sie aufgestellt wurden. Im übrigen sind sie turnusmäßig (in NRW: nach Ablauf von 10 Jahren) zu überprüfen und, soweit erforderlich, zu ändern und neuen Gegebenheiten anzupassen.

Da solche Änderungen neben dem verbalen Planinhalt auch die zeichnerische Darstellung betreffen, werden in der Regel mehrfarbige Planausschnitte (aus den vorhandenen Planunterlagen) durch "Herauskopieren" hergestellt — ein wegen der Einrichtung von Fenstern (durch Abkleben nicht erforderlicher Teile) ebenso mühevolles Verfahren wie die Planherstellung selbst.

Die im Hinblick auf den Bedarf z. B. an Wohnansiedlungs- bzw. Industrieansiedlungsflächen/-bereichen, Rohstoffabbauflächen/-bereichen bezogenen planerischen Überlegungen setzen nicht unerhebliche Analysen der bisherigen und Prognosen der künftigen Entwicklung voraus, für die umfangreiche Berechnungen durchzuführen sind. Hinsichtlich der Flächenermittlungen, die auch von unterschiedlichen Maßstäben ausgehen, ist der Kartograph auf die aufwendige und — ab bestimmten Maßstäben — recht ungenaue Methode des Planimetrierens angewiesen.

1.5.1.2 Textlich

Bei der kartographisch-technischen Erarbeitung der zeichnerischen Darstellung landesplanerischer Pläne und ihrer Änderung und Ergänzung im Ablauf des Verfahrens insgesamt sind besonders zwei Gesichtspunkte zu unterscheiden: die Beschaffung des Grundlagenmaterials und die im Zuge des Verfahrens zu berücksichtigenden Anregungen und Bedenken der Planungsbeteiligten.

Die Herkunft des Grundlagenmaterials (u. a. Raumordnungskataster, Bauleitpläne, Fachpläne der zahlreichen flächenrelevant tätigen Behörden und Dienststellen) und der Grad der Aktualisierung und Berichtigung solcher Unterlagen läßt sich anhand des Schriftverkehrs nachvollziehen, es sei denn, dem kartographisch tätigen Mitarbeiter wird zusätzlich die Herstellung eines Arbeits- und Quellennachweises abverlangt.

Weit schwieriger gestaltet sich allerdings die Dokumentation der zahlreichen Anregungen und Bedenken im Laufe des Verfahrens und während der verschiedenen Bearbeitungsstufen, vor allem aber in der Phase der Äußerungen der Beteiligten im Planverfahren, die bei den Planungsbehörden eingehen. Sie umfassen zahlenmäßig je nach Planungsraum mehrere Tausend Eingaben, die sich jeweils möglicherweise räumlich auf eine Gemeinde, fachlich aber auf den Gesamtinhalt der Planungskonzeption beziehen können. Sie übersehen zu können, übersteigt in der Regel die Grenze der Zumutbarkeit für den Bearbeiter ebenso wie die Verantwortung der zuständigen Planungsträger.

Die bisherige Lösung der — übrigens auch landesplanungsrechtlichen — Problematik wird darin gesehen, auf kartographischer Grundlage die Änderungswünsche, die übrigens auch gegenläufig sein können, in einer besonderen Erläuterungskarte zusammenzutragen und zusammen mit den anderen den Textentwurf betreffenden Vorschlägen aufzulisten. Dies ist insgesamt ein aufwendiges, schwer zu handhabendes Verfahren, das angesichts der damit eventuell verbundenen verwaltungsgerichtlichen Überprüfung von planerischen Entscheidungen sicher kritisch zu beurteilen ist.

Zur Erläuterung werden nachfolgend zwei Beispiele aus der Planungspraxis in NRW dargestellt — die Erarbeitung des "Landesentwicklungsplanes III (Umweltschutz durch Sicherung von natürlichen Lebensgrundlagen)" und das "Gesamtkonzept zur Nordwanderung des Steinkohlenbergbaues an der Ruhr".

Ziele der Raumordnung und Landesplanung für das Landesgebiet werden in Nordrhein-Westfalen in Landesentwicklungsplänen[1]) auf der Grundlage des Landesentwicklungsprogramms[2]) festgelegt (§ 13 Abs. 1 LPlG)[3]); sie bestehen aus zeichnerischen und textlichen Darstellungen (§ 13 Abs. 3 LPlG). Sie bedürfen turnusmäßig nach 10 Jahren der Überprüfung und, soweit erforderlich, der Ergänzung bzw. Änderung (§ 13 Abs. 5 LPlG). Der Maßstab der Landesentwicklungspläne soll nicht größer als 1 : 200 000 sein[4]).

Die Neufassung des LEP III 1987[5]) (Abb. 15) ersetzt den früheren Plan "Gebiete mit besonderer Bedeutung für Freiraumfunktionen — Wasserwirtschaft und Erholung —" aus dem Jahre 1976[6]), der turnusmäßig, aber auch wegen vielfach geänderter Rahmenbedingungen der Überarbeitung bedurfte. Zentrales Anliegen des LEP III ist die für Nordrhein-Westfalen besonders dringliche Aufgabe der Freiraumsicherung durch die Landesplanung, die auf diese Weise einen wesentlichen Beitrag zum Umweltschutz leistet[6]). Deshalb werden für die landesplanerische Sicherung des Freiraumes, der Natur und Landschaft, des Waldes, des Wassers und der Erholung textliche Ziele aufgestellt[7]) und deren räumlicher Bezug zeichnerisch auf topographischer Grundlage i. M. 1 : 200 000 dargestellt[8]).

Die zeichnerische Darstellung, auf der Grundlage der Übersichtskarte der Regierungsbezirke[9]), zeigt, allein schon wegen der einzubeziehenden Sachbereiche Freiraum, Naturschutz, Wald, Wasser und Erholung — abgesehen von der noch notwendigen mehrfachen Untergliederung —, den kartographisch-technischen und reproduktionstechnischen Aufwand, der noch dadurch vergrößert wird, daß die Blätter für die Regierungsbezirke des Landes erhebliche Überlappungen zu den jeweiligen Nachbarbezirken aufweisen, so daß zeichen- bzw. reproduktionstechnisch aufwendige zusätzliche Arbeitsgänge zur Anfertigung der Druckvorlagen anfallen.

Den vorstehenden Arbeiten ging jedoch die Bewältigung eines außerordentlich umfangreichen und sehr unterschiedlich gestalteten Materials voraus: Die darzustellenden Sachverhalte wurden in unterschiedlichen Maßstäben und topographischen Bezugsgrundlagen von den fachlich beteiligten nachgeordneten Behörden und Dienststellen[10]) sowie von der Regionalplanung[11]) beigesteuert. Ihre insgesamt manuelle Umsetzung wurde beim Minister für Umwelt, Raumordnung und Landwirtschaft/Landesplanungsbehörde besorgt.

Eine wesentliche Vereinfachung hätte eine computergestützte Bearbeitung bei den einzelnen Arbeitsschritten ermöglicht: sowohl beim ersten Entwurf (durch die Zulieferung von zumindest teilweise bereits digitalisiertem Material) als auch bei der Erstellung des zweiten Entwurfes und bei dessen Vorbereitung zum verbindlichen Plan, weil die Korrekturen im Dialog-Verfahren am graphisch-interaktiven Arbeitsplatz zeit-, material- und personalsparender hätten ausgeführt werden können. Mehr Bedeutung als diesen überwiegend technischen Gesichtspunkten kommt der Steigerung der planerischen Qualität zu, die aber auch erst mit Hilfe der durch ADV ermöglichten Untersuchungen zahlreicher Planungsvarianten und Alternativlösungen als ganz neues Betätigungsfeld eröffnet wird, z. B. durch die Verknüpfung verschiedener Sachverhalte als Grundlage zur Konfliktlösung.

Die langfristige Sicherung der Steinkohlenförderung in NRW kann nur durch die frühzeitige Exploration und Erschließung neuer Lagerstätten am Nordrand des Ruhrgebietes in der Lippe-Zone und im südlichen Münsterland gewährleistet werden[12]). Die Errichtung neuer Seilfahrt- und Wetterschächte führt gerade in diesem Bereich zu Nutzungskonflikten mit den dortigen für die Erholung der Bevölkerung des Verdichtungsgebietes Rhein-Ruhr so dringend notwendigen Freiräume. Abbautechnisch sollen deshalb keine neuen Bergwerke errichtet werden, sondern der Kohlenabbau wird sich insbesondere auch mit Rücksicht auf die sonst unvermeidlich großen Umweltauswirkungen in sog. Anschlußbergwerken[13]) vollziehen, denen nur die Wetterführung, Seilfahrt und evtl. der Materialtransport obliegt.

Für Vorhaben dieser Art haben die Bergbautreibenden in der Vergangenheit regelmäßig nur standortbezogene Betriebsplanungen einschl. der im einzelnen nach den fachgesetzlichen Vorschriften des Berg- und Landschaftsrechtes festzulegenden Ausgleichs- und Ersatzmaßnahmen vorgelegt. Umfang und zu erwartende Auswirkungen der Nordwanderung machen es erforderlich, die einschlägigen Planungen aller in diesem Raum tätigen Bergbauunternehmen in einer Gesamtkonzeption zusammenzufassen mit dem Ziel, die Raum- und Umweltverträglichkeit sicherzustellen[14]).

Die Bergbauunternehmen haben dazu ihre Planungen bis zu einem Zeithorizont des Jahres 2000 dargelegt, die von der Landesregierung nach den von ihr entwickelten Kriterien nach ihrer räumlichen, ökologischen und wasserwirtschaftlichen Bedeutung bewertet und in einer Anhörung erörtert wurden[15]). Die Landesregierung hat das "Gesamtkonzept zur Nordwanderung des Steinkohlenbergbaues an der Ruhr" 1986 vorgelegt[16]). Das Gesamtkonzept enthält u. a. Kataloge der Bestandserhebung und der vorzulegenden Projektunterlagen (Abb. 16) und der regionalplanerisch bedeutsamen Sachbereiche für Zielbestimmungen (Anlage 2).

Als Beilage zum Gesamtkonzept sind auf einer topographischen Grundlage drei Karten hergestellt worden:

Landschaft und Ökologie	(TÜK 200)
Bergsenkungen und Denkmalschutz	(TÜK 200)
Bergsenkungen und Grundwasserflurabstände (für einzelne Teilräume)	(TK 100)

Die Karten sind insgesamt manuell erstellt — allein schon wegen des allen gemeinsamen Grundinhaltes der bergmännischen Planungen (Seilfahrt-, Wetterschacht in Planung, Planungsraum in bergmännischer Ausrichtung, Planungsraum, derzeit betriebenes Baufeld, Reserveraum, Untersuchungsraum) wäre die Bearbeitung computergestützt zu vereinfachen gewesen. Zwar wurden die vorgenannten Inhalte jeweils reproduktionstechnisch übernommen, jedoch auch hier hätten Arbeitsgänge eingespart werden können. Selbst die Symbole für Baudenkmäler, historische Ortskerne und Bodendenkmäler wären bei einer Verbindung mit Koordinaten über den Plotter weitaus schneller wiederzugeben gewesen, als es in zeichentechnischer Herstellung von Hand möglich war.

Abb. 15: Landesentwicklungsplan III — Umweltschutz durch Sicherung von natürlichen Lebensgrundlagen (Ausschnitt)

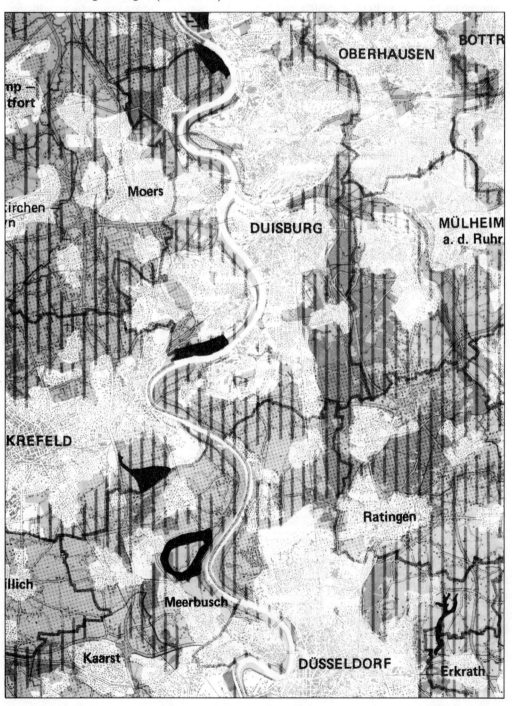

Freiraum

 Freiraum
(nachrichtlich – GEP in Erarbeitung)

 Gebiete für den Schutz der Natur

 Gebiete für den Schutz der Natur
(Überprüfung der Abgrenzung eingeleitet)

 Gebiete für den Schutz der Natur
(nachrichtlich – Überprüfung eingeleitet)

Gebiete für den Schutz der Natur schließen auch die Gebiete des Feuchtwiesenprogramms NRW ein,
die zum Teil noch zu überprüfen sind.

 Feuchtgebiete
– Gebiete von internationaler Bedeutung aufgrund von Merkmalen
  europäischer und anderer internationaler Konventionen

 Waldgebiete

 Grundwasservorkommen
– die gegenwärtig für die öffentliche Wasserversorgung herangezogen werden,
  künftig herangezogen werden sollen oder sich dafür eignen

Grundwassergefahrdungsgebiete
– wegen ihrer geologischen Struktur

Uferzonen und Talauen
– die für die öffentliche Wasserversorgung herangezogen werden oder sich dafür eignen

 Standorte für geplante Talsperren

 Einzugsgebiete von Talsperren für die Trinkwasserversorgung

 Erholungsgebiete

Bearbeitung und Kartographie:
  Der Minister für Umwelt, Raumordnung und Landwirtschaft des Landes Nordrhein - Westfalen, Düsseldorf.

Kartengrundlage und Maßstab:
  Übersichtskarte der Regierungsbezirke 1 : 200 000,
  vervielfältigt mit Genehmigung des Landesvermessungsamtes Nordrhein - Westfalen vom 13. 4. 81, Kontrollnummer L 242/81

Abb. 16: Nordwanderung des Ruhrbergbaus — Bergsenkungen und grundwasserabhängige/ -geprägte/-beeinflußte Bereiche, gegliedert nach Flurabständen — 1:200 000 (Ausschnitt)

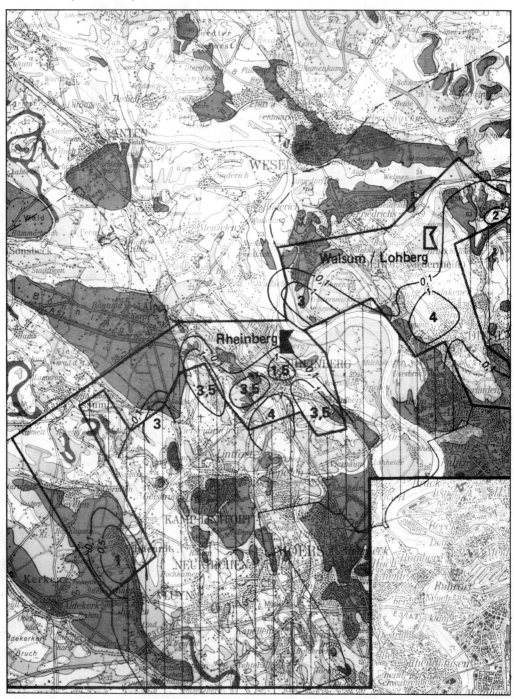

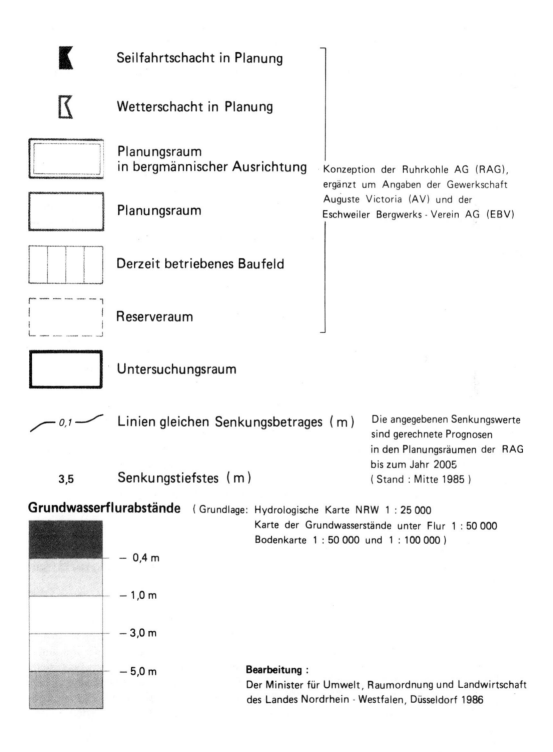

Das mag für den Bereich des Natur-, Landschafts- und Biotopschutzes ebenfalls gelten, wenn auch deren Übertragung aus größeren Maßstäben in die TÜK 200 wegen des höheren Generalisierungsgrades regelmäßig nur mit manueller "Nachhilfe" bewerkstelligt werden kann. Indessen hätte sich computergestützte Arbeit für die Darstellung der Bergsenkungen (Linien gleichen Senkungsbetrages/ in m mit der Eintragung des jeweiligen Senkungstiefsten/ in m) in der Gesamtdarstellung (TÜK 200) und in der Einzeldarstellung (TK 100) geradezu aufgedrängt, wenn auch die zeichentechnische Arbeit hierbei durch phototechnische Vergrößerung/Verkleinerung vereinfacht worden ist.

1.5.2 ADV-gestützte Bearbeitung

Sofern die planerarbeitenden Landesplanungsbehörden mit einem graphisch-interaktiven Arbeitsplatz ausgestattet sind, lassen sich — gegenüber der manuellen Methodik — verschiedene Arbeitsgänge erheblich vereinfachen und zeitlich verkürzen. Darüber hinaus sind (vgl. Kap. 1.4.3) Erweiterungen in technisch-kartographischer Hinsicht möglich, die sowohl die graphische Seite als auch die rechnerische Analyse umfassen und die schließlich auch die abschließende Dokumentation des Planungsvorganges von Beginn bis Abschluß (und Laufendhaltung) ermöglichen.

1.5.2.1 Graphisch — Kartographisch

Planungsgrundlage und -erarbeitung:
  Die Planinhalte werden, soweit nicht bereits Darstellungen/Vorlagen in digitalisierter Form zur Übernahme vorliegen, aus den bereits erwähnten Grundlagen nach einem vorgegebenen Zeichenschlüssel digitalisiert und gespeichert, der ADV-gerecht aufgebaut ist und flächenhafte und lineare Signaturen sowie Punktsymbole — hinsichtlich der Rechtswirksamkeit — in gestufter Form enthält. Die Daten sind in beliebiger Aggregierung abrufbar, lassen eine sektoralisierte Darstellung z. B. einzelner Nutzungsarten, aber auch Kombinationen zusammengehöriger oder miteinander konkurrierender Nutzungen zu. Insoweit ergeben sich bereits im Stadium der Planvorbereitung vielfältige Möglichkeiten, nach optimalen planerischen Lösungen für manche Standorte, kleinflächige Nutzungsprobleme oder — unter Zugrundelegung bestimmter Voraussetzungen — einer Region herauszuarbeiten und zu erproben, die weder in ihrer Art noch technisch unter Zuhilfenahme manueller Tätigkeiten möglich erscheinen.

Planänderung:
  Die im Erarbeitungsverfahren anfallenden zahlreichen Änderungen und Ergänzungen können unmittelbar von der Vorlage der beschlossenen Änderung im Dialog zwischen Bearbeiter und Bildschirm/Rechner eingebracht, gespeichert und die ursprüngliche Planung (zum späteren Nachweis) archiviert werden.

Plandruck:
  Der Plotter kann aufgerufen werden, den Gesamtbestand für einen bestimmten, durch Gauß-Krüger-Koordinaten festzulegenden Raum mehrfarbig zu zeichnen. Desgleichen besteht die Möglichkeit, Ausschnitte von Fachbereichen für den Gesamtraum bzw. für Teilräume herzustellen. Insbesondere aber können Druckvorlagen auf maßhaltigen Folien hergestellt werden, indem sachbezogen — in Anlehnung an die einzelnen Farbplatten bei der manuellen Bearbeitung — die Inhalte zu bestimmten Themen (Wohn- und Industrieansiedlungsbereiche, Wasserschutzgebiete der verschiedenen Gefährdungsstufen etc.) ausgedruckt werden.

Flächenberechnung:

Die Digitalisierung der Flächen durch Nachfahren der Begrenzungslinien ist darauf angelegt, jeweils geschlossene Bereiche koordinatenmäßig zu erfassen. Diese Methode bietet die Gewähr und die Möglichkeit, durch den Rechner zugleich den Flächeninhalt ermitteln zu lassen, der auf Abruf am alpha-numerischen Bildschirm ausgegeben wird. Darüber hinaus wird auf Verlangen auch der Gesamtinhalt aller Flächen einer bestimmten Nutzungsart, ggf. auch in der Relation zu einer höheren Ordnungssystematik geliefert (z. B. einzelnes Dorfgebiet, Dorfgebiete innerhalb eines festzulegenden Raumes jeweils in ha, Anteil der Dorfgebiete am Wohnsiedlungsgebiet insgesamt in v.H.).

Datenkombination:

Eine Flächendarstellung z. B. des Wohnsiedlungsbereiches läßt sich auch mit Daten der Bevölkerungsstruktur (Verbreitung, Dichte, Alter) flächenhaft (Schraffur-/Punktraster) oder in Diagrammform veranschaulichen, sofern der Zugriff auf entsprechende Datenspeicher ermöglicht ist. Vergleichbares gilt auch für die Darstellungen der Wirtschaftsstruktur.

1.5.2.2 Textlich

Bei der — zumindest in Nordrhein-Westfalen — festzustellenden Tendenz der Planungsträger der übergeordneten Planung, statt räumlicher Teilabschnitte des Planungsraumes (Kreis, mehrere Kreise) nunmehr diesen insgesamt zu bearbeiten (in NRW auch als "3. Generation der Regionalpläne" bezeichnet), fällt im förmlichen Planverfahren eine nahezu unübersehbare Fülle von Anregungen und Bedenken an. Sie überfordert die Bearbeiter bei der Durchsicht und Bewertung sowie die verantwortlichen Planungs- und Entscheidungsgremien und schließlich die Genehmigungsbehörden gleichermaßen.

Hinzu kommt, daß, wenn auch dem Bürger selbst die Klagemöglichkeit gegen landesplanerische Pläne und die darin festgelegten Ziele der Raumordnung und Landesplanung verwehrt ist, das Bewußtsein für planerische Fragen in den letzten Jahren erheblich zugenommen hat. Dies führt dazu, daß Gebietskörperschaften und Fachdienststellen gegen landesplanerische Festlegungen klagen und im Wege von Verwaltungsgerichtsverfahren ihre Ansichten und Absichten über die gemeindliche Entwicklung und fachliche Notwendigkeit durchsetzen möchten. Die zuvor im Planerarbeitungsverfahren von ihnen geäußerten Anregungen und Bedenken, mehr noch die negative Entscheidung darüber, werden zunehmend Gegenstand der gerichtlichen Auseinandersetzungen werden. Hier werden die Landesplanungsbehörden insoweit beweispflichtig sein, als von ihnen der Nachweis verlangt wird, wie sie zu den getroffenen Entscheidungen gekommen sind.

Dieser Verpflichtung kann am ehesten durch ein sehr spezialisiertes Dokumentationssystem entsprochen werden, wie es z. B. beim Umlandverband Frankfurt im Zusammenhang mit der Aufstellung des Flächennutzungsplanes praktiziert wird (INFODOK vgl. Kap. 1.4.4).

Anmerkungen

[1]) Landesplanungsgesetz (LPlG) in der Fassung der Bekanntmachung vom 28. Nov. 1979 (GV.NW. S. 878), § 13 Abs. 1.
[2]) Gesetz zur Landesentwicklung (Landesentwicklungsprogramm — LEPro) vom 19. März 1974 (GV.NW. S. 96), insbesondere § 35.

[3]) Verordnung über Form und Art des Planungsinhaltes der Landesentwicklungspläne, der Gebietsentwicklungspläne und der Braunkohlenpläne (3. DVO zum Landesplanungsgesetz) vom 5. Februar 1980 (GV.NW. S. 149), § 1.

[4]) Vom 15. 9. 1987 (MBl. NW. S. 1676).

[5]) Vom 12. 4. 1976 (MBl. NW. S. 1268); vgl. BERVE, R., Die Auswirkungen des LEP III, NW Städte- und Gemeinderat 1979, S. 223 ff. sowie OHRMANN, W., Gebiete mit besonderer Bedeutung für Freiraumfunktionen in NW, Landschaft und Stadt 1976, S. 104 ff.

[6]) Vgl. LEP III 1987 (MBl. NW. 1987 S. 1675/SMBl. NW. 230) – Einleitung Nr. 1–3, S. 1679 ff. sowie Erläuterungsbericht Nr. 6 - 10, S. 1686 ff.

[7]) A. a. O., Abschnitt B, Nr. 1 bis 5, S. 1680 ff.

[8]) A. a. O., Abschnitt C, Nr. 4.1, S. 1685 und Anlagen.

[9]) Hrsg. vom Landesvermessungsamt NRW, Bonn.

[10]) U. a. aus dem Bereich Wasserwirtschaft (Landesamt für Wasser und Abfall NW sowie Staatliche Ämter für Wasser und Abfall): Grundwasservorkommen, -gefährdungsgebiete, Uferzonen und Talauen, Standorte für geplante Talsperren sowie die Einzugsgebiete von Trinkwassertalsperren aus dem Bereich der Natur (Landesanstalt für Ökologie, Landschaftspflege und Forstplanung NW): Gebiete für den Schutz der Natur, Feuchtgebiete sowie Waldgebiete.

[11]) U. a. Abgrenzung der Erholungsgebiete.

[12]) Kleinherne, H., Erschließung neuer Lagerstättenbereiche für den Steinkohlenbergbau, Glückauf 115 (1979), S. 1145 ff. sowie Rawert, H., Die Nordwanderung des Ruhrbergbaues – Fragen, Thesen, Probleme, Markscheidewesen 92 (1985), S. 70 ff.

[13]) Nehrdlich, J., Untertägiger Anschluß entfernt gelegener Abbaubereiche an vorhandene Förderstandorte, Glückauf 122 (1985), S. 1135 ff.

[14]) Ministerpräsident Johannes Rau, Regierungserklärung vom 10. 6. 1985.

[15]) Ministerpräsident des Landes NW (Hrsg.), Landesentwicklungsbericht 1984, Landesentwicklung Heft 46, Düsseldorf 1985, S. 107; Minister für Umwelt, Raumordnung und Landwirtschaft des Landes Nordrhein-Westfalen (Hrsg.), Nordwanderung des Steinkohlenbergbaues an der Ruhr: Anhörung am 5. und 6. September 1985/Wortprotokoll, Düsseldorf 1985.

[16]) Minister für Umwelt, Raumordnung und Landwirtschaft des Landes NW (Hrsg.), Gesamtkonzept zur Nordwanderung des Steinkohlenbergbaues an der Ruhr, Düsseldorf 1986; Depenbrock, J., Zur Nordwanderung des Steinkohlenbergbaues an der Ruhr (Gesamtkonzept – Rechtliche Bewertung – planungsrechtlicher Ausblick), Nordrhein-westfälisches Verwaltungsblatt 1987, S. 70 ff.

1.6 Technisch bedingte Vor- und Nachteile der ADV

Inzwischen liegen aus Einsätzen der ADV für die räumliche Planung vielfältige Erfahrungen vor, die Vor- und Nachteile des ADV-Einsatzes zu nennen und zu bewerten erlauben. Einige Falltypen praktischer Beispiele sind in Kap. 1.4 genannt, ausgewählte Systemkonfigurationen sind in Anhang 1 zusammengestellt.

Die allgemeinen Vorteile der heutigen ADV bei der Verarbeitung von Massendaten sollen nur genannt, aber nicht näher dargestellt werden:

– Speicherung und Bearbeitung (ergänzen, ändern, löschen) großer Datenmengen,

– übersichtliche numerische und graphische Gestaltung der Auswertung (Liste, Graphik, Karte),

– Verfügung über die Informationen am Arbeitsplatz (interaktive Bildschirmarbeitsplätze),

– Dokumentationen der Entwicklungsschritte und der Veränderungen (zeitliche Abfolge) von Planungen.

Die besonderen Vorteile der ADV für die Landes- und Regionalplanung zeigen sich vor allem auf dem Gebiet der graphisch-kartographischen Herstellung, Präsentation und Fortschreibung von Plänen. Die graphische DV hat hier auf der Softwareseite durch die Bereitstellung von leistungsfähigen Editierprogrammen für Linien, Flächen und Symbole sowie durch schnelle Datenbanksysteme ein breites Feld von Anwendungsmöglichkeiten gefunden. Zu den Vorteilen der graphischen DV zählen insbesondere:

— Pläne werden in ihrer Grundlage (z. B. Topographie bzw. Regionalplan) einmal erstellt, digitalisiert und dann fortgeführt. Damit verringert sich die Gefahr, daß bei der Fortführung neue Fehler in die fortgeschriebene Karte eingebaut werden.

— Thematische Inhalte verschiedener analoger Karten, die i. d. R. in verschiedenen Maßstäben vorliegen, werden in einer digitalisierten Karte zusammen dargestellt. Kombinationen daraus werden nur durch die Lesbarkeit der Karten, weniger durch die Anzahl der vorher erfaßten Inhalte beschränkt.

— Pläne, Daten und Informationen lassen sich bei entsprechender Organisation in Planwerken, z. B. in Raumordnungskatastern, zusammenführen.

— Karten können grundsätzlich maßstabsunabhängig ausgegeben werden; der Aufnahmemaßstab wird vom Zweck bestimmt, weil automatische Generalisierungsprogramme bislang nicht zur Verfügung stehen.

— Karten und Planinhalte können für den jeweiligen Zweck optimiert, insbesondere können Selektionen und Ausschnitte hergestellt werden.

— Nutzungskonflikte, die sich z. B. aus tatsächlicher oder geplanter Nutzung ergeben, können über ggf. formalisierte Abfragen bzw. Darstellung der betroffenen Flächen erkannt und nachvollziehbar beurteilt werden; ähnliches gilt für raumbezogene Bewertungs- und Entscheidungsverfahren.

Im nicht-graphischen Bereich ist vor allem die ständige Verfügbarkeit von großen Datenbeständen am Arbeitsplatz mit Hilfe eines Bildschirmes von Vorteil; z. B. können Umweltschutzmaßnahmen in kürzester Zeit aufgrund von Abfragen aus einer Umweltschutzdatenbank ergriffen werden. Hier bieten Datenbanken mit „menügesteuerten" Abfragen einen großen Komfort.

Für statistische Zwecke lassen sich zu jeder graphischen Darstellung von Flächen jeweils Flächengrößen, Anteile bestimmter Nutzungen, Nachbarschaften errechnen. Es lassen sich Zeitreihen, Trends und Alternativen berechnen; auch sind Modellsimulationen, z. B. für die Berechnung des Bedarfs an Wohnungen, Infrastruktureinrichtungen, Arbeitsplätzen möglich, ebenso eine lückenlose Dokumentation der Berechnungsschritte.

Die Nachteile der ADV liegen im Gegensatz zu den fachspezifisch wirksamen Vorteilen mehr in den allgemeinen Bereichen Finanzen, Organisation, Personal und Rechtsprobleme.

Der Einstieg in die ADV erfordert anfänglich erhebliche Finanzmittel, die nicht unbedingt sofort durch Einsparung an anderer Stelle auszugleichen sind. Daraus ergibt sich, daß eine rein finanziell orientierte Kosten-Nutzen-Rechnung, die zugunsten der ADV vorausgeht, schwer bis unmöglich zu erstellen ist; der erhöhte Nutzen liegt überwiegend in der erzielten höheren Planungsqualität und, nach einer Einlaufphase, in der schnelleren Erstellung von Plänen (vgl. Kap. 3.5).

Planen mit ADV-Unterstützung bedarf einer veränderten Personal- und Organisationsstruktur. Zumindest sind die Mitarbeiter gefordert, in intensiven Schulungen neue Computersysteme und Softwareprodukte kennen- und beherrschen zu lernen (vgl. Kap. 3.4.3).

Die Befürchtung, daß durch die Einführung der ADV im Planungsbereich Arbeitsplätze verlorengehen, ist nach aller Erfahrung unbegründet. Allerdings wird sich die Art der Beschäftigung in vielen Fällen ändern. In der Regel geht mit der Einführung der ADV ein Qualifizierungsschub einher. Technische Zeichner, Reproduktionstechniker, Kartographen und Angehörige verwandter Berufsgruppen werden den Bildschirm und automatisierte Zeichengeräte als Arbeitsmittel benutzen; die Effizienz der Planungsarbeit wird dabei allgemein erhöht.

Mit der Einführung der ADV müssen sich die planenden Behörden mehr als bisher mit den Datenschutzgesetzen auseinandersetzen (vgl. Kap. 3.6.1). Aus der Beachtung der entsprechenden Vorschriften ergibt sich i. d. R. ein erhöhter organisatorischer Aufwand im Verwaltungsablauf in den betroffenen Abteilungen. Während der Einführungsphase von ADV-Verfahren müßten Karten, Pläne sowie Statistiken zumeist für eine gewisse Zeit in herkömmlicher und in digitaler Form parallel bearbeitet werden.

Generell wird heute nicht mehr die Frage diskutiert, ob überhaupt ADV-Techniken eingesetzt werden sollen, sondern in welcher Weise und mit welchen Produkten dies geschehen soll. Die erhöhten Ansprüche an die räumliche Planung und die damit geforderte Qualität (Beteiligungsverfahren, Planungseffizienz und Rechtssicherheit) sowie die Notwendigkeit, für geplante Maßnahmen auch Alternativplanungen zu erstellen, lassen im Grunde die Bewältigung der Planungsaufgaben ohne die technischen Hilfsmittel der ADV nicht mehr zu.

Für die Bewertung des ADV-Einsatzes können die Checklisten zugrunde gelegt werden, die in Kap. 3.2.1 und 3.2.2 zusammengestellt sind.

2. Gegenwärtiger Stand der DV-Technik

2.1 Technische Zusammenhänge

2.1.1 Die wesentlichen Funktionsgruppen einer DV-Anlage

Computer sind Hilfsmittel zur Erfassung, Bearbeitung und Ausgabe von Information. Diese Information wird im Prinzip durch Texte, Zahlen und graphisch/flächenhafte Elemente vermittelt. Zeitgemäße Computeranlagen sind zur Bearbeitung aller drei Informationselemente ausgelegt. Die verschiedenen Aufgaben im Rahmen der Regional- und Landesplanung erfordern aufgrund ihrer dynamischen und komplexen Natur das Arbeiten mit all diesen Elementen.

Der wesentliche Gewinn der automatischen Datenverarbeitung (ADV) gegenüber einem manuellen Vorgehen liegt in der Geschwindigkeit und Präzision von Maschinen. Damit werden Bearbeitungsvorgänge aus ökonomischer und rein zeitlicher Sicht wiederholbar und aus technischer Sicht reproduzierbar. Dazu kommt die Möglichkeit der rasch zugänglichen Speicherung von Information und der Herstellung von Bezügen zwischen verschiedenen Daten. Dies gilt sowohl für die gemeinsame Darstellung verschiedener Informationsebenen zur Sichtbarmachung bekannter Zusammenhänge als auch für die Anwendbarkeit mathematischer Methoden zur Eruierung bzw. Quantifizierung unbekannter Zusammenhänge. Bei mehreren Bearbeitern bietet die ADV die Möglichkeit des gemeinsamen Zugriffs auf die gleiche Datenbasis und des lokalen bis weltweiten Datentransfers über feste Medien (Disketten, Magnetbänder) oder Datenfernübertragung (DFÜ).

Eine für Planungszwecke typische Datenverarbeitungsanlage umfaßt die sechs wesentlichen Funktionsgruppen

- Datenerfassung,
- Verarbeitung und Speicherung,
- Visuelle Darstellung,
- Aufzeichnung in Form von Listen, Zeichnungen oder Bildern,
- Datentransfer,
- Systembus.

2.1.1.1 Datenerfassung

Datenerfassung ist der Vorgang der Umsetzung von Daten in eine direkt vom Computer verarbeitbare Form, also im Prinzip in Bitmuster. Zur Datenerfassung dienen neben einer Tastatur Geräte zur manuellen Digitalisierung oder automatischen Abtastung von Vorlagen. Während die Tastatur alphanumerische Zeichen umsetzt (und somit implizit auch zur Eingabe von Zahlen dienen kann), legt eine Abtastung ein Punktraster über eine Vorlage und kodiert für jeden Rasterpunkt z.B. dessen Helligkeit oder Farbe durch die Zuordnung bestimmter Zahlenwerte. Bei der manuellen Digitalisierung führt der Bearbeiter einen Zeiger auf bestimmte Punkte der Vorlage und erfaßt deren Koordinaten und u.U. Attribute, d.h. er kann jedem Punkt bestimmte Eigenschaften zuordnen. Da jedes Datenerfassungsgerät vom Computer gesteuert wird, ist jede Erfassung ein computergestützter Vorgang; der Grad der Unterstützung hängt von der Software ab, über die dieser Vorgang abläuft.

2.1.1.2 Verarbeitung und Speicherung

Die Verarbeitung erfolgt direkt im "eigentlichen" Computer, d.h. im Rechenteil der Maschine, oft – nicht ganz zutreffend – CPU (Central Processing Unit) genannt. Eng mit diesem Rechenwerk verbunden sind die Massenspeicher zu sehen; CPU und Massenspeicher sind der Kern einer DV-Anlage. Sie bestimmen im wesentlichen die Leistung eines Systems, sind jedoch in keiner Weise ausschlaggebend für dessen Gesamtpreis. Insbesondere die Evolution moderner Mikroprozessoren und im Zusammenhang damit der Personal Computer haben auf diese Preisgestaltung großen Einfluß.

Die wesentlichen Kenngrößen für den Computer selbst sind seine

- Rechenkapazität,
- Arbeitsspeichergröße und
- Massenspeicher.

Die Rechen- oder besser Verarbeitungsleistung hängt von der Taktfrequenz und Bitbreite des Prozessors ab. Prozessoren sind in den hier relevanten Computern als hochintegrierte Einzelbausteine ausgeführt. Übliche Taktfrequenzen für diese "Chips" bewegen sich zwischen ca. 5 MHz und derzeit 30 MHz. Da die Abarbeitung jeder Maschineninstruktion eine bestimmte Anzahl von Taktzyklen erfordert, läuft das gleiche Programm z.B. auf einem 16 MHz-Prozessor doppelt so schnell wie auf einem mit 8 MHz getakteten Prozessor. Allerdings haben konstruktive Maßnahmen im Computersystem zusätzliche Einflüsse auf die Leistung.

Das zweite wichtige Kriterium, die Bitbreite, bestimmt die Anzahl von Bits, die in einer Instruktion bearbeitet werden können. Üblich sind hier 8, 16 oder 32 Bit. Die jeweils größte direkt darstellbare Zahl ergibt sich als 2 hoch Bitbreite; ein 8-Bit-Prozessor kann daher z.B. in einer Instruktion nur Zahlen bis maximal 256 bzw. ein einziges Zeichen direkt bearbeiten (Buchstaben und andere Normzeichen werden durch 8 Bit kodiert). Da größere Zahlen oder Zeichenketten von mehr als einem Zeichen ein mehrfaches Durchlaufen von Instruktionen erfordern, ist er entsprechend langsamer als ein "breiterer" Kollege.

Ein Prozessor braucht beim Arbeiten Zugriff auf einen Speicher, aus dem er sein Programm ablesen kann und der ihm als schnell zugängliche Ablage für die Ein- und Ausgabe der Daten dient, die er bearbeitet. Dieser "Arbeitsspeicher" ist in Form elektronisch schreib- und lesbarer integrierter Bausteine realisiert. Zur Erhaltung der Daten muß er dauernd unter Strom stehen, eignet sich also nicht als Permanentspeicher (daher die Unterscheidung zwischen Arbeits- und Massenspeicher; letztere speichern permanent, sind jedoch um vieles langsamer).

Die Größe des Arbeitsspeichers bestimmt die Größe und damit Komplexität der Programme, die ein Computer unterstützen kann. Sie wird in Byte (KB, Kilobyte und MB, Megabyte) gemessen und bewegt sich etwa zwischen 128 KB und 16 MB und mehr. Jedes Betriebssystem beschränkt Programme auf eine maximale Größe; die bekanntesten sind hier MS-DOS (640 KB) und UNIX/XENIX (16 MB). Jedoch kann ein Speicher auch oberhalb dieser Grenzen im Verarbeitungsablauf sinnvoll eingesetzt werden, wie dies vor allem bei Personal Computern unter MS-DOS heute üblich ist.

Als Massenspeicher kommen Disketten, Festplatten, Magnetkassetten und Magnetbänder in Betracht. Auf diese Thematik wird in Kap. 2.2.3 näher eingegangen.

2.1.1.3 Bildschirmdarstellung

Im Zusammenhang mit graphischen Arbeiten kommt der visuellen Darstellung eine besondere Bedeutung zu. Die wichtigsten Kriterien sind dann

— Auflösung (Punktraster),
— Farben und
— Geschwindigkeit.

Da nicht nur der Monitor oder Bildschirm, sondern vor allem die Steuerelektronik für diese Kriterien verantwortlich ist, spricht man vom visuellen Darstellungsteil oder Videosystem einer DV-Anlage. Das Videosystem bestimmt die Brauchbarkeit einer Anlage für Planungsarbeiten, die graphikbezogen sind (vgl. Kap. 2.2.1.3). Videosysteme können bei vielen Computern nachgerüstet werden, so daß eine individuelle Anpassung an den jeweiligen Bedarf eines Arbeitsplatzes möglich ist. Das Videosystem verursacht u.U. einen nicht unerheblichen Anteil an den Gesamtkosten einer Anlage.

2.1.1.4 Aufzeichnung in Form von Listen, Zeichnungen oder Bildern

Die Ausgabe von Daten — vor allem in Graphik- oder Bildform — stellt ebenfalls meist einen beachtlichen Kostenfaktor dar. Hier reicht das Spektrum von einfachen Matrixdruckern über Tintenstrahl- und Laserdrucker bis zu Flachbett- und Trommelplottern (vgl. Kap. 2.2.4). Die wesentlichen Kriterien sind

— Auflösung,
— Format,
— Präzision,
— Geschwindigkeit und
— Farben.

2.1.1.5 Datentransfer

Ein weiteres wichtiges Merkmal einer Computeranlage ist die Möglichkeit des Datentransfers. Bei Transfermedien wie Disketten oder Bändern ist auf das Format (sowohl physikalisch als auch softwaremäßig) zu achten, um mit anderen Zielmaschinen kompatibel zu sein. Obwohl gerade der Personal Computer für eine Art Standardisierung gesorgt hat, gibt es immer noch eine Reihe verschiedener Möglichkeiten. In Kap. 2.2.3 wird auf diese Medien näher eingegangen.

Im rein elektronischen Datentransfer oder der "Konnektivität", um ein kaum mehr vermeidbares Schlagwort der Branche zu verwenden, kennt man heute drei große Gruppen. Dies ist einmal die Verbindung zu einem öffentlichen Datennetz (Telefon, Datex, BTX etc.), die in der Bundesrepublik der Posthoheit unterliegt. Eine weitere Verbindungsart ist ein Anschluß an eine zentrale Hausanlage (Host-Computer). Die Vernetzung von Computern in der Form von LANs (Local Area Networks) oder WANs (Wide Area Networks, d.h. unter Einsatz öffentlicher Netze) stellt die dritte Kategorie dar. Derzeit sind für die Übertragung von Daten mit Geschwindigkeiten über 1200 Bit pro Sekunde andere Leitungen und Postdienste vorgesehen als für Sprache (Telefon); die Einführung des ISDN-Dienstes wird eine Integration der Sprach- und Datenverbindungen ermöglichen. Jede Gruppe hat ihre eigenen technischen Bedingungen und Regeln. Eine Anlage kann zu allen drei Gruppen Verbindungen pflegen, sogar jeweils mehrfach.

Wesentlich für den Anwender ist, daß er über diese Verbindungen mit anderen Arbeitsplätzen kommunizieren kann. Da Planungsarbeiten von verschiedenen Spezialisten durchgeführt werden, sich jedoch auf eine gemeinsame Datenbasis stützen (sollten) und Ergebnisse dieser Basis wiederum zufließen, ist die Einbindung einzelner Arbeitsstationen in die gesamte DV-Struktur einer Institution sehr hilfreich.

2.1.1.6 Systembus

Vom Anwender nicht gesehen und daher bei der Systembeurteilung gerne unbeachtet, bildet der Systembus das Rückgrat eines Computers. Auf ihm erfolgt der gesamte maschineninterne Datenverkehr, also insbesondere die Datenübertragung zwischen Prozessor und Arbeitsspeicher sowie zur Peripherie (Disketten, Platten, Bänder, Videosystem, Drucker/Plotter, Kommunikation). Der Bus ist ein passives Bauelement, muß also nur so schnell sein wie die schnellste aktive Komponente. Allerdings können, von der Verarbeitung her gesehen, in einer Maschine mehrere Datenströme gleichzeitig laufen. Maschinen, die dies von der Busstruktur her zulassen, sind entschieden schneller als solche mit einer einzigen Busverbindung. Daraus erklärt sich hauptsächlich die Überlegenheit vieler Workstations über konventionelle PCs.

2.1.2 Die Speicherung und Verarbeitung von Bilddaten

Die geometrischen Elemente eines Bildes — ob in Form einer Graphik oder eines Volltonbildes — sind Punkte, Linien und Flächen. Jedem Element kann eine Annotierung zugeordnet werden, die dessen Bedeutung kennzeichnet (grüne Flächen seien z.B. Wald). Grundsätzlich gibt es zwei technisch und konzeptmäßig völlig verschiedene Möglichkeiten, ein Bild zu "beschreiben". Entweder man beschreibt Art, Position und Bedeutung jedes geometrischen Elements (Objektbeschreibung), oder man legt ein Netz von Rasterpunkten über das Bild und beschreibt die Bedeutung jedes Rasterpunktes (Punktbeschreibung). Letzteres ist das Prinzip des Fernsehens ebenso wie des normalen Videosystems eines Computers. Beschränken sich die Objekte auf geometrische Linien, spricht man im ersten Fall auch von einer Vektordarstellung.

Die Rasterung stellt rein speichertechnisch höhere Ansprüche an die Kapazität, bietet jedoch die einfachere Möglichkeit der Erfassung und Darstellung und eignet sich für viele Verarbeitungsvorgänge von der Planimetrierung (Zählen von Punkten gleicher Bedeutung) bis zur Korrelation überlagerter Bilder. Dagegen eignet sich die Objektbeschreibung vor allem für logische Verknüpfungen mittels Datenbanksoftware, da man nach Objekten genauso direkt suchen kann wie nach verbalen Begriffen. Manuelles Arbeiten an Bildern geht immer von Objekten aus; bei der Rasterpunktdarstellung wird jedoch jeder Bildpunkt hinsichtlich seiner Zugehörigkeit zu einem oder mehreren Objekten beschrieben, so daß bei der Interpretation bis auf Punktebene gegangen werden kann.

Moderne Computersysteme zur graphischen Datenverarbeitung kennen beide Beschreibungsarten. Der zur Umsetzung von Objekten in Raster notwendige Arbeitsvorgang erfolgt per Software, wobei in vielen Fällen sogenannte "Graphikchips" unterstützend wirken. Dies sind Mikrocomputer, die ein bestimmtes Repertoire an geometrischen Elementen durch einfache Instruktionen in Raster umsetzen können. Damit lassen sich vor allem Linien und Polygone sehr einfach spezifizieren.

Die historisch entstandene Trennung der Begriffe Bild (flächendeckendes Punktfeld) und Graphik (Linien und Flächen) hat sich aus der Sicht der Verarbeitung her heute bereits stark verwischt, obwohl natürlich vor allem im Ingenieurbereich eingesetzte Anlagen zum Zeichnen und Konstruieren ihren Schwerpunkt auf der Graphikseite haben. Als übergeordneten Begriff findet man daher den Ausdruck "image processing" (Bildverarbeitung) oft auch im Zusammenhang mit leistungsfähigeren graphischen Systemen.

Die Beschreibung einer Szene kann durch die Überlagerung vieler einzelner Bildebenen erfolgen. Somit lassen sich Bezüge zwischen verschiedenen Daten ermitteln und darstellen (durch eine Überlagerung einer Flächennutzungskarte mit einer Karte der Gemeindegrenzen kann eine Flächenbilanzierung pro Gemeinde erstellt werden). Da solche Operationen unmittelbar und mit geringem Aufwand durchgeführt und bewertet werden können, ist die Möglichkeit der Variantenprüfung weit eher gegeben als bei manuellen Verfahren; außerdem sind alle Schritte exakt nachvollziehbar und dokumentierbar.

Graphiksoftware — ob mit oder ohne Unterstützung durch Graphikprozessoren — erlaubt verschiedene Grundoperationen, die hier kurz erläutert werden.

Die Farbkodierung eines Bildpunktes hängt unmittelbar mit der Anzahl der Bits zusammen, die für die Speicherung seiner Farbwerte zur Verfügung stehen (2 hoch Bitzahl = Anzahl der Farbnuancen); so können durch 4 Bit pro Punkt z.B. 16 Farbtöne dargestellt werden.

Wichtige geometrische Transformationen umfassen eine Änderung des Seitenverhältnisses, Vergrößerung/Verkleinerung, Drehung, Zoom (ausschnittweise Vergrößerung), Panning (Verschiebung des sichtbaren Bildausschnittes über das Gesamtbild, also eine Fensterfunktion) und S&K-Routinen (Schere und Kleister, d.h. Ausschnitte erzeugen, verschieben und zusammensetzen). Durch Resampling (Neurasterung) können geometrische Verzerrungen entfernt bzw. eingeführt werden (verschiedene Kartenprojektionen).

Durch Verknüpfung von Punkten innerhalb einer definierten Nachbarschaft läßt sich z.B. eine Mittelwertbildung zur Rauschunterdrückung oder Verkleinerung in abgetasteten Fotos oder Satellitenbildern ebenso erreichen wie eine Bildverschärfung oder Kantenextraktion. Signaltechnisch wird auf diese Art eine "Raumfrequenzfilterung" durchgeführt, d.h. abrupte Helligkeitsänderungen (Kanten, kleine Details) werden hervorgehoben, gleitende Helligkeitsübergänge unterdrückt. Auf ähnliche Art läßt sich eine in der Mathematik bekannte "Faltungsoperation" erreichen, wodurch z.B. Linien oder Kanten abhängig von ihrer Richtung extrahiert werden können. Da alle diese Operationen mathematisch viel besser im Fouriertransformierten Raum als im Bildraum selbst beschreibbar sind, spricht man im Anklang an die Verarbeitung von Zeitfrequenzen (Wellen, Schwingungen) oft von Filteroperationen.

Eine Verknüpfung von Bildpunkten in verschiedenen überlagerten Bild- bzw. Datenebenen nach den Regeln der Boolschen Algebra (logische Operatoren wie UND und ODER) kann der Ausschnittgewinnung mittels Masken (Flächenverschneidungen) ebenso dienen wie der Feststellung von Korrelationen zwischen Daten verschiedener Bedeutung.

2.2 Hardware

2.2.1 Systeme und Komponenten der Hardware

2.2.1.1 Zielsetzung

Diese Abhandlung soll der Orientierung bei der Auswahl von Hardware-Systemen und -Komponenten zur Verarbeitung von Bilddaten dienen.

Das gesamte Gebiet der graphischen und Bilddatenverarbeitung (Oberbegriff "image processing") befindet sich derzeit im Wandel; sowohl Software- als auch Hardwaretechnologie haben sich noch nicht stabilisiert. Daher wurde auf eine detaillierte Beschreibung einzelner Systeme verzichtet; der Schwerpunkt wird vielmehr auf die Darstellung der derzeit gebotenen Möglichkeiten gelegt. Diese Möglichkeiten werden anhand einzelner Produkte, die jeweils Stand der Technik sind, näher beschrieben. Die Abhandlung erhebt keinerlei Anspruch auf Vollständigkeit, sondern soll Anregungen und Hilfen bei der Suche nach Systemen und Konzepten geben. Der Schwerpunkt liegt jedoch auf der Einsatz- bzw. Ausbaumöglichkeit traditioneller Computersysteme — insbesondere von Personal Computern — für Graphik- und Bildverarbeitung.

Für Produkte auf dem Bilddaten- und Graphiksektor inklusive peripherer Produkte wie Projektionssysteme, Filmrecorder und Laserdrucker sind im Anhang Marktübersichten genannt, da diese Informationen in der Literatur über Bildverarbeitung selten geschlossen dargestellt sind.

2.2.1.2 Systemkategorien

Trotz ihrer relativ kurzen Geschichte hat die digitale Bildverarbeitung bereits mehrere Generationswechsel erlebt. Dies gilt sowohl für die Verarbeitungskonzepte wie die Hard- und Software.

Konzeptmäßig ist die Entwicklung von der Einkanal-Darstellung (Beispiel Grautonbild) über die Mehrkanal-Darstellung (Beispiel Farbbild, allgemeiner mehrere verschiedene Parameter oder Datenebenen über der Bildfläche) bis hin zur Kontext-Verarbeitung (Beispiel Textur) zu beobachten. Neuere Techniken umfassen eine räumlich variable Kontext-Verarbeitung sowie iterative, rückgekoppelte Verarbeitungsschritte (das Ergebnis eines Schrittes beeinflußt dessen Eingangsdaten).

Durch die dem Wesen eines Bildes eigentlich konträre Zerlegung in Bildpunkte (Pixel) arbeitet man bei Bildern mit sehr großen Datenmengen und dementsprechend vielen Rechenoperationen. Die Anforderungen an ein Bildverarbeitungs-System sind daher neben guter Video-Darstellung primär große Massenspeicher und hohe Geschwindigkeit.

Die ersten Arbeiten erfolgten deshalb auf allgemeinen Großanlagen, wobei die Bilddatenerfassung und Bildausgabe vollkommen getrennt vom Rechner stattfand. In den meisten Fällen war eine direkte Sichtkontrolle und in vielen Fällen selbst ein interaktives Arbeiten (d.h. ein Eingriff in laufende Programme und damit eine unmittelbare Gestaltungsmöglichkeit des Bearbeitungsablaufs) nicht möglich. Obwohl der Rechendurchsatz solcher Anlagen ausreichend war, gestaltete sich die für viele Aufgaben wesentliche Interaktion des menschlichen Interpretors mit der Maschine daher reichlich zeitaufwendig.

Die zweite Generation von Systemen legte deshalb den Schwerpunkt auf Sichtkontrolle und Interaktivität. Damit waren Resultate unmittelbar sichtbar, und man konnte sofort durch Eingriffe in den Verarbeitungsablauf reagieren. Typische Vertreter dieser Generation waren die Anlagen von Comtal, I2S oder z.B. DIBIAS. Zur Erzielung eines brauchbaren Durchsatzes waren bestimmte Verarbeitungsabläufe in diesen Maschinen in Hard- bzw. Firmware festgelegt (d.h. als elektronische Schaltkreise auf Platinen oder als Struktur auf integrierten Bausteinen) realisiert; dies minderte die Flexibilität und damit das Spektrum der möglichen Verarbeitungsvorgänge. Diese waren außerdem durch eine Reihe von Programm-Modulen mit festen Funktionen vorgegeben; ein freier Entwurf der Operationen sowie deren Datenabhängigkeit war stark limitiert.

Die dritte Generation, mit der wir zum Großteil heute leben, stützt sich auf programmierbare aufgabenspezifische Mikroprozessoren, also im Grunde auf ein Multiprozessorsystem mit einem schnellen Datenbus als Rückgrat. Außerdem wurde vor allem die Videokapazität beträchtlich erweitert, so daß viele früher mühsame Operationen heute in Echtzeit ablaufen können. Seit dem Erscheinen von leistungsfähigen 32-Bit-PCs zeigt sich hier ein neuer Trend; die bisherigen dedizierten Workstations (Arbeitsgeräte für spezifische Anwendungen) werden leistungsmäßig von diesen PCs eingeholt, im Preis/Leistungsverhältnis sogar weit überholt (vgl. Anhang 2).

Eine vierte Generation von Bildverarbeitungssystemen ist im Entstehen; sie besteht in der Integration von Standardcomputern und speziell entwickelten dedizierten Prozessoren, die räumlich variante, datenabhängige Operationen ermöglichen. Hier hilft die inzwischen auch bei kleinen Stückzahlen ökonomische Entwicklung von kundenspezifischen integrierten Schaltungen, sogenannten ASICs (application-specific integrated circuits).

Durch den vermehrten Einsatz von Industriestandard-Komponenten und deren Preisverfall vor allem durch die Entwicklung der PC-Industrie ist bei steigenden Leistungen ein deutliches Sinken der Preise zu beobachten. Gestützt auf moderne Software-Pakete und -Werkzeuge rückt die digitale Bildverarbeitung daher in die Reichweite vieler Applikationen, die vor kurzer Zeit wenigen Labors vorbehalten waren.

Wir wollen uns im folgenden mit der Realisierung von Bildverarbeitungs-Stationen auf der Basis von dedizierten Workstations und auf PC-Basis befassen; Großrechnereinrichtungen werden nicht berücksichtigt. Diese beiden Kategorien unterscheiden sich heute noch deutlich im Preis; Workstations liegen zwischen DM 50 000 und DM 100 000, PC-Stationen zwischen DM 5 000 und DM 25 000 (ohne Peripherie zur Ein/Ausgabe und Anwendersoftware).

Auf die bei Workstations meist bereits integrierte, bei PCs nachzurüstende Möglichkeit der Vernetzung bzw. des Mehrplatzbetriebs wird hier nicht eingegangen, da dies Überlegungen organisatorischer Art sind, die die Bildverarbeitungs-Fähigkeiten einer Anlage jedoch nicht beeinflussen.

2.2.1.3 Wesentliche Systemkriterien

Mit der Einführung der 16-Bit-PCs wurden solche Geräte für einfache Bildverarbeitungsaufgaben brauchbar. Der Vorteil eines PCs liegt einmal im Preis begründet, zum anderen jedoch darin, daß der PC-Markt eine große Auswahl an preisgünstigen Softwarepaketen für verschiedenste Anwendungen bietet. Der PC wird dadurch als allgemeiner Arbeitsplatz einsetzbar, auf dem neben der Bildverarbeitung auch alle anderen anfallenden Arbeiten erledigt werden können. Ein wesentlicher Vorteil ist dabei die (vorausgesetzte) Kompatibilität mit anderen PCs im Unternehmen, so daß Programme, Daten und Ergebnisse übertragbar sind. Diese Überlegung beeinflußt eine Investitionsentscheidung erheblich und ist manchmal sogar ausschlaggebend.

Der heutige PC-Standard ist auf den Intel-Prozessoren 80286 und 80386 begründet; die von der Leistung dazu äquivalenten Motorola-Prozessoren 68000 bis 68030 haben den Nachteil, nicht direkt mit der MS-DOS-Welt, also dem Industriestandard-Betriebssystem für PCs, kompatibel zu sein. Systeme von IBM und dazu Kompatible verwenden Intel, Apple und wenige andere Motorola.

Die für unsere Betrachtung wesentlichen Komponenten eines PCs sind der Rechner selbst, das Videosystem und das Betriebssystem.

Beim Rechner selbst gibt es einige wesentliche Kenndaten:

- die Rechenleistung des Mikroprozessors,
- Größe und Geschwindigkeit des Hauptspeichers,
- Größe und Geschwindigkeit der Festplatten,
- Möglichkeit der Datensicherung,
- Geschwindigkeit des numerischen Co-Prozessors,
- Art des standardmäßig eingebauten Videosystems.

Das zur Bildverarbeitung meist nachgerüstete Videosystem ergänzt i.allg. das Standardsystem, d.h. man addiert einen zusätzlichen Monitor plus Steuerplatine und erhält damit den Vorteil, daß der Standard-Monitor zur Anzeige der Befehle und Meldungen, der zusätzliche Monitor zur Bilddarstellung dienen kann. Ob diese Funktionstrennung überhaupt möglich ist, hängt von der gewählten Bildverarbeitungssoftware ab. Einfachere Systeme kommen mit einem einzigen Monitor aus.

Wesentliche Kriterien bei Videosystemen sind

- die Art des Monitors (digital oder analog),
- die Bildwiederholfrequenz,
- die Kapazität und Organisation des Bildwiederholspeichers
  (dadurch wird u.a. die Auflösung bestimmt).

Das Betriebssystem bestimmt, ob im Single-Task oder Multi-Task-Betrieb gearbeitet werden kann (d.h. ob zu einem Zeitpunkt nur ein Programm oder mehrere Programme laufen können, was die Arbeitseffizienz u.U. erhöht), wie groß der von einem Programm benutzbare Arbeitsspeicherbereich sein kann (d.h. wie komplex die Programme sein können) und nicht zuletzt, welche Softwarewerkzeuge dem Entwickler zur Verfügung stehen.

Das Standard-Betriebssystem innerhalb des PC-Industriestandards ist MS-DOS, ein Single-Task-System. Im Licht der Applikationen, die ursprünglich für Minis oder Workstations bestimmt waren und die nun aus Preisgründen auf den PC migrieren, ist UNIX bzw. XENIX als Multitask- und Multiuser-System (ein Multiuser-System unterstützt mehrere Terminals an einer Zentraleinheit) interessant. Auf modernen PCs sind beide Betriebssysteme (sowie eine ganze Reihe von artverwandten Systemen) ablauffähig; neuere Entwicklungen versprechen für die nahe Zukunft ein verbessertes UNIX, unter dem MS-DOS laufen kann, so daß man hier nicht mehr der Qual der Wahl ausgesetzt ist.

Wir beschränken uns hier auf den Industriestandard und befassen uns kurz mit den signifikanten Kategorien von PCs anhand der generisch zu verstehenden Typenbezeichnungen von IBM (d.h. daß diese Bezeichnungen als Kennzeichen der Leistungsklasse dienen, in die jeweilige PCs kompatibler Hersteller eingeordnet werden können).

Die wesentlichen Unterscheidungsfaktoren sind der Prozessortyp und der Systembus, also die interne Datenverbindung zwischen Prozessor, Arbeitsspeicher und Peripherie wie Disketten und Platten. Der Bus scheidet PCs in zwei deutlich unterschiedliche Familien, nämlich die ISA-Familie (Industry-Standard Architecture) und die PS/2-Familie, nach ihrem Bus, dem Microchannel, auch MCA-Familie genannt (Micro-Channel Architecture). PS/2 wurde von IBM im April 1987 angekündigt und umfaßt die Systeme 30, 50, 60 und 80. System 30 ist für unsere Überlegungen uninteressant; die Systeme 50 und 60 beruhen auf dem Intel 80286, das System 80 auf dem Intel 80386. Die Busstruktur von PS/2 weicht vom bisherigen Standard ab; Steckplatinen für ISA-PCs passen nicht in PS/2. Derzeit gibt es außer von IBM keine anderen Hersteller von PS/2-kompatiblen Systemen; es gibt auch kaum Steckplatinen und, zumindest was Modell 80 betrifft, auch noch sehr wenige installierte Systeme. (Der Vollständigkeit halber sei die Erweiterte Industriestandard-Architektur (EISA) erwähnt, auf deren zukünftige Einführung sich mehrere PC-Hersteller geeinigt haben; da dieser Standard zu ISA kompatibel sein wird, bedarf er aus heutiger Sicht keiner besonderen Überlegungen).

Von der Funktion bzw. dem Leistungsumfang her unterscheiden sich die Modelle 50 und 60 kaum vom ISA-Modell IBM-AT, das "Vergleichsnormal" in der PC-Welt. Allen gemeinsam ist der 16-Bit-Mikroprozessor 80286 und sein numerisches Pendant, der mathematische Co-Prozessor 80287. Die AT-Modelle von IBM laufen mit 8 MHz; kompatible Systeme anderer Hersteller sind mit 10 oder 12 MHz zu haben. Die PS/2-Modelle 50 und 60 arbeiten mit 10 MHz.

Das PS/2-Modell 80 verwendet den 32-Bit-Mikroprozessor 80386 mit 16 MHz. In der ISA-Kategorie gibt es bei IBM dazu kein Äquivalent, wohl aber bei anderen Herstellern (Compaq, Zenith, PC Limited u.v.a.). Durch die Leistungsfähigkeit des 80386 und die reiche Auswahl von Steckplatinen für ISA entwickelt sich dieser PC-Typ sehr rasch zur Computerplattform für anspruchsvolle, bisher nur Workstations oder Minis vorbehaltene Applikationen.

Intel gibt die Leistung des 80386 mit 3-4 MIPS (Millionen Instruktionen pro Sekunde) an. Da 70 bis 95 % der Instruktionen in einem Programm Speicherzugriffe beinhalten, ist der tatsächliche erzielbare Durchsatz, also die Leistung bzw. Geschwindigkeit eines Computers, nicht nur von der MIPS-Rate, sondern vor allem von der im PC realisierten Zugriffsart auf den Speicher abhängig. Ein Systemvergleich auf der Basis MIPS alleine ist für den Anwender daher ziemlich irrelevant.

Die MIPS-Rate alleine kann außerdem für die Beurteilung von Bildverarbeitungssystemen oft irreführend sein, da sie nur die im Befehlssatz des 80386 enthaltenen Festkomma-Operationen beurteilt. Fallen Gleitkomma-Operationen an, wie etwa im CAD-Bereich und ähnlichen geometrischen Transformationen, ist der Einsatz eines numerischen Co-Prozessors daher unumgänglich. Darauf wird in Kap. 2.2.1.3 näher eingegangen.

Neben der Optimierung der Speicherarchitektur ist gleichermaßen die Optimierung der Massenspeicher wesentlich. Je nach Art der Daten kommt es dabei auf die mittlere Zugriffszeit der Festplatte oder auf die Implementierung eines Platten-Cache-Verfahrens an. Moderne PCs bieten daher Festplatten einer Kapazität bis zu 300 MB mit mittleren Zugriffszeiten unter 30 ms mit Caching. (Ein Cache ist ein kleiner rascher Zwischenspeicher, in dem das System versucht, die am häufigsten benötigten Daten zugriffsbereit zu halten.)

Zur Sicherung von Programmen und Daten sind Disketten meist viel zu klein, zu langsam und zu unhandlich. Professionelle Datensicherung erfolgt daher über - im PC integrierte oder als Peripheriegerät realisierte - Bandkassettenlaufwerke. Gängige Typen sind hier die 10 MB und 40 MB Kassetten der Typen DC-1000 bzw. DC-2000 von 3M; modernste PCs bieten alternativ den Einsatz von minicomputerkompatiblen Bandkassettenstationen wie dem 135 MB Band von Wang/Sytron. Zum Großrechner kompatible 9-Spur-Bänder sind in vom PC steuerbaren Spulenbandlaufwerken ebenfalls einsetzbar.

2.2.1.3.1 Videosysteme

Zum Videosystem eines Computers gehört das Sichtgerät und dessen Ansteuerung. Wie bereits erwähnt, unterscheidet man grundsätzlich zwischen analogen und digitalen Monitoren, eine Definition, die sich implizit natürlich auch auf die Videosteuerplatinen im PC erstreckt. Der ISA-Standard kannte bis vor kurzem nur digitale Monitore. Hier erfolgt die Ausgabe der Videosignale aus der Steuerplatine in digitaler Form; der Monitor erzeugt daraus das Analogsignal, das die Strahlströme der Röhre steuert. Aufgrund der verschiedenen zum Quasi-Standard gewordenen Auflösungsformate mit den damit verbundenen verschiedenen Bild- und Zeilenfrequenzen sind Digitalmonitore meist auf bestimmte Formate beschränkt. (Ausnahmen sind Monitore nach dem Bauprinzip des Multisync-Monitors von NEC, die sich selbsttätig an verschiedene Frequenzen anpassen.)

Bei Analog-Systemen erzeugt bereits die Steuerplatine das von der Bildröhre benötigte Analogsignal; die Signalaufbereitung im Monitor ist daher viel einfacher. Analogmonitore können im Gegensatz zu Digitalmonitoren theoretisch beliebig viele Graustufen bzw. Farben darstellen, da die Strahlströme nicht in digitalen Schritten gesteuert werden.

Aus der IBM-Terminologie abgeleitet, kennt die PC-Welt heute drei Video-Standards, nämlich CGA, EGA und VGA (vgl. Anhang 3). Die für Bildverarbeitung interessanten Videostandards innerhalb der ISA umfassen eine Auflösung von 640 x 350 Punkten (EGA-Modus, typisch digital, jedoch auch im VGA-System als Analogoption enthalten) mit bis zu 16 Farben aus einer Palette von 64 Farbtönen sowie 640 x 480 Punkten (VGA-Modus, typisch analog, jedoch auch in Form digitaler Platinen/Monitore erhältlich) mit bis zu 256 Farben aus rund 256 000 Farbtönen. Fast alle Softwarepakete können den EGA-Standard nutzen, viele auch VGA. VGA ist der Standard innerhalb der PS/2-Familie.

Noch höhere Auflösung und/oder mehr Farben bedingen den Einsatz von Videosystemen, die nachgerüstet werden müssen. Für die ISA steht eine fast unübersehbare Vielfalt von Platinen und Monitoren zur Verfügung; wir wollen uns daher auf die Beschreibung weniger typischer Vertreter beschränken. Allen gemeinsam ist, daß sie in Form einer Steckplatine (manchmal zwei Platinen) in den PC eingebaut werden. Je nach Platine wird ein spezifischer Monitor benötigt; das wesentlichste Kriterium ist jedoch das Vorhandensein eines Videotreibers (Steuerprogramms) für die gewählte Platine innerhalb der Bildverarbeitungssoftware. Ein Videosystem sollte daher nur ausgewählt werden, nachdem das Softwaresystem ausgewählt wurde und feststeht.

Generell gibt es bei Videosystemen drei Schwerpunkte, nämlich Auflösung, Farbspektrum und Geschwindigkeit; diese entsprechen den Anwendungsschwerpunkten CAD (computergestütztes Konstruieren), Werbe/Fernsehgraphik und Animation (bewegte Bildfolgen). Das gleiche trifft übrigens für Software zu; je nach dem Aufgabengebiet der Bildverarbeitung wird man sich daher nach einem dieser Schwerpunkte ausrichten.

Eng mit dem Videosystem gekoppelt sind die Möglichkeiten der Bilddateneingabe und Bildausgabe; auch hier variiert der Schwerpunkt von geometrischer Präzision über Farbauflösung bis zur Echtzeiterfassung und Echtzeitausgabe mit Fernsehfrequenz.

Unabhängig von der Art des Bildaufbaus sollte die Bildwiederholfrequenz beachtet werden. Das menschliche Auge nimmt Zeitfolgen bis zu etwa 70 pro Sekunde noch als Folgen wahr, während raschere Sequenzen zu einem zeitlich kontinuierlichen Eindruck verschmelzen. Die von den meisten Systemen heute gebotenen 50 oder 60 Hz Bildfrequenz resultieren in einem wahrnehmbaren Flickern, das bei längerer Arbeit zu subjektiven Ermüdungserscheinungen führen kann. Ebenso subjektiv wird der Einsatz von Farbe empfunden; ein zu bunter Schirm ermüdet u.U. rascher als eine farblich abgeglichene Darstellung; bei Monochromschirmen wird oft ein Bernsteinton einem Grünton vorgezogen. Ähnlich subjektive Überlegungen treffen auf die Wahl einer Positiv- oder Negativdarstellung im Fall eines Schwarz/Weiß-Schirms zu.

2.2.1.3.2 Gleitkomma-Prozessoren

Gleitkomma-Prozessoren sind für professionelle Bildverarbeitungssysteme unabdingbar. Die Leistung von Gleitkomma-Prozessoren wird in MFLOPS (Millionen Floating-Point Operations, also Gleitkomma-Operationen, pro Sekunde) oder Whetstone, einer anderen Maßeinheit, angegeben. Eine typische professionelle CAD-Station benötigt z.B. etwa 30 MFLOPS, kommt jedoch mit etwa 3 MIPS durchaus aus. Der 80386 leistet 3–4 MIPS, jedoch nur etwa 0.05 MFLOPS, ist also für Gleitkomma-Operationen denkbar ungeeignet.

Intel hat daher als Pendant zu den jeweiligen Prozessoren 80X86 Co-Prozessoren des Typs 80X87 entwickelt. Der mit 20 MHz betriebene 80387 erzielt z.B. eine Leistung von 0.2 MFLOPS (oder 1.8 Megawhetstone, eine andere oft verwendete Maßeinheit), was für die hier beschriebenen Anwendungen durchaus akzeptabel ist. (Die Auswirkung auf die Geschwindigkeit einer bestimmten Applikation ist stark aufgabenabhängig, also Vorsicht bei Ihrer eigenen Abschätzung). Die meisten Compiler und viele Standardpakete unterstützen die 80X87-Prozessoren.

Im professionellen Workstation-Bereich werden u.a. Produkte der Firma Weitek eingesetzt (Apollo, Sun etc.). Weitek hat einen neuen Prozessor unter der Typnummer 1167 entwickelt, der als unmittelbares Pendant zum 80386 dient. Dieser Prozessor ist um den Faktor 2 bis 3 schneller als der 80387 und ist bei einigen PC-Herstellern als Option erhältlich. PCs mit dieser Ausstattung erreichen in ihrer Gleitkomma-Leistung herkömmliche Workstations/Minis. Die folgende Tabelle dient der Leistungseinordnung gängiger Prozessortypen:

	80386 / 1167	80386 + 80287	80386 + 80387	68020 + 68881	VAX 8600 + DEC-FPA
Megawhetstone		4.6	0.28	1.8	1.1 5.5
MFLOPS	0.56	0.06	0.14	0.20	0.61

Ein Weitek-Prozessor benötigt seine eigenen Befehle, d.h. die Software muß speziell für ihn kompiliert sein. Um die Möglichkeit zu schaffen, mit dem gleichen Gerät sowohl Programme verarbeiten zu können, die den 80387 ansprechen, als auch für den Weitek bestimmte Programme zu nutzen, ist die Weitek-Platine mit einem zusätzlich einbaubaren 80387 erhältlich.

Weitek-Compiler für C, FORTRAN und Pascal gibt es für die Betriebssysteme MS-DOS und für UNIX/XENIX von mehreren Compilerherstellern. Viele für Workstations geschriebene Programmsysteme unterstützen bereits Weitek-Prozessoren; PC-Software dafür ist im Entstehen.

2.2.1.4 Peripherie

2.2.1.4.1 Bildausgabe

Monitore
Die Vielfalt der am Markt angebotenen Monitore ist fast unüberschaubar. Hier kann nur auf aktuelle Marktübersichten verwiesen werden, z.B. Computer Graphics World Buyers Guide.

Punktdrucker
Bei Formaten bis DIN-A4 ersetzen Laserdrucker heute zunehmend teure Ausgabegeräte wie Plotter. Für viele Anwendungen ist die erzielbare Auflösung von ca. 300 Punkten pro Zoll durchaus ausreichend. Laserdrucker zeichnen sich durch ihre Ausgabegeschwindigkeit, ihre geringe Anfälligkeit und nicht zuletzt durch die Tatsache aus, daß ihre Anschaffung — ähnlich der eines PCs — meist nicht durch ihren Einsatz für Bildverarbeitung alleine begründet werden muß. Auf entsprechende Marktübersichten wird verwiesen[1]).

Für größere Formate ist man derzeit noch auf elektrostatische Plotter angewiesen (Kap. 2.2.4.1).

Tintenstrahldrucker erreichen bei noch günstigeren Preisen ebenfalls 300 Punkte/Zoll und bieten die preisgünstigste Möglichkeit für Farbdruck. Ihr Nachteil liegt in einer geringeren Druckgeschwindigkeit.

2.2.1.4.2 Bildprojektion

Die On-line-Projektion von Digital- oder Analogbildern ist nach wie vor ein technisch nicht einwandfrei gelöstes Problem. Heute sind vom Prinzip her drei Projektortypen in Gebrauch, nämlich TV-Röhren, das Eidophor-Prinzip (Schlierentechnik) und Flüssigkristallschirme. Höchste Lichtstärken bringen Eidophor-Systeme, höchste Bildkonstanz solche auf Flüssigkristallbasis. Letztere sind auch am preiswertesten, können über normale Folienprojektoren arbeiten und sind somit lichtstark, jedoch sowohl im Kontrast wie in der Bildwechselfrequenz noch sehr begrenzt.

2.2.1.5 Trends

Durch die Leistungssteigerung moderner 32-Bit-PCs und der dazu kompatiblen Videosysteme entwickeln sich diese zusehends zur Standard-Plattform für Graphik- und Bildverarbeitungssysteme. Neben dem Preis/Leistungsverhältnis ist dabei oft die Einsatzmöglichkeit als allgemeine Büro-Arbeitsstation bei der Anschaffung ausschlaggebend. Traditionelle dedizierte Workstations werden dadurch zunehmend in den Hintergrund gedrängt. Viele auf solchen Systemen bekannte Anwendungen migrieren auf den PC. Die Verfügbarkeit von Standard-Betriebssystemen für Multitask-Betrieb (OS/2) und Multiuser-Betrieb (UNIX/XENIX, Concurrent DOS, PICK u.a.) unterstützt diese Bewegung. Die durch die Einbettung des PC in einen Industriestandard garantierte Rückwärts-Kompatibilität sichert die Ausbaufähigkeit von Systemen auf PC-Basis, so daß sowohl künftige Hardware- wie Softwareverbesserungen in bestehende Systeme integriert werden können als auch bestehende PCs durch neue Geräte höherer Leistung ersetzbar sind.

Die Entwicklung von Abtastgeräten und Plottern/Druckern für den Bürobedarf bringt diese Geräte in eine Preisklasse, die vor kurzem noch undenkbar war. Die Gesamtkosten einer Bildverarbeitungsanlage haben sich bei etwa gleicher Leistung in den letzten 10 Jahren um etwa den Faktor 10 erniedrigt. Damit stehen die Möglichkeiten der Bildverarbeitung vor Ort, d.h. am Arbeitsplatz des jeweiligen Fachspezialisten, für viele Applikationen durchaus im Bereich des Machbaren. Vor allem auf dem GIS-Sektor (Graphische Informations-Systeme) werden heute eine ganze Reihe von kommerziellen Systemen angeboten[2]).

Anmerkungen

[1]) Laserdrucker: PC-Woche, Nov. 1987; Projektionssysteme: Computer Graphics World, Nov. 1986; GIS-Produkte: Computer Graphics World, Okt. 1986; Abtastsysteme: Computer Graphics World, Sept. 1987; Plotter: CAD-CAM Report 11/87, p. 92 ff.

[2]) Computer Graphics World Buyers Guide (jährlich); Pennwell Publishing Company, P.O. Box 1112, 119 Russell Street, Littleton, MA 01460; Kurzliste aus Zeitschrift BYTE, Nov. 1987.

2.2.2 Techniken der Datenerfassung

2.2.2.1 Einführung

Die Erfassung der Daten für die Speicherung im Computer ist der erste konkrete Schritt im Datenverarbeitungsprozeß. Vor der Datenerfassung sind zwar noch andere Arbeitsschritte, wie Erheben, Sammeln, Kartieren, Zusammenstellen und Aufbereiten der Daten, notwendig. Doch diese Arbeiten sind auch ohne DV-Geräte zu erledigen. Vor allem der Ersterfassung sollte eine gründliche Analyse der zu erfassenden Daten vorausgehen, d.h. die zu speichernden Daten sind nach ihrer Struktur, Menge und ihrem Aufbau zu beurteilen und je nach Datenart anders zu behandeln, denn grundsätzlich sollten die Daten ohne Informationsverlust gespeichert werden.

In der DV wird häufig unterschieden zwischen:

— Textdaten,

— numerischen Daten,

— graphischen Daten.

Entsprechend diesen Datenarten sind auch die Eingabeformen festzulegen, wobei sich manuelle, halbautomatische und automatische Eingabeverfahren anbieten.

Im folgenden werden die verschiedenen Eingabe- bzw. Erfassungstechniken für die Datenarten mit Schwerpunkt bei den graphischen Daten beschrieben.

2.2.2.2 Eingabe über Bildschirm

Die sehr umständliche und zeitaufwendige Form der Erfassung auf Lochkarten ist im Zeitalter des PC überholt. Die meisten Daten werden heute über einen Bildschirm mit Tastatur oder über automatische Beleg-, Textleser oder Scanner eingegeben. Die Dateneingabe am Bildschirm erfolgt nicht nur über die Tastatur, sondern auch mit dem Fadenkreuz, der Maus, dem Lichtgriffel oder auch mit einem Mikrophon, vorausgesetzt, der Bildschirm ist entsprechend ausgerüstet.

Eine weitere Eingabe- bzw. Änderungsmöglichkeit wird mit der Berührungstechnik (touch screen technology) am Bildschirm erreicht, die in der neuesten Entwicklung auch Geräuschwellen zur genaueren Auflösung integriert.

Die moderne Bildschirmtechnik bietet folgende Funktionen für eine erleichterte Datenerfassung:

— normale Text- und Zahleneingabe als Ersatz für eine Schreibmaschine, aber mit dem Komfort der Textverarbeitung;

— Maskendarstellung für gezielte, formatierte Eingabe (z.B. Formularmasken);

— farbige Absetzung der notwendigen auszufüllenden Zeilen und Spalten;

— Fenstertechnik (window) für parallele Erfassung und Anzeige von unterschiedlichen Dateninhalten.

Ein graphikfähiger Bildschirm ist darüber hinaus noch mit einem Fadenkreuz, einer Maus oder mit einem Lichtgriffel ausgerüstet, die vor allem zur Menüsteuerung, zur Eingabe (Digitalisierung) von Punkten und Linien oder zur Korrektur von auf dem Bildschirm gezeigten Graphiken dienen. Eine noch nicht ausgereifte Technik zur Datenerfassung ist die direkte Spracheingabe mit Hilfe von akustischen Empfangsgeräten.

2.2.2.3 Meßwerteerfassung

Durch die Kopplung der automatisch betriebenen, digitalen Meßstellen mit dezentralen und zentralen Rechnern werden die gemessenen Werte periodisch oder laufend an die Rechner zur Speicherung und Verarbeitung weitergeleitet.

Diese Erfassung ist voll automatisiert, und eine menschliche Handhabung erübrigt sich, lediglich die Ergebnisse werden überprüft und teilweise ohne Computer weiter genutzt.

2.2.2.4 Beleg-, Seitenleser und Scanner

Hierbei handelt es sich meist um optische Lesegeräte, die Zeichen einer normalen Schreibmaschine lesen können und als Eingabetechnik für Textsysteme, Kommunikationssysteme, Desktop Publishing und Computer eingesetzt werden (siehe 2.2.2.6). Diese auch als OCR-Technik (optical character recognition)[1]) bezeichneten Geräte sind mit Fotodioden (ca. 2 000 Dioden) bzw. Kathodenstrahlröhren ausgerüstet und scannen den Beleg oder das Schriftgut ab. Die angegebenen Leistungen liegen bei 300 Zeichen/sec (ca. 300 Seiten/h) bis zu 2 400 Zeichen/sec. (ca. 4 000 Seiten/h), wobei die Zeichendichte pro Seite einen wesentlichen Einfluß auf die Lesegeschwindigkeit hat. Zur Zeit werden ca. 50 verschiedene Produkte angeboten[2]).

Den Beleglesern ist auch der Barcodeleser zuzuordnen. Die Verwendung des Barcodes findet nicht nur in den Supermärkten statt, sondern wird zunehmend auch im wissenschaftlichen Bereich z.B. für die Erfassung von lateinischen Pflanzennamen oder anderen komplexen Datenlisten eingesetzt.

Vorteile: — hohe Erfassungsgeschwindigkeit,

— einfaches und genaues Lesen von Texten, Zahlen und Zeichen,

— einfache Handhabung,

— "lernfähige" Software verfügbar.

Nachteile: — mit einfachen Lesegeräten und Scannern keine Weiterverarbeitung der Texte möglich.

2.2.2.5 Digitalisiergeräte

Für die vektorielle Verarbeitung von graphischen Daten ist eine digitale Erfassung von Punkten und Linien einer Graphik, einer Karte oder eines Bildes notwendig. Dabei werden die graphischen Strukturen in x, y-Koordinaten aufgelöst und die Koordinatenwerte als Tischkoordinaten auf den Rechner gegeben. Dieses Erfassungsverfahren wird als "digitalisieren" bezeichnet, und die dafür verwendeten Geräte sind die Digitizer oder Digitalisierungsgeräte. Sie bestehen im Prinzip aus einer Platte mit einem eingebauten, engmaschigen elektromagnetischen Netz, von dem die Impulse ausgehen, die zuvor über Knopfdruck an einer Fadenkreuzlupe ausgelöst und an den Rechner geschickt werden. Im Rechner werden die Tischkoordinaten mittels Transformationsprogramm in Gauß-Krüger- oder andere Koordinaten umgesetzt.

Die Datenwerte bzw. Attribute werden mittels eines Codes den Linien oder Punkten (z.B. Mittelpunkte) interaktiv über den Bildschirm zugeordnet.

Vom interaktiven Digitalisieren spricht man, wenn die digitalisierten Punkte und Linien direkt auf einem graphikfähigen Bildschirm sichtbar werden.

Vorteilhaft dabei ist, daß der Anwender direkt Fehler erkennt und diese entweder am Bildschirm mit einem Fadenkreuz oder am Digitalisiergerät verbessern kann. Von der Industrie werden die verschiedensten Formen und Größen an Digitalisiergeräten, vom Tablett ab 20 x 20 cm bis hin zum freistehenden Tisch im Format 1,20 x 1,50 m (und größer) angeboten.

Die Größen sind den Papiernormen angepaßt, so daß ein potentieller Nutzer sehr gezielt das für seine graphischen Anwendungen benötigte Gerät auswählen kann.

Ein Digitizer hat folgendes Zubehör:

— Fadenkreuzlupe mit Funktionstasten, je nach Ausführung 4 bis 25 Tasten,

— Menüfeld,

— Abtaststift,

— Netzteil und Schnittstellenkabel.

Das Tablett bzw. der Tisch können undurchsichtig, transparent oder mit Rückseitenlicht ausgestattet sein. Die Auflösung kann bestimmt werden und bis zu 40 Linien je Millimeter betragen; die Erfassungsgenauigkeit liegt bei ca. +/−0,1 mm.

An Funktionen sind möglich:

— Der Zeit-mode (mode = Einstellung), d.h. während der Bediener die Linie mit der Lupe oder Cursor abfährt, werden in genauen Zeitabständen die x, y-Koordinaten registriert. In Kurven werden mehr und auf geraden Strecken, die schneller abgetastet sind, weniger x, y-Koordinaten erfaßt.

— Der Strecken-mode, d.h. der Bediener fährt eine Linie ab, und z.B. nach jedem Millimeter oder Zentimeter wird eine x, y-Koordinate erfaßt.

— Der Punkt-mode, d.h. der Bediener muß für jeden angefahrenen Punkt die Eingabetaste drücken.

Bei jeder dieser Funktionen können Abweichungsfehler entstehen. Die Abweichungen bei der Zeit- bzw. Streckeneinstellung sind erheblich. Da die Linie mit einem handgeführten Cursor nachgefahren werden muß, entstehen dabei Abweichungen nach beiden Seiten der Linie.

Mit der Punkt-mode-Digitalisierung werden die wenigsten Koordinaten erfaßt, und ein erfahrener Bediener macht die geringsten Abweichungen. Insgesamt ist der Punkt-mode jedoch die langsamste Digitalisierung.

Im Durchschnitt werden ca. 10 cm Linie einer Karte pro Minute erfaßt (OEEPE, 1984[3])).

Neben diesem manuellen Digitalisieren ermöglichen neuere Geräte eine halbautomatische Digitalisierung. Diese Digitizer haben ein optisches Zusatzgerät, mit dem die Linien automatisch abgefahren werden, ein sogenanntes "line following device". Die Abweichungen sind hier noch geringer. Diese Geräte eignen sich besonders gut für die Erfassung von Höhenlinien, Straßen und anderen linearen graphischen Strukturen.

Vorteile sind: — Erfassung großer Formate (DIN A0) möglich,

— manuelle Kontrolle,

— sehr preiswert, auch in der Wartung,

— vektorielle Eingabe.

Nachteile sind: — zeitaufwendige manuelle Eingabe,
— geringe Genauigkeit und Wiederholbarkeit,
— nur Koordinaten erfaßbar.

2.2.2.6 Scanner

Für die vollautomatische Erfassung von graphischen Daten werden Scanner oder Rasterungsgeräte eingesetzt. Einfach ausgedrückt, die graphischen Strukturen werden mit Hilfe einer Optik abgetastet, die die Hell- und Dunkelwerte und jetzt auch die Farbwerte trennend in ein Microraster (Pixelmatrix) auflöst und als digitale Daten im Rechner speichert. Die damit gegebene rasterstrukturierte graphische Datenverarbeitung bedingt eine andere, zum Teil sehr verschiedene Soft- und Hardwarebehandlung als die vektorstrukturierte graphische Datenverarbeitung. Auf die Vor- und Nachteile des einen wie des anderen wird hier aber nicht weiter eingegangen.

Inzwischen wurde aber auch komplexe Software entwickelt, die im Raster erfaßte Daten teilweise direkt in Vektorstrukturen umwandelt. Nicht erfaßt sind die Attribute, sie werden in einem zweiten Durchgang meist interaktiv am Bildschirm zugeordnet.

Die Scanner können in zwei Typen geteilt werden: Flachbettscanner (Abb. 17) und Trommel- oder Rundbettscanner (Abb. 18). Beim Flachbettscanner bewegt sich die Optik über die abzutastende Karte oder Graphik, und beim Trommelscanner ist die Karte auf die Trommel gespannt und dreht sich langsam an der stabilen Optik vorbei. Auch hier gibt es klein- und großformatige Geräte mit unterschiedlichem Auflösungsvermögen (bis zu 2000 Pixel pro mm^2) (siehe dazu Abb. 19—22). Durch diese sehr hohe Auflösung der gesamten Fläche (und nicht nur der Linien) werden bei großformatigen Unterlagen (ab DIN A3) gewaltige Datenmengen erzeugt, und diese können nur mit größeren Mini- oder Großrechnern bewältigt werden. Die Vorlage zum Scannen muß entsprechend der Technik des Scanners vorbereitet werden. Je einfacher die Strukturen und je genauer die Schwarz-Weiß- oder Farbgrenzen sind, um so besser ist die anschließende Verarbeitung. Das heißt, daß vor dem Scannen oft noch eine saubere, möglichst exakte Vorlage erstellt werden muß.

Die weitere Verarbeitung der Raster oder Pixel erfordert besondere Softwarepakete, die z.Zt. noch keine zufriedenstellenden Ergebnisse liefern, vor allem, wenn verschiedene Linientypen und -weiten, verschiedene Symbole und Muster erkannt werden sollen.

Abb. 17: Beispiel eines Flachbettscanners

Abb. 18: Beispiel eines Trommelscanners

System P-1000 Photoscan

Abb. 19:
Auflösung des Karteninhaltes durch Rasterpunkte (Pixel)

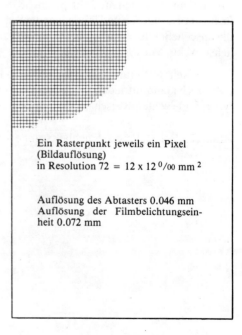

Ein Rasterpunkt jeweils ein Pixel (Bildauflösung)
in Resolution 72 = 12 x 12 $^0/_{00}$ mm^2

Auflösung des Abtasters 0.046 mm
Auflösung der Filmbelichtungseinheit 0.072 mm

Quelle: H.-W. Grösschen: Neue Wege zur „Automation" in der Kartographie, S. 102

Abb. 20: Auflösung einer 0,1 mm Gravur durch einen Scanner (Vergrößerung)

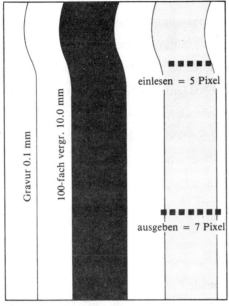

Quelle: H.-W. Grösschen: Neue Wege zur „Automation" in der Kartographie, S. 102

Abb. 21:
Linienauflösung durch einen Scanner

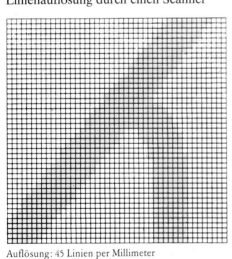

Auflösung: 45 Linien per Millimeter
Quadrat-Seitenlänge 1,0 mm
Strichstärke 0.1 mm

Quelle: H.-W. Grösschen: Neue Wege
zur „Automation" in der Kartographie, S. 102

Abb. 22:
Linienauflösung durch einen Plotter

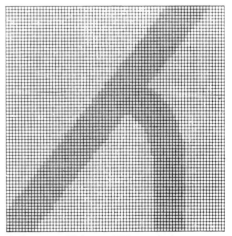

Auflösung: 72 Linien per Millimeter
Quadrat-Seitenlänge 1,0 mm
Strichstärke 0.1 mm

Quelle: H.-W. Grösschen: Neue Wege zur
„Automation" in der Kartographie, S. 102

Vorteile sind: — sehr schnelle vollautomatische Digitalisierung,
— Mikrorastererfassung (besonders für Rasterdruckverfahren geeignet),
— hohe Erfassungsgenauigkeit und Wiederholbarkeit (+/−0,025 mm),
— sehr hohe Auflösung möglich,
— Graustufen bis zu 250 Stufen oder Farbvorlagen erkennbar.

Nachteile sind: — sehr hohe Hard- und Softwarekosten (format- und auflösungsabhängig),
— sehr hohe Datenerfassungsrate,
— sehr hoher Speicherbedarf,
— hoher Nacharbeitungsbedarf,
— keine Attributserfassung (Muster-, Symbol- und Texterkennung fehlt weitgehend).

2.2.2.6.1 Vektorscanner

Der aus England kommende Laserscanner ist der z.Zt. einzige bekannte Vektorscanner. Hier werden mit einem Laserstrahl die Linien einer Karte automatisch (aber unter direkter menschlicher Kontrolle) abgefahren und x, y-Koordinaten erfaßt.

Dieses Verfahren eignet sich besonders zur Digitalisierung von Linienkarten (z.B. Höhenlinien, Straßenkarten). Ein komplexes Softwarepaket war notwendig, damit unterbrochene, parallele oder kreuzende Linien erkannt und richtig erfaßt werden.

Vorteile sind: — sehr schnelle und genaue Digitalisierung von linearen Strukturen,
— kaum manuelle Verbesserung nötig,
— Digitalisierung von großen Kartenserien.

Nachteile sind: — sehr hohe Investitionen für Hard- und Software,
— nur industrieller Einsatz.

2.2.2.6.2 Videoscanner

In diesem Verfahren wird die Rasterauflösung von Bildern einer Videokamera genutzt. Eingesetzt wird eine Videokamera (Abb. 23) oder ähnliche Aufnahmegeräte, die mit einer Schnittstelle an einen Rechner gekoppelt werden. Das gerasterte Videobild wird im Computer, vergleichbar zu den Satellitenscannerbildern, gespeichert und verarbeitet (Abb. 24).

Vorteile sind: — einfaches und schnelles Erfassen von Bildern, Karten und Vorlagen,
— preiswert und vielseitig einsetzbar,
— variable Auflösung,
— Schwarz/Weiß- und Farbscannung.

Abb. 23: Beispiel eines Videoscanners

Abb. 24: Typische Konfiguration für den Scannereinsatz

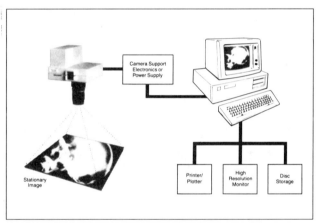

Nachteile sind: — geringe Auflösung (bei normalen Videokameras),
— begrenztes Format (Kameraausschnitt),
— dreimaliges Scannen bei Farbaufnahmen.

2.2.2.7 Satellitenbilderfassung

Eine fast vollautomatische Datenerfassung wird durch die Fernerkundung mit Hilfe von Satelliten erreicht. Satelliten (oder auch Flugzeuge) tragen Scanner mit multispektralen Sensoren über die Ausschnitte der Erdoberfläche hin und erfassen sie. Sie messen die reflektierte Sonneneinstrahlung und senden sie als digitale Zahlenwerte zu Empfangsstationen auf die Erde.

Je nach Diodengröße der Scanner richtet sich auch die kleinste erfaßte Bildeinheit — ein "Pixel" (picture element) —, so hatten die ersten US-LANDSAT-Satelliten eine Pixelgröße von 60 x 80 m, Thematic Mapper (TM) eine Größe von 30 x 30 m und der französische SPOT-Satellit 20 x 20 m bzw. 10 x 10 m für den panchromatischen Bereich. Innerhalb eines jeden Pixels wird die Strahlung in bis zu sieben Bändern oder Wellenlängen (Kanälen) des multispektralen Bereiches gemessen. In den ersten drei Bändern wird das sichtbare Licht in den Farben Blau, Grün und Rot empfangen und das Infrarotlicht auf den anderen Bändern, wobei zwei im sichtbaren, eins im mittleren und eines im thermalen Infrarot aufgenommen werden.

Der TM-Scanner erfaßt einen Streifen von 185 Kilometern Länge quer und 30 m längs zur Flugbahn, der SPOT-Scanner erfaßt einen 117 Kilometer Querstreifen von 20 m Breite. Der TM-Satellit fliegt jeden 16.Tag wieder über den gleichen Bereich und SPOT jeden 18.Tag.

Für die Datenerfassung durch Satelliten kann das Gesagte wie folgt interpretiert werden:

1. Es werden in schnellen aufeinanderfolgenden Zeitabschnitten digitale Rohdaten eines Erdoberflächenausschnittes in Rasterform erfaßt.
2. Dabei entstehen riesige Datenmengen, die ohne weitere Bearbeitung kaum nutzbar sind.
3. Die verschiedenen spektralen Bereiche können mit entsprechender Software getrennt bearbeitet und interpretiert werden.
4. Die Datenauswertung erfolgt vor allem zur Erkennung von Flächennutzungen sowie für geologische, vegetationskundliche, geographische und kartographische Anwendungen.
5. Da die Aufnahmen für die hier eingesetzten Spektralscanner über Mitteleuropa durch eine mehr oder weniger geschlossene Wolkendecke beeinträchtigt werden, sind nur alle 2—3 Jahre gute Gesamtaufnahmen z.B. der Bundesrepublik Deutschland zu erwarten.
6. Die Interpretationsergebnisse sind abhängig von der Pixelgröße bzw. der Auflösung des jeweiligen Sensors und der Flughöhe. Mit neuen Techniken wird auch die Auflösung besser und damit die Interpretation.

Weitere Aussagen zur Bildverarbeitung enthält Kapitel 3.1.4.

Die Vorteile dieser Datenerfassung sind:

— direkte digitale Erfassung,

— in regelmäßigen Zeitabständen sich wiederholende Datenaufnahme,

— damit hoher Aktualisierungsgrad bei entsprechendem Bildmaterial,

— Zeit- und Raumbeobachtung möglich,

— großflächige Übersichtserfassung,

— vollautomatische bzw. interaktive Interpretation der Daten möglich,

— schnelle Übersichtsdarstellung.

Nachteile sind:

— teure Technik,

— teure Rohdaten,

— hohe Datenmengen,

- spezielle Software notwendig,
- Fehlinterpretation leicht möglich,
- Strukturen nur ab einer gewissen Größe (mehrere Pixel) interpretierbar.

2.2.2.8 Luftbildauswertung

Das Luftbild, durch Photographie aus Flugzeugen mittels einer Reihenmeßkammer aufgenommen, kann je nach Film als Schwarz/Weiß-, Farb- oder als Infrarotbild vorliegen. Es wird ein Bild der Erdoberfläche (aus der Zentralperspektive) aufgenommen, in dem Wald, Wiese, Acker, Gewässer, Straßen, Siedlungen und andere Objekte in ihrer Lage, Größe und ihrem Zustand zu erkennen sind. Die Erkennung und Darstellung dieser Flächennutzungen und Objekte ist das Hauptziel der Luftbildauswertung.

2.2.2.8.1 Manuelle stereoskopische Luftbildinterpretation

Ein wesentlicher Aspekt bei Luftbildaufnahmen ist die 60%ige Überdeckung einer Luftbildaufnahme mit der nächsten. Diese Überdeckung ist notwendig für die stereoskopische Betrachtung der Bilder, d.h. daß auf zwei Bilder gleichzeitig mit einem optischen Hilfsmittel wie Stereobrille oder Spiegelstereoskop gesehen werden muß. Durch das optische Zusammenführen des doppelt aufgenommenen Teils der Bilder erscheint dem Betrachter/Interpreten ein dreidimensionales räumliches Bild, in dem Höhen und Tiefen sichtbar werden.

Dieser dreidimensionale bzw. Raumeffekt ist für die Interpretation von Landschaften und Nutzungen sehr wichtig, insbesondere die Höhenunterschiede verdeutlichen den Charakter des zu interpretierenden Objektes. Aus der flachen Betrachtung des Luftbildes sind zwar die hauptsächlichen Nutzungsformen zu erkennen, aber für eine genaue sichere Bestimmung und größere Differenzierung ist die stereoskopische Betrachtung notwendig.

Je nach Film- und Bildtyp sind verschiedene Interpretationsverfahren und -techniken anzuwenden, diese werden hier aber nicht differenziert dargestellt.

Die eigentliche manuelle Interpretation oder Auswertung der Luftbilder wird mit einer einfachen Stereobrille, mit einem Spiegelstereoskop oder einem komfortableren Gerät mit Zoom, Rollwagen und Leuchttablett durchgeführt.

Die durch die räumliche Betrachtung gewonnenen Erkenntnisse über Art und Fläche der Nutzungen, über Waldformation und Vegetationsbestände werden am zweckmäßigsten direkt auf eine topographische Karte o.ä. übertragen. Diese Grundlage ist maßstabsgetreu und entzerrt, während Luftbilder insbesondere an den Rändern verzerrt sind.

Die eingetragenen Informationen im Arbeitsblatt werden durch stichprobenhafte Ortsbegehungen überprüft und anschließend digitalisiert, sofern diese Daten in ein GIS gespeichert werden sollen.

2.2.2.8.2 Photogrammetrische Datenerfassungssysteme

Unter photogrammetrischer Datenerfassung wird die Umsetzung der aus Luftbildern gewonnenen Daten mittels analytischen Stereoauswertegeräten (Abb. 25) bzw. -plottern (Abb. 26) verstanden. Im Prinzip ist die Funktionsweise dieser computer-unterstützten Geräte nicht wesentlich anders als die der oben beschriebenen Stereoskope, nur mit erhöhter Technik und Automation. Der Mensch als Interpret (vollautomatisch geht es nicht) betrachtet durch ein hochentwickeltes Stereoskop die sich überdeckenden Luftbilder und führt einen Cursor über die abzugrenzende Nutzung oder über ein Objekt. Mit dem Cursor wird gleichzeitig digitalisiert, werden die Koordinaten erfaßt, gespeichert und die Strukturen (Linien) oder Objekte auf einem graphischen Bildschirm zur Verbesserung dargestellt. Der Grad der interaktiven Bearbeitung ist somit sehr hoch.

Die lagegenaue Wiedergabe, ob auf der Vorlage einer topographischen Karte oder auf einer Planungsgrundlage, ist ebenso gewährleistet wie die Messung von Höhenunterschieden und die Einzeichnung von Höhenlinien. Durch die Verbindung zu einer Symboldatei können zugleich auch kartographische Standardsymbole für Bebauung, Kirchen, Wälder etc. zugeordnet werden.

Zusammenfassend ist zu bemerken, daß es zukünftig zwei Richtungen von photogrammetrischen Datenerfassungssystemen nach SPÄNI (1987) geben wird:

1. Am analytischen Stereoauswertegerät werden einfache geometrische Elemente (Punkt, Linie, Text) erfaßt und aufgrund ihrer thematischen Bedeutung codiert. An einer interaktiven, graphischen Editorstation werden die geometrischen Elemente, teilweise automatisch, zu übergeordneten Strukturen (Objekte) zusammengefaßt und mit Attributen ergänzt.

Abb. 25: Beispiel eines analytischen Stereoauswertegerätes

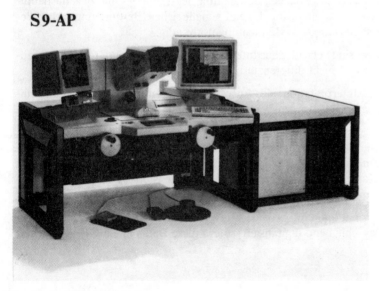

Quelle: Carl Zeiss, Oberkochen

Abb. 26: Beispiel eines „Analytischen Plotters"

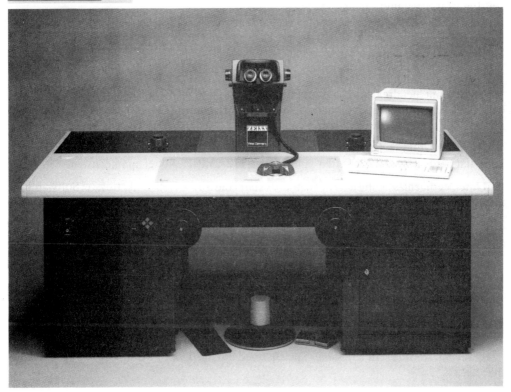

Die bereinigten Daten werden in das Geoinformationssystem übernommen.

2. Das analytische Stereoauswertegerät ist On-Line mit der Datenbank des Geoinformationssystems verbunden. Der Photogrammeter erfaßt nicht nur die geometrischen Elemente, sondern ist auch für die Strukturierung verantwortlich.

Die zweite Richtung, die On-Line-Lösung, ist die schnellere, erfordert aber u.a. eine sehr hohe Qualifikation des Erfassers.

Literatur

Gegenfurtner, M. & R. Schreiber, 1986: IFT-Marktübersicht Textautomaten, Microcomputer. – Sonderdruck aus: Textautomaten, IFT-Schriftenreihe, Institut für Textverarbeitung Rolf Schreiber GmbH, Stuttgart.
Späni, B., 1987: Die photogrammetrische Datenerfassung im Wandel? – Kurzfassung eines Referates während der Herbsttagung des AK "Numerische Photogrammetrie" der OGPF in Friedrichshafen.

2.2.3 Speichermedien

Computer weisen heute vier Arten von Massenspeichern auf, nämlich Disketten, Festplatten, Bandkassetten und offene Magnetbandspulen.

2.2.3.1 Disketten

Disketten werden hauptsächlich in Personal Computern und Workstations eingesetzt. Die Industrie kennt hier drei Hardwareformate, nämlich 8 Zoll, 5 1/4 Zoll und 3 1/2 Zoll. Die beiden ersten verwenden als Medium flexible Kunststoffscheiben (Floppy). Das 3 1/2-Zoll-Format ist für nicht biegbare Disketten in einer festen Schutzhülle definiert.

Das 8-Zoll-Format ist praktisch im Aussterben begriffen; ironischerweise ist die Speicherkapazität bei 5 1/4-Zoll-Disketten höher, bei 3 1/2-Zoll-Disketten am höchsten.

Unter Vernachlässigung älterer Standards kennt die 5 1/4-Zoll-Diskette zwei Softwareformate, die zu 360 KB bzw. 1.2 MB Kapazität führen und die sich auch in der Laufwerksausführung unterscheiden. Eine für 360 KB vorgesehene Diskette kann in einem 1.2-MB-Laufwerk i.allg. gelesen werden, sollte dort jedoch nicht beschrieben und schon gar nicht formatiert werden, da die Breite des magnetischen Schreib/Lesekopfes kleiner ist als in einem 360-KB-Laufwerk, was zu anschließenden Leseschwierigkeiten in solchen Laufwerken führen kann. Umgekehrt kann eine für 1.2 MB formatierte Diskette in einem 360-KB-Laufwerk nicht verarbeitet werden.

Die 3 1/2-Zoll-Diskette kennt (heute) nur ein Laufwerk, das die beiden Formate 720 KB und 1.44 MB bewältigt.

Disketten sind ein sehr langsames Speichermedium; die Übertragungsrate beträgt maximal 500 KBit/s.

2.2.3.2 Platten

Plattenlaufwerke arbeiten mit einer wesentlich höheren Umdrehungsgeschwindigkeit und damit Transferrate als Diskettenlaufwerke. Die Platten selbst bestehen aus einem oder mehreren auf einer Spindel sitzenden Scheiben, die fest in eine Laufwerkskammer eingebaut sind. (Herausnehmbare Festplatten − sog. Plattenpacks − bilden die Ausnahme; sie sind vom Prinzip her ähnlich konzipiert wie die 3 1/2-Zoll-Diskette.) Der Aufzeichnungsmechanismus beruht auf Magnetismus (herkömmliche "Festplatten") oder neuerdings auch optomagnetischen Effekten. In der gesamten PC-Welt und bei vielen Workstations ist der Zugriff auf Festplatten bzw. die "Schnittstelle" standardisiert, auch wenn es mehrere Standards gibt.

Platten mit Kapazitäten von zehn MB bis mehreren hundert MB werden heute für PCs angeboten; bei Workstations findet man mehrere Gigabyte. (Zur Relativierung: Da zur Speicherung eines Buchstabens ein Byte gebraucht wird, faßt eine 10 MB-Festplatte den Text von ca. 5 000 Schreibmaschinenseiten von 50 Zeilen zu 40 Spalten).

Für die Zugriffsgeschwindigkeit gibt es zwei wichtige Parameter. Der Zugriff auf eine größere, konsekutiv auf der Platte gespeicherte Datenmenge hängt von der Übertragungsrate der Plattenelektronik ab; die schnellsten Systeme können den Datenstrom unmittelbar so lesen, wie ihn der Lesekopf auf der sich an ihm vorbeidrehenden Platte abtastet. Bei 3 600 U/min ergibt dies im PC-Plattenstandard z.B. eine Datenrate von etwa 1 MB/s. Die meisten PCs arbeiten jedoch mit langsameren Raten. Der wahlfreie Zugriff auf kleine Datenmengen, wie er vor allem bei Datenbankoperationen auftritt, erfordert ein radiales Bewegen des Lesearms, bevor das Lesen jeweils beginnen kann. Hierfür ist die mittlere Zugriffszeit charakteristisch. Sie bewegt sich zwischen etwa 80 ms und 20 ms.

Der Plattenzugriff kann durch eine Softwaremethode oft beträchtlich beschleunigt werden, die "Caching" genannt wird. Das Prinzip dahinter ist einfach: man hält den Teil der Platteninformation, der sehr oft gebraucht wird, im Arbeitsspeicher. Dies kann bei einer Datenbank z.B. der Index sein, also die Zeiger zu der eigentlichen Information. Muß der Index nicht von der Platte gelesen werden, weil er schon im Arbeitsspeicher sitzt, spart man Zeit - oft bis zu 40 %. Moderne PCs und Workstations bieten Platten-Caching als Standard.

Als Medium mit besonders hoher Kapazität macht seit einigen Jahren die Optische Platte von sich reden, deren Fassungsvermögen im Bereich einiger 10 Gigabyte liegt. Der derzeitige Stand der Technik kennt jedoch nur solche Typen, die nur bei der Herstellung beschrieben, im Normalbetrieb jedoch nur gelesen werden können, und seit neuerem Platten, die man selbst ein einziges Mal beschreiben kann (WORM: Write once, read many, also 1 x schreiben, beliebig oft lesen). Damit ist dieses Medium noch auf ganz bestimmte Anwendungen begrenzt, die auf einen großen feststehenden Datenbestand zugreifen müssen. So setzt das Unternehmen Geovision (Norcross, GA) optische Platten als Träger einer digitalen Kartenbasis auf US-nationaler, regionaler, bundesstaatlicher und Gemeinde-Ebene ein. Eine derartige Platte speichert gegenwärtig etwa 550 Megabyte (CD-I-Standard) und ist für den Einsatz in Personal Computern konzipiert.

Die neueste Entwicklung des optischen Mediums, die beliebig oft wiederbeschreibbare Optische Platte, erlebt derzeit gerade ihre Markteinführung. Optische Platten sind wie Disketten oder Plattenpacks herausnehmbar.

2.2.3.3 Magnetbänder

Magnetband-Kassetten sind einfache und preisgünstige Mittel der Datensicherung; ein Kassettenlaufwerk kostet kaum mehr als ein Laufwerk für Disketten. Bandkassetten gibt es in mehreren Formaten; das kleinste faßt 10 MB bis 40 MB an Daten, sogenannte 1/2-Zoll-Kassetten bringen es auf etwa 150 MB. Die Datenübertragungsraten bewegen sich zwischen 1 Mb/s und 5 Mb/s.

Eine ganz neue Entwicklung setzt aus der Unterhaltungselektronik bekannte (und daher extrem preisgünstige) Kassetten ein, um bis zu derzeit 2 Gigabyte zu speichern. Produkte dieser Art sind vor kurzem am Markt erschienen und geben der Speicherung auf Kassetten eine neue Dimension.

Offene Bandspulen erfordern einen wesentlich aufwendigeren Typ von Laufwerk; dafür sind die Bänder meist kompatibel mit Mini- und Großrechenanlagen. Besonders zur Satellitenbildauswertung sind solche Bandstationen empfehlenswert. Stationen für normierte bzw. standardisierte 9-Spur-Bänder sind an den meisten PCs und Workstations anschließbar. Sie erreichen, schon aufgrund der internen Transferrate in PCs bzw. Workstations, nicht die am direkten Kanal eines Großrechners bekannten Geschwindigkeiten.

2.2.4 Techniken der Ergebnisdarstellung

Durch Computerprogramme erzielte Arbeitsergebnisse können in vielfältiger Form wiedergegeben und, entsprechend den Anforderungen, auch gestaltet werden. Insbesondere die Ergebnisse von DV-Anwendungen werden viel beachtet; eine hohe Darstellungsqualität wird vorausgesetzt. Deshalb sind bei der Anschaffung und Anwendung von Rechnern auch besonders die Darstellungsmöglichkeiten und -techniken zu prüfen. Für deren Auswahl sollte eine Kriterien- bzw. Anforderungsliste (siehe Kap. 3.2.1 u. 3.2.2) durch den Nutzer erstellt werden, damit die Darstellung zumindest der bisherigen Qualität der manuellen Ergebnisdarstellung entspricht. Im folgenden werden die Ausgabegeräte in zwei Gruppen geteilt:

— die Drucker und
— die Plotter,

wobei einige Geräte bzw. Techniken nicht eindeutig zuzuordnen sind und sowohl drucken als auch plotten. Der Bildschirm mit Tastatur als wichtigstes Ein- und Ausgabegerät sei hier nur der Vollständigkeit halber erwähnt, ohne weiter vertieft behandelt zu werden (vgl. Kap. 2.2.2).

2.2.4.1 Drucker

Die Schriftwiedergabe im EDV-Bereich begann mit der Schnelldruckertechnik:

ein Kettendrucker schrieb bzw. druckte auf Endlospapier Zeile für Zeile und das in relativ hoher Geschwindigkeit (ca. 10 Seiten pro Minute).

Diese Technik war bis vor einigen Jahren, insbesondere in den Rechenzentren, vorherrschend. Als eine wesentliche qualitative Verbesserung wurden der Laser- und der Matrixdrucker in den letzten 70er Jahren entwickelt. Und seit den 80er Jahren sind weitere Druckverfahren entwickelt worden, vor allem, um kostengünstige, schnelle Kleindrucker für den Mikrocomputermarkt zu schaffen.

Folgende Techniken und Druckertypen werden jetzt angeboten:

— Andrucktechnik (Nadeldrucker und Typenraddrucker),

— Strahlentechnik (Laserdrucker und Ionendrucker),

— Wärmetechnik (Thermodrucker und Thermo-Transfer-Drucker),

— Farbsprühtechnik (Tintenstrahldrucker).

2.2.4.1.1 Andrucktechnik

Die Andrucktechnik ist die herkömmliche Technik in der Schriftzeichenwiedergabe und hat ihren Ursprung in der Schreibmaschine oder in der EDV-Technik im Kettendrucker. Er wurde durch die Nadel- und Typenraddrucker abgelöst. Der Nadeldrucker, auch als Rastermatrix- oder Punktmatrixdrucker bekannt, arbeitet mit unterschiedlicher Nadeldichte: z.B. 9, (18), 24, (48) Nadeln.

Je mehr Punkte durch Nadeln für ein Schreibzeichen angeschlagen werden, um so höher ist die Punktdichte je Zoll und um so besser die Druckqualität.

Die Matrixdrucker können auch für Graphik eingesetzt werden, wobei durch mehrfarbige Farbbänder und hohe Punktedichte die graphische Qualität steigt.

Die Vorteile sind: — relativ niedrige Anschaffungskosten,
— hohe Verläßlichkeit,
— geringer Bedienungsaufwand.

Die Nachteile sind: — Betriebsgeräusche (zwischen 55—65 dBA),
— die nicht konsistente Druckqualität durch Abnutzung des Farbbandes,
— die geringen graphischen Möglichkeiten,
— hohe Kosten für Schallschutzhaube.

Die Typenraddrucker werden vor allem für die Korrespondenz und Textverarbeitung eingesetzt. Sie erzeugen ein qualitativ hochwertiges Schriftbild, sind aber nicht graphikfähig, und eine softwaregesteuerte Schrift ist nicht möglich.

Im allgemeinen sind die Andruckgeräte:

— verläßlich,
— je nach Typ text- und graphikfähig,
— sehr preiswert,
— an alle Rechner anschließbar.

Die Nachteile sind: — die schon genannten lauten Betriebsgeräusche,
— die relativ geringe Geschwindigkeit,
— bei Nadeldruckern die schwache Farbwiedergabe und die geringe Druckqualität im Vergleich zum Typenraddrucker,
— der Typenraddrucker ist langsamer als der Nadeldrucker, hat aber eine gute Druckqualität.

2.2.4.1.2 Strahlentechnik

Der Laserdrucker, aber auch der neue Ionendrucker sind sehr schnelle Drucker und werden besonders für große Druckmengen benötigt. Mittels der Kombination eines Laserstrahls (der Ionendrucker hat eine andere Strahlentechnik) und einer ladungsempfindlichen Trommel wird die Farbe selektiv auf das Papier gebracht. Für farbige Darstellungen ist ein mehrmaliger Druckvorgang, für jede Farbe einer, notwendig. Dieser Überdruck erzeugt eine satte Farbabdeckung. Die Druckqualität und Wiedergabegenauigkeit ist gut, auch bei Farbgraphiken, vor allem unter Berücksichtigung der Druckgeschwindigkeit von nur 8—15 Sekunden pro Seite für die reine Druckzeit. Die interne Aufbereitung für den Druck ist dabei nicht berücksichtigt. Diese Ganzseitentechnik wird in den nächsten Jahren verstärkt eingesetzt werden.

Die Vorteile sind: — gute Farbsättigung,

— hohe Druck- und Wiedergabequalität,

— hohe Druckgeschwindigkeit auch für Farbgraphiken,

— geräuscharm.

Die Nachteile sind: — ein relativ hoher Anschaffungspreis,

— hohe Betriebs- und Wartungskosten,

— die geringe Blattgröße (bis DIN A3) insbesondere für Graphiken,

— bei großen Farbflächen ungleiche Farbverteilung,

— nur bestimmte Software vorhanden.

2.2.4.1.3 Wärmetechnik

Mit einer anschlagfreien Wärmetechnik sind die Thermo- oder Thermotransferdrucker ausgerüstet. Der Wärmetransferprozeß erzeugt durch das Schmelzen einer Wachstinte einzelne Tropfen bzw. Punkte, die auf ein Blatt Papier in einer sehr hohen Punktdichte gedruckt werden und somit eine gute Bildwiedergabe erreichen.

Diese neue Technik ist in der Qualität und Anwendung mit der der Tintenstrahltechnik und der Laserdrucker vergleichbar und wird von dort auch als Konkurrenz betrachtet.

Die Vorteile sind: — hohe Punktdichte,

— gute gleichmäßige Farbdeckung,

— geringe Anschaffungskosten,

— sehr schnell (ca. 6 Seiten pro Minute),

— geräuschlos.

Die Nachteile sind: — keine Transparentfolien,

— zu junge Technik,

— eingeschränkte Blattgröße 26 x 40 cm,

— teilweise Spezialpapier nötig.

2.2.4.1.4 Farbsprühtechnik

Die Farbsprüh- oder Tintenstrahltechnik (ink jet technology) wurde bisher bei den automatischen Zeichengeräten (Plotter) eingesetzt, und erst seit kurzer Zeit wird sie auch für die Textdarstellung genutzt.

In der Qualität sind die neuesten Tintenstrahldrucker durch die hohe Punktdichte mit den Typenraddruckern vergleichbar. Weitere Vorteile sind die gleichmäßige Farbsättigung, die genaue Detailwiedergabe und die hohe Druckgeschwindigkeit. Als nachteilig hat sich das Verstopfen der Farbdüsen und das Ausbleichen der Farben im Licht herausgestellt. Insgesamt hat sich diese Technik, die sowohl im Druck wie in der Graphik (plotten) angewandt wird, gut bewährt (vgl. 2.2.4.2).

2.2.4.2 Plotter

"Plotter" ist der englische Begriff für ein automatisches Zeichengerät, das mit einem Computer verbunden ist und gespeicherte Daten als Tabellen, Graphiken, Karten oder Pläne mittels DV-Programmen auf Papier zeichnet. Es gibt sie schon seit mehr als 30 Jahren, aber die damals hohen Anschaffungskosten verhinderten eine weite Verbreitung und damit auch eine vielseitige Anwendung. Deshalb wurde der Schnelldrucker lange Zeit aus Mangel an Plottern für die Erstellung von Graphiken und Karten "mißbraucht" — mit entsprechend schlechter Graphikqualität. In den letzten 10—15 Jahren wurden die verschiedensten Techniken und Geräte für diese Zeichenaufgaben entwickelt.

Folgende Techniken und Plottertypen werden jetzt angeboten:
— Stifttechnik (Trommelplotter und Flachbettplotter),
— Farbsprühtechnik (Tintenstrahlplotter ink jet plotter),
— Elektrostatische Technik (Elektrostatischer Plotter),
— Photographische Technik (Farbfilmrekorder).

2.2.4.2.1 Stifttechnik

Die Stiftplotter sind die ältesten Plotter. Sie unterscheiden sich in der Größe, in der Anzahl der Stifte (1—8 Stifte) oder in den Bedienungsanforderungen. Sie sind relativ leicht zu benutzen und erzeugen unter Verwendung einer großen Auswahl von Stiften sehr genaue Graphiken und Karten. Ob Filzstifte, Kugelschreiber oder Tuschestifte eingesetzt werden, ist von dem Zeichenträger abhängig, der auf den Plotter aufgespannt wird. Die jetzt gängigen Trommel- und Flachbettplotter setzen bis zu acht Farbstifte ein.

Die neuen Trommelplotter (Abb. 27) verfügen jetzt auch über die Möglichkeit des Einzelblatteinzuges, d.h., daß neben dem Zeichenträger auf Rollen auch gedruckte Karten, Pläne und andere Vorlagen eingelegt werden, auf die dann ein weiterer Inhalt gezeichnet wird. Dabei ist die Einstellung bzw. Einmessung auf dem gleichen Anfangspunkt (Null-Punkt bzw. Koordinaten) und auf dem exakt gleichen Maßstab entscheidend.

Als weitere Vorteile sind zu nennen:
— die hohe Präzision,
— bei dem Flachbettplotter Einsatz von Gravurstichel möglich,
— die relativ geringen Kosten,
— die Verläßlichkeit,

Abb. 27: Beispiel eines Trommelplotters

	— Einpassung in vorhandene Karten (Einzelblatteinzug) bzw. Abbildungen,
	— gute Wiederholgenauigkeit.
Nachteile sind:	— langsame Zeichengeschwindigkeit,
	— keine flächige Farbgebung,
	— Verstopfung und Eintrocknung der Tinten- und Tuschestifte,
	— relativ hohe Geräuschentwicklung.

2.2.4.2.2 Farbsprühtechnik

Wie schon bei den Druckern erwähnt, ist die Farbsprühtechnik (ink jet) sowohl zum Drucken als auch zum Zeichnen (plotting) geeignet. Für die letztere Anwendung, für das automatische Zeichnen, wurde die Farbsprühtechnik entwickelt.

Bei dieser Technik werden jetzt zwei Verfahren unterschieden: der "kontinuierliche Tintenstrahl" und das "Tropfen nach Bedarf" ('drop-on-demand' technique). Das Verfahren des 'kontinuierlichen Tintenstrahlers' wurde in dem ersten, mittlerweile nicht mehr hergestellten Applicon CP 5586 Ink-Jet-Plotter verwendet. Der ständig fließende Tintenstrahl wird mit hohem Druck durch eine feine Düse gedrückt und zerstäubt. Mittels einer elektrostatischen Induktion werden die ca. 1 Million Tropfen in der Sekunde kontrolliert auf das Papier gebracht. Die Auflösung*) lag anfänglich bei 127 Punkten je Zoll, und eine Zeichnung von 50 cm x 80 cm Größe konnte innerhalb von 8,5 Minuten fertig sein. Inzwischen hat sich die Auflösung noch wesentlich verbessert und hat jetzt 240 Punkte je Zoll, aber bei kleinerem Papierformat.

Die 'Tropfen-nach-Bedarf'-Technik erzeugt die Tropfen direkt durch kontrollierten Druck auf eine Tintenkammer am Düsenausgang. Jede der drei oder vier Grundfarben (mit Schwarz) wird je nach Fabrikat in einer getrennten Kammer gehalten. Als nachteilig wurde bei den ersten kleinen Tischplottern mit diesem Verfahren die geringe Auflösung von nur 85 Punkten je Zoll angesehen. Die neuesten Produkte haben jetzt eine Auflösung von 120−150 Punkten je Zoll (6 Punkte je mm) und erreichen damit eine bessere Bildschärfe.

Besondere Vorteile der Ink-Jet-Plotter sind:

- hohe Auflösung,
- kräftige Farbdarstellung und dichte Flächenfüllung,
- geringe Kosten,
- kein Spezialpapier erforderlich,
- schnell und leise.

Nachteile sind:
- Verstopfung der Düse,
- Tinte kann leicht verblassen,
- erhöhte Wartungs- und Tintenkosten.

2.2.4.2.3 Elektrostatische Technik

Die elektrostatischen Plotter sind seit Ende der 60er Jahre auf dem Markt.

Sic wurden zuerst als Schreiber für verschiedene Meßinstrumente in der seismischen Industrie entwickelt, doch bald auch als Plotter für die graphische Ausgabe.

Diese keineswegs preiswerte Technologie ist aber eines der bestentwickelten automatischen Zeichensysteme, das es zur Zeit gibt. Bis vor kurzem konnten die elektrostatischen Plotter nur Schwarz/Weiß-Zeichnungen machen. Inzwischen erzeugen sie ausgezeichnete Farbgraphiken. Das Papierformat geht bis zu einer Breite von 110 cm und hat keine Begrenzung in der Länge. Ein Farbplot von 86 cm x 110 cm ist in 15−20 Minuten gezeichnet.

Die eindeutigen Vorteile sind:

- schnellstes automatisches Zeichengerät,
- sehr hohe Auflösung (200−400 Punkte je Zoll)
- und sehr verläßlich,
- geräuscharm.

Neben dem hohen Anschaffungspreis hat sich als nachteilig erwiesen, daß
- besonderes Papier benötigt wird,
- große Farbflächen nicht einheitlich gefüllt werden und
- 'graue Linien' zeitweise auftreten (Streifen durch Farbabweichungen).

2.2.4.2.4 Photographische Technik

Mit photographischen Techniken, eingebaut in einen Farbfilmrecorder, werden Photos bzw. Bilder als Dias oder auf Papier mit begrenzten Formaten erzeugt.

Entwickelt wurden die Farbfilmrecorder (es sind keine Kameras) für die Erstellung von farbigen Papierkopien (hard copy) der Farbrasterbildschirminhalte (images of color terminal screen). Für die Umsetzung eines Bildschirminhaltes auf Papier oder Dia sind auch Sofortbildkameras geeignet.

Vorteile sind:
- gute Bildschärfe,
- gute Farbwiedergabe,
- sofortiges Bild bzw. Dia.

Nachteile sind:
- hohe Kosten je Bild,
- der nicht vollautomatische Betrieb,
- geringes Bildformat.

Anmerkungen

[1]) Geräte mit OCR-Technik werden auch als OCR-Leser oder Klarschriftleser bezeichnet.
[2]) Schmidt, Helga, 1988: Die unentbehrlichen Helfer? Scanner erobern sich einen festen Platz im Büro. − Eine Marktübersicht in: Die Mikrocomputer-Zeitschrift, Heft 10, S. 75−89.
[3]) Oeepe 1984: Test of Digitizing Methods. − European Organization for Experimental Photogrammetrie Research, Institut für Angewandte Geodäsie, Berlin.
*) Die Auflösung wird bestimmt durch die Dichte der Bildpunkte pro Zoll, d.h. je weniger Punkte pro Zoll für eine Linie gesetzt wurden, um so kantiger bzw. eckiger − und je mehr Punkte pro Zoll, desto genauer bzw. glatter wird die gezeichnete Linie.

2.3 Software

2.3.1 Grundlagen

2.3.1.1 Rückblick

Die „Massendatenverarbeitung" stand am Anfang der 60er Jahre im Vordergrund der „ADV" (Automatisierte Datenverarbeitung). Damals war damit die Bearbeitung großer Datenmengen gemeint. Die Bearbeitung erfolgte gewöhnlich in festgelegten Intervallen wie bei der monatlichen Besoldungsabrechnung, der Steuerveranlagung, der Stadtkasse usw. und betraf bei der Verarbeitung zumeist den gesamten Datenbestand.

In der zweiten Hälfte der siebziger Jahre machte sich die Erkenntnis breit, daß mit der herkömmlichen Computertechnologie in Hard- und Software die Grenzen des Machbaren erreicht sind.

Die Entwicklung bis dahin war durch Insellösungen sowohl bei der Technik, der Hardware, den Programmen, der Software als auch bei der Organisation der praktischen Anwendung gekennzeichnet:

Da in den 60er Jahren nur zentral eingesetzte Großrechner zur Verfügung standen, entwickelte sich die Meinung, daß wirtschaftlich sinnvolle Automation nur möglich sei, wenn große Datenbestände auf zentralen Rechnern zu bearbeiten sind.

Auch die — neutral ausgedrückt — maschinenorientierte Bewertung von Benutzerwünschen an die ADV hat hier ihre Wurzel.

Die Erfassung, Verwaltung und Bearbeitung bzw. Auswertung der Massendaten erfolgte i. d. R. immer im Rechenzentrum als sogenannte Stapelverarbeitung im „closed shop". Closed shop bedeutet, frei übersetzt, daß der Endbenutzer keinen Zutritt zur Rechenanlage hatte, sondern seinen Arbeitsauftrag in der Arbeitsvorbereitung abgeben mußte. Die Arbeitsvorbereitung bestimmte dann, wann der Job im Rechner bearbeitet wurde. Damit konnte prinzipiell eine bessere Auslastung der damals noch wesentlich teureren Rechnerkapazitäten erreicht werden, da die Arbeitsvorbereitung die einzelnen Jobs nach ihrem Bedarf an Ressourcen (Speicherplatz, Magnetbänder, Rechenzeit usw.) und Dringlichkeit einteilen konnte. Heute geschieht das Job-Management weitgehend automatisch, da die Betriebssysteme der Großrechner weitgehend selbständig ihre optimale Auslastung kalkulieren können.

Im Closed Job entfällt daher die Eingriffsmöglichkeit des Endbenutzers in den eigentlichen Verarbeitungsprozeß. Die heute üblichen Bildschirmarbeitsplätze, die einen direkten Dialog und damit die einfache Manipulationsmöglichkeit während der Verarbeitung, z. B. in Form einer Recherche bieten, waren bis Anfang der 70er Jahre auf Grund ihrer technischen Unvollkommenheit, verbunden mit erheblichen Anschaffungskosten, wenig in Gebrauch. Auch die zum Betrieb der Bildschirmarbeitsplätze erforderliche Dialog-Software existierte erst in den Köpfen vorausschauender Software-Entwickler. Die heutigen modernen Bildschirmarbeitsplätze und Betriebssysteme erlauben in vielen Fällen den Ersatz des closed-shop-Betriebes durch den Dialog, insbesondere dann, wenn die Rechenzeiten kurze Antwortzeiten des Rechners auf die Eingabe ermöglichen.

Im Planungsbereich steckte der ADV-Einsatz noch in den Kinderschuhen. Die Anwendungen waren hauptsächlich auf statistische Auswertungen in Form von Kreuztabellen (= tabellari-

sche Auswertungen nach zwei oder mehr Kriterien) oder einfache statistische Verfahren wie
Regression, Korrelation usw. beschränkt. Das für den Planungsprozeß meist notwendige iterative und systematisch probende Vorgehen konnte durch die damalige ADV nur ungenügend
unterstützt werden: Planung ist bezogen auf das zu lösende Problem dialogorientiert, da die gesuchte Lösung meist nur schrittweise – durch allmähliche Verbesserung der Ausgangslösung –
gefunden werden kann.

2.3.1.2 Neue Technologien für die Planung

Ausgehend von der historisch bedingten Entwicklung der numerischen Massendatenverarbeitung zeichnet sich heute eine Integration von allen Diensten ab, die Daten im weitesten Sinne
bearbeiten: Unter Daten wollen wir Nachrichten verstehen, die einerseits Wissen repräsentieren und andererseits ein subjektives Wissen aktualisieren oder erweitern.

Für die Unterstützung des Planungsprozesses bedeutet die Integration der Techniken der
Datenerfassung (quantitative Daten, Bild und Text), der Datenverwaltung und dialogorientierten Auswertung, daß die ADV den Planungsprozeß ohne unüberwindbare Reibungsverluste,
wie sie früher der Wechsel zu einzelnen Diensten mit sich brachte, von der Erfassung der Daten
bis zum Verfassen und Präsentieren des Berichts begleiten kann.

Einmal eingegebene Daten können heute aufbewahrt und den einzelnen Diensten zur Bearbeitung übertragen werden, ohne daß diese neu in den Rechner eingegeben werden müssen
(oder vom Anwender sophistische „ADV-Künste" abverlangen), einem Statistikprogramm zur
dialogorientierten Problemlösung als Eingabedaten dienen und gleichermaßen für die Erstellung einer thematischen Karte herangezogen werden.

Die Entwicklung wurde in technischer Hinsicht besonders durch den Personal-Computer
(PC) möglich, der am Arbeitsplatz Rechnerleistungen erbringt, welche die Leistung der Großrechner der 60er Jahre oft übertreffen.

2.3.1.3 Die Ebenen der Software-Anwendung

Die Leistungsfähigkeit der PCs führte innerhalb weniger Jahre zu einer breiten Anwendung
in der Bürowelt. Den o. a. Möglichkeiten der Vernetzung folgte sehr schnell eine aufgabenbezogene Aufteilung der Rechnerleistung, teils direkt am Arbeitsplatz durch den PC, teils auf Abteilungs- und Großrechnern. Letztere werden wegen ihrer zentralen Funktion als Host-Rechner
bezeichnet. So können heute im wesentlichen drei Ebenen der DV beschrieben werden (tatsächlich ist die Abgrenzung der Ebenen nicht so scharf, verschiedene Anwendungen finden
sich, wohl aus Kostengründen und durch die Historie der ADV-Entwicklung bedingt, auf unterschiedlichen Ebenen):

1. Ebene

Die Arbeitsplatzebene als multifunktionale „Workstation" oder PC mit Dialogmöglichkeit
und Datentausch zum Host. Dabei unterscheidet sich heute (noch) die Workstation gegenüber
dem PC durch ihre Mehrplatzfähigkeit oder Zusatzperipherie, die bei der Ausstattung von PCs
getrennt beschafft werden muß (vgl. Kapitel 2.2.1.3 und Anhang 2).

Am Arbeitsplatz werden Statistische Daten, Texte und Graphiken bearbeitet.

Die Verbindungsebene zur 2. Ebene wird durch ein lokales Netzwerk (LAN) oder digitale ISDN-fähige Nebenstellenanlagen (PABX) hergestellt.

2. Ebene

Die Serverebene als Abteilungsrechner führt lokale Datenbanken z. B. in Form von Archiven usw. In der 2. Ebene sind auch Programme installiert, die mit PCs nicht oder nicht sinnvoll zu bewältigen sind. Dafür können technische und insbesondere organisatorische Gründe sprechen.

Die Verbindung zur dritten Ebene wird durch ein Fernnetzwerk hergestellt wie Datex P, Datex L, Telefon (ISDN), HfD oder die Telematikdienste (Btx, Teletex, Telefax, Telebox).

Die sogenannte zweite Ebene ist daher von ihrer Software und Hardware her gesehen als „Kommunikationsvermittler" zwischen der PC- und Großrechner-Welt zu charakterisieren.

3. Ebene

Der Zentralrechner als Host verwaltet zentrale Datenbanken, DV-Verfahren und die Organisation der Datenverwaltung über das Netz.

Hier ist zu gewährleisten, daß Informationen nicht mehrfach an verschiedenen Stellen vorgehalten werden. Ein elektronischer Datenaustausch zwischen den einzelnen Systemen in horizontaler und vertikaler Form muß jederzeit gewährleistet sein. Eine Koordinierung ist auch beim Einsatz des Systems erforderlich. So ist z. B. sicherzustellen, daß alle notwendigen Kommunikationsbeziehungen im DV-Netzwerk berücksichtigt werden (Datenschutz, -zugriff und -sicherheit).

Heute ist bereits absehbar, daß in den 90er Jahren Netze von Personal Computern mit integriertem Datenserver die Aufgaben der heutigen mittleren Datenverarbeitung übernehmen und innerhalb von Großunternehmen Außenstellen mit dezentraler Verarbeitungsleistung (gekoppelt mit dem Netz der Abteilungsrechner und Großrechner) versorgen.

Im Gegensatz zu den 70er Jahren, wo im Software-Einsatz noch eine klare Trennung zwischen Anwendungs- und Betriebssystemsoftware bestand, verschränken sich diese Funktionen immer mehr. Die durch die aufgabenteilige Bearbeitung erforderlich gewordene — und heute technisch machbare — Vernetzung unterschiedlichster Hard- und Software, verursacht z. B. durch verteilte Datenbanken, macht eine unmittelbare Integration von Teilen der Betriebssystemsoftware in die Anwenderprogramme (z. B. zwischen PC und Host-Rechner) erforderlich:

2.3.1.3.1 Betriebssystem-Ebene

Nicht die DV-Kosten zu reduzieren ist heute das Hauptthema der Datenverarbeitung, sondern den Computernutzen zu steigern. Die Nutzensteigerung findet bei der Informationsverarbeitung genau dann statt, wenn die Voraussetzungen geschaffen werden, um die richtigen Informationen an den dafür vorgesehenen Stellen (ADV-Arbeitsplätze) des Planungsablaufes bereitzuhalten. Da die Informationen an unterschiedlicher Stelle, d. h. unter unterschiedlicher Hard- und Software gehalten werden können, werden sehr hohe Anforderungen an den technischen Betriebsablauf, eben an das Betriebssystem des aus Rechnern, Datenstationen, Druckern und Speichern (Hardware) bestehenden Informationsnetzes, gestellt.

Das Betriebssystem ist also die „hardware-nahe" Software, die die ADV-betriebstechnische Bereitschaft des o. a. Verbundes der Hardware für die spezifischen Anwendungen sicherstellt. So sorgt das Betriebssystem z. B. dafür, daß für die einzelnen Anwendungen ausreichend Speicherplatz zur Verfügung gestellt und die Druckausgabe zeitlich in einer Warteschlange, dem sogenannten „Spool", eingereiht wird, sowie für die Möglichkeit, daß gleichzeitig viele Nutzer unterschiedlichste Anwendungen unabhängig voneinander auf demselben Computer „fahren" können.

Auf der Großrechner-Ebene finden sich heute im wesentlichen nur herstellerspezifische Betriebssysteme wie MVS/XA, VSE, VM/CMS im IBM-Bereich, BS2000 bei Siemens oder/-VMS in der DEC/VAX Welt u. v. a. m.

In den letzten Jahren entwickelte Betriebssysteme für „Mini-Computers" (Abteilungsrechner, Work-Stations oder PCs) die keineswegs „Mini" sind, wie z. B. die UNIX-Familie oder auf PC-Ebene MS-DOS, OS/2, bereiten die technischen Voraussetzungen der Integration vor.

Die Betriebssysteme der PCs hängen, technisch bedingt, von den verwendeten Prozessoren ab.

So ist MS-DOS (Intel-Prozessoren) auf PC-Ebene das heute am weitesten verbreitete Betriebssystem mit dem umfangreichsten Angebot an Anwender-Software. Als weiteres Betriebssystem gewinnt OS/2 der Firma Microsoft aufgrund seiner Mehrplatzfähigkeit und des Multi-Tasking allmählich an Bedeutung. Da aber für OS/2 noch weitgehend Anwender-Software fehlt, ist bis heute nicht sicher, ob OS/2 eine vergleichbar marktbeherrschende Stellung wie MS-DOS erreichen wird. Jedenfalls benötigt OS/2 mehr Kernspeicher (mind. 4MB) und Prozessoren. Für MS-DOS wird die Weiterentwicklung zur Mehrplatzfähigkeit erwartet.

Andere PC-Hersteller wie z. B. Atari, Apple (Macintosh), Commodore (Amiga) usw. bieten PCs auf Basis anderer Prozessoren (z. B. Motorola) an, die zwar den Nachteil mangelnder Kompatibilität zu MS-DOS haben, dafür aber aufgrund ihrer „graphischen Benutzeroberfläche" die PC-Welt dem Anwender sehr benutzerfreundlich erschließen.

Die UNIX-Umgebung stellt zusammen mit der Programmiersprache C zwei wichtige Komponenten einer Anwendungsumgebung zur Verfügung: Mehrplatzfähigkeit und interaktive Arbeitsweise sowie eine gewisse Portabilität der Software, unabhängig von der Hardware unterschiedlichster Hersteller.

UNIX kann als Mehrplatzsystem heute noch nicht als eine generelle Lösung in der Datenverarbeitung gesehen werden. So fehlt, trotz verschiedener Normierungsbestrebungen, jener Standard, der für MS-DOS selbstverständlich ist. Ob es tatsächlich einen (= einheitlichen) Unix-Standard geben wird, ist noch nicht entschieden: Zur Zeit droht die UNIX-Entwicklung in zwei Richtungen zu divergieren, was als X/-OPEN-versus-OSF-Streit in der Fachwelt seinen Niederschlag findet.

Da sich UNIX, wie sich heute abzeichnet, auf der Ebene der Abteilungsrechner durchsetzen wird, ist abzusehen, daß dort noch fehlende Standards bald entwickelt sein werden.

So bestimmen zwei für die Software-Industrie und -Anwender gleichermaßen strategisch wichtige Entwicklungen heute die Diskussion: die X/OPEN kontra OSF-Initiative der großen

UNIX-Anbieter sowie andererseits das von IBM angekündigte SAA-Konzept (System-Anwendungs-Architektur) als ein über die o. a. Ebenen einheitliches Betriebssystem.

Die Lektüre der Computer-Fachzeitschriften zeigt, daß nicht nur die Diskussion um Standards auf Betriebssystem-Ebene noch offen ist, auch die Vernetzung (Datenübertragung) zwischen den einzelnen Rechnern unterliegt noch einer Vielzahl unterschiedlicher und oft Hersteller-spezifischer Normen und Protokolle.

Die wirtschaftlichen Hintergründe der noch mangelnden und unvollständigen DV-Normen sind naheliegend: Verbindliche und in der Software realisierte Normen ermöglichen oft erst den Wechsel der Hardware oder der Software, insbesondere der organisatorisch aufwendigen Datenbanken. Umgekehrt besteht für „unabhängige" Software-Anbieter wegen der besseren Vermarktungsmöglichkeit ihrer Produkte ein Interesse an verbindlichen Standards.

Die Vielzahl der zuvor nur im Ansatz dargestellten Betriebssysteme und Datennetztypen läßt heutige DV-Anwender mit einer Vielfalt heterogener Informationstechniken kämpfen, die sich nur schwer zu einem Gesamtkonzept integrieren lassen. Folgerichtig kann nur die Forderung nach offenen Systemen, der Systemintegration und nach übertragbaren Anwendungen für unterschiedlichste Hardware-Architekturen den langfristigen Schutz der Software-Investitionen sicherstellen.

2.3.1.3.2 Anwendersoftware

Die klassische Anwendersoftware der 70er Jahre befriedigte Einzelfunktionen wie Erstellung von Statistiken, Tabellen, Buchhaltung, Kalkulation etc. Die Textverarbeitung stand damals in den Anfängen, graphische Programmpakete waren auf Einzelfunktionen wie technisches Zeichnen, Erstellung einzelner Druckvorlagen oder einzelner kartographischer Anwendungen beschränkt. Datenbanken dienten vornehmlich als Datenspeicher bei Banken, Versicherungen Behörden oder Betrieben zur Verwaltung der anfallenden Daten. Der Dialog des Anwenders mit der Datenbank war anwendungsspezifisch (z. B. Bestandsverwaltung).

Die Notwendigkeit einer Zusammenschau der anfallenden Informationen machte schon aus Kostengründen ein integratives Konzept der Datenverarbeitung, welches hardwareseitig Datennetze voraussetzt, erforderlich:

Warum sollten auf einer Seite mit Texterfassungsprogrammen Texte erfaßt werden, während mit anderen Programmen die zugehörige Graphik erstellt wird? Hinzu kommt oftmals eine Inkompatibilität, die es erforderlich machen kann, Graphik und Text letztendlich an dritter Stelle, vielleicht sogar manuell, z. B. als Druckvorlage zusammenzufügen?

Bei moderner anwenderbezogener Software tritt der frühere funktionale Aspekt — also entweder Text oder Graphik oder Statistik — in den Hintergrund gegenüber dem aufgabenbezogenen Aspekt der Problemlösung.

Gerade für die Unterstützung des Planungsprozesses durch die ADV ist dieser integrative Aspekt von Bedeutung, da die mit dem Planungsprozeß schrittweise erfaßten Daten für

- Kalkulation
- Statistik
- Texterfassung

- Erstellung thematischer Karten
- Berichtsaufbereitung (z. B. Desktop-Publishing)
- Datentausch

für die zitierten vielseitigen Aufgabenstellungen nur einmal erfaßt werden müssen. Auch das Ausgabemedium kann heute unter Anwendung moderner Technologien vom Tabellierpapier des Listendruckers über anspruchsvolle bildhafte Darstellungen aus Plottern oder Laserprintern bis zur direkten Erstellung von Overhead-Folien oder Lichtsatzfilmen und Video-Aufzeichnungen gewählt werden.

2.3.1.3.3 Programmiersprachen

Bei der Entwicklung der Software ist noch ein zweiter Gesichtspunkt zu beachten. Während zu Beginn der Datenverarbeitungen Maschinensprachen und bald der Assembler vorherrschte, trat dann der funktionale Aspekt hervor, der bestimmte Programmiersprachen entstehen ließ wie etwa FORTRAN, ALGOL usw. für im Schwerpunkt wissenschaftliche oder numerische Anwendungen. Für kaufmännische Anwendungen beherrscht(e) COBOL das Feld der Anwendungen. Ein integratives Konzept, wie es heute erforderlich ist, erfordert aber Sprachen, die sich „näher" am Anwender, d. h. an seinen Problemstellungen befinden.

Die Programmiersprachen der sogenannten 4. Generation, die sich heute durchsetzen, werden die Kommunikation des Menschen mit dem Computer weg von der funktional orientierten Programmsprache hin zur aufgabenorientierten Problemlösung lenken. Damit können dann integrierte Anwendungen, gleichsam aus einem Problembaukasten, realisiert werden.

Der Vorteil von Programmiersprachen der vierten Generation (4GL-Sprachen, z. B. Natural, Focus, Ramis usw.) wird u. a. die für den Planungsprozeß erforderlichen DV-Dienste in ihrer Anwendung wesentlich besser unterstützen als die heute noch für die Programmierung herangezogenen Sprachen:

- Definition der Computer-Funktionalität wie Ein- und Ausgabe von Daten, Datenbankzugriff usw. auf einer logischen Ebene, die völlig unabhängig macht von der eingesetzten Hardware bzw. System-Software.

- Schaffung einer einheitlichen Programmier-Schnittstelle und Programmier-Umgebung z. B. bei der Abfrage von Datenbanken (z. B. SQL als allgemeine Datenbankprogrammiersprache).

- Automatische Abwicklung von Anwendungsfunktionen höherer Ordnung wie: Paralleldialoge, Fenstertechnik, Fehlerverwaltung, Schutzfunktionen usw.

- Schaffung von einheitlichen Kommunikations-Schnittstellen zum Betrieb von Anwendungen in unterschiedlichen bzw. gemischten Systemumgebungen (Hersteller und/oder Host-PC).

- Integration der Programmier-Sprache mit einem Datenverzeichnis (Diktionär), welches die Verbindung zu den einzelnen Datenquellen (Dateien, Datenbanken) bei der Programmanwendung selbständig aufbaut.

– Schaffung einer Sprachumgebung, die in der Lage ist, neue Anforderungen an die Funktionalität wie graphische Verarbeitung, Anschluß des PCs, Integration der Textverarbeitung usw. als Sprachelemente zu unterstützen.
– Integration von Sprachelementen zum Aufbau von regelbasierten Expertensystemen.

2.3.1.3.4 Expertensysteme

Als Computer erstmals die Laboratorien verließen und Gegenstand von Alltagsgesprächen wurden, da war viel von den angeblich außergewöhnlichen Fähigkeiten dieser Technik, überschwenglich von Elektronengehirnen die Rede. Heute sind wir klüger, wir wissen, daß ein Computer lediglich eine programmierbare Rechenmaschine ist – und bleibt. Ihre Programmierbarkeit ist durch die Tatsache, daß jede Programmierung auf die digitale Abbildung ja/nein zurückzuführen ist, grundsätzlich begrenzt.

Computer sind daher per se unfähig, irgend etwas außer dem explizit Programmierten zu tun. Computern fehlt, was Denken und Intelligenz ausmacht: zum Beispiel Imagination und Kreativität.

Dennoch sprechen die Medien, auch die Fachpresse, nach wie vor etwas romantisch von künstlicher Intelligenz. Aus unserer Sicht gibt es so etwas wie künstliche Intelligenz nicht. Was es hingegen gibt, sind zunehmend ausgefeilte Programme und Systeme. Zu diesen Entwicklungen zählen Expertensysteme.

Mit Expertensystemen wird es zum ersten Male möglich, das Wissen (m. E. verstanden als Fakten und Regeln) über ein bestimmtes Problem von Schritten, die zu seiner Lösung getan werden müssen, abzuspalten. Probleme werden also nicht mehr so angegangen, daß die einzelnen Lösungsschritte spezifiziert werden (= herkömmliche Programmierung); vielmehr werden dem Computer nur die Fakten und Regeln mitgeteilt. Dazu gibt es typische Programmiersprachen wie LISP, PROLOG oder NATURAL EL, mit denen die Fakten und Regeln als Wissensbasis eingegeben werden.

Das Herzstück des Expertensystems ist ein sehr ausgefeilter Problemlösungsalgorithmus, die sogenannte Inferenzmaschine. Diese ist ein Programm, dessen Input die Wissensbasis und dessen Output die Lösung des Problems ist. Die Inferenzmaschine und die mit ihr verbundene Wissensbasis versuchen unter den oben angegebenen Einschränkungen der begrenzenden Funktionalität des Computers, den Weg, den ein menschlicher Experte zur Lösung des Problems einschlagen würde, nachzubilden.

Heute sind die dazu erforderlichen Programmiersprachen noch nicht voll ausgebildet, d. h. nur für bestimmte, wenig heterogene Probleme anwendbar. Doch kann erwartet werden, daß ihre weitere Entwicklung sie für viele Anwendungen z. B. in der Analytik oder Dokumentation nutzbringend anwendbar machen wird.

Rechtliche Aspekte zur Beschaffung der Software

Die rechtliche Situation bei der Beschaffung und Nutzung von Software kann hier nur gestreift werden. Jedenfalls muß man sich vor Augen halten, daß mit der Software-Beschaffung oder -Nutzung nicht ein Gegenstand, sondern ein Recht genutzt wird: das Nutzungsrecht an

Programmen. Also wird primär nicht der Datenträger, auf dem sich die gewünschte Software befindet, gekauft, sondern das Recht, den mit der Programmierung verbundenen geistigen Inhalt vertragsgemäß zu nutzen. Damit scheidet in der Regel die Möglichkeit der beliebigen Vervielfältigung der Software aus.

Software kann:

- gekauft werden, die Installationskosten werden in der Regel nach Installationen berechnet: So stellt sich die Kostensituation sehr unterschiedlich dar, je nachdem, ob das Programm etwa nur einmal am Host-Rechner, mehrfach auf Abteilungsrechner-Ebene oder vielfach auf PC-Ebene installiert wird. Hinzu kommt, daß die Software-Preise oft nach Installationsklassen (Host-Größe) gestaffelt sind bzw. oft erhebliche Mengen-Nachlässe bei der Mehrfachbeschaffung von PC-Software eingeräumt werden.
- gemietet werden. Hier zeichnet sich allerdings eine Tendenz zum Kauf ab, da oft die Mietkosten bei vorhersehbaren Nutzungszeiträumen die der Beschaffung übersteigen. Vorteilhaft bei Miete ist, daß für die Mietsache über die Dauer der Miete Gewährleistung besteht.
- in Auftrag programmiert werden. Hier bedarf es spezifischer rechtlicher Regelungen des Nutzungsrechtes. Keineswegs selbstverständlich ist das Recht des Auftraggebers zur uneingeschränkten Verfügbarkeit (z. B. Weiterverkauf) oder das entsprechende Urheberrecht des Auftragnehmers zur anderweitigen Verfügbarkeit.

Bei Gewährleistungsfragen ist zu prüfen, ob das Kaufrecht oder das Recht aus Werkvertrag anzuwenden ist. Bei Standardprogrammen ist beispielsweise in der Regel das Recht aus Kaufverträgen anzuwenden:

Bei Kaufrecht beginnt die Gewährleistungspflicht bereits mit der Übergabe und Einweisung in das Programm; der Käufer trägt von diesem Zeitpunkt an die Beweislast für das Vorliegen von Fehlern.

Die Gewährleistungspflicht beträgt nur 6 Monate, außerdem bekommt der Käufer i. d. R. keinen Schadenersatz, wenn er aufgrund eines Programmfehlers einen Schaden erlitten hat, da die Rechtsprechung hier sehr hohe Anforderungen stellt.

Der Auftraggeber des Werkvertrages stellt sich nach Werkvertragsrecht viel besser, da es hier auf die ausdrückliche Billigung des Programms ankommt und es auch Schadenersatz bei verschuldeten Fehlern gibt. Hier kann die Gewährleistung bis zu dreißig Jahren (allgemeines Schuldrecht) betragen.

Bei der gemeinsamen Beschaffung von Software und Hardware ist die Rechtscharakteristik des Vertrages so festzulegen, daß, soweit gewünscht, sichergestellt ist, daß bei Mängeln etwa der Hardware auch vom Kauf der vielleicht fehlerfreien Software zurückgetreten werden kann.

Bei Vertragsverhandlungen sind die in der Regel für den Auftraggeber vorteilhaften „Besonderen Vertragsbedingungen" (BVB), welche für Bundesbehörden bei der Beschaffung (Miete, Erwerb) von Soft- und Hardware verbindlich vorgeschrieben sind, sehr nützlich. Auf Länderebene wird die Verwendung der BVB-Bedingungen von den meisten Ländern wegen ihrer günstigeren Konditionen (z. B. 9 statt 6 Monate Gewährleistung) empfohlen. (vgl. auch Abschnitt D-3)

Auch in Mitarbeiterverträgen sollte das Urheberrecht an von Mitarbeitern entwickelter Software genau festgelegt werden. Zu sehr kann es vom Einzelfall abhängen, wem das Nutzungsrecht zur weiteren Nutzung zuzurechnen ist.

2.3.2 Datenbanksysteme

2.3.2.1 Einleitung

Datenbanken haben den Zweck, einen großen Datenbestand schnell verarbeiten zu können und für verschiedene Anwender bzw. Anwendungen zugänglich zu machen. Es handelt sich hierbei um eine Sammlung von inhaltlich zusammenhängenden Daten, die mit kontrollierter Redundanz (Wiederholung) abgespeichert werden. Die Daten werden so gespeichert, daß sie unabhängig von den Programmen sind, von denen sie genutzt werden.

Datenbanksysteme simulieren dabei umfangreiche Karteikästen im Computer, sie verwalten diese und geben aus dem Bestand Auskünfte nach individuellen Anforderungen des Anwenders. Sie stellen die Computeranwendung schlechthin dar. Eine Abgrenzung zwischen Dateiverwaltungssystemen und Datenbanksystemen ist oft kaum durchzuführen.

Probleme bei der Arbeit mit verschiedenen Datenbanksystemen ergeben sich dadurch, daß es kaum einheitliche Begriffe, Abfragekriterien bzw. -sprachen gibt. Für den Bereich der mittleren und Großrechenanlagen gibt es zumindest die von IBM entwickelte und in den USA standardisierte Sprache SQL (Structured Query Language) für relationale Datenbanksysteme. Hierbei zeigt sich, daß Datenbanksysteme in der Regel hardware- bzw. betriebssystembezogen entwickelt bzw. eingesetzt werden. So existieren zum Beispiel bei den Personalcomputern die meisten Standardprogramme für die MS-DOS-Rechner.

Datenbanksysteme unterscheiden sich auch nach ihrer Organisationsform und Arbeitsweise, die im folgenden Absatz beschrieben werden.

2.3.2.2 Grundsysteme für Datenbanken

Es gibt drei Arten der Organisation von Datenbanken:

Abb. 28:
Hierarchie- oder Baummodell

Ein hierarchisches DBMS stellt Daten als Baumstrukturen dar, die aus einer Hierarchie von Datensätzen besteht.

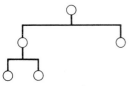

Hierarchisches Modell

Quelle: Hard and Soft, Mai 1987

Abb. 29:
Vernetzungsmodell

Hingegen stellt ein Netzwerk-DBMS die Daten als miteinander verknüpfte Sätze (records) dar, die ihrerseits sich überschneidende Datensätze bilden.

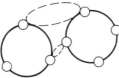

Netzwerk Modell

Quelle: Hard and Soft, Mai 1987

Abb. 30:
Relationales Modell

Aber auch die komplexeste hierarchische oder Netzwerk-Datenbank läßt sich als einfache Ansammlung zweidimensionaler Tabellen darstellen.

Relationales Modell

Quelle: Hard and Soft, Mai 1987

Daneben gibt es noch Mischformen, wo beispielsweise die Äste eines hierarchischen Baumes von den Tabellen eines relationalen Systems verwaltet werden. Ein Beispiel für ein Datenbanksystem, in dem alle drei Modell verwirklicht worden sind, ist das „Universale Datenbanksystem" (UDS) von Siemens.

Bei einer hierarchisch aufgebauten Datenbank werden die Daten in einer Baumstruktur dargestellt, die aus hierarchisch angeordneten Datensätzen besteht. Ausgehend von der Baumwurzel gelangt man mit Hilfe eines Zeigers zu den einzelnen Blättern eines Astes. Zu den hierarchisch organisierten Datenbanksystemen gehört zum Beispiel IMS/VS von IBM, IDMS von Calinet.

Von ihrem Aufbau her sind sich hierarchische und netzwerkartige Datenbanken sehr ähnlich, beide weisen eine Baumstruktur auf. Ein vernetztes System zur Datenbankverwaltung stellt die Daten als miteinander gekoppelte Datensätze dar. Diese Datensätze bilden sich überschneidende Datenmengen. Gegenüber hierarchischen Datenbanken sind Netzwerk-Datenbanken flexibler. Beide haben jedoch den entscheidenden Nachteil, daß die Beziehungen zwischen den einzelnen Elementen einer Datenbank, die Zeiger, mit gespeichert werden müssen. Die Komplexität der Querverbindungen hat ihre Auswirkungen in einem entsprechenden Speicherbedarf. Ein Beispiel für ein vernetztes System ist das Datenbankprogramm ADABAS.

Wegen seiner großen Verbreitung bei allen Systemen soll das relationale Datenbankmodell ausführlich beschrieben werden. In einer relationalen Datenbank werden die Datenbestände tabellarisch organisiert. Eine Tabelle besteht wiederum aus Spalten und Zeilen. Die einzelne Spalte einer Tabelle wird als Attribut bezeichnet. In einer Zeile steht der Datensatz. Zu einer Datenbank gehören in der Regel mehrere Tabellen. Im Gegensatz zu hierarchischen und Netzwerk-Datenbanken werden hier keine Zeiger zum Auffinden eines Datenfeldes benötigt. Der Zugriff erfolgt über die logischen Operatoren „Gleichheit", „Ungleichheit", „Größer" und „Kleiner". Diese Eigenschaft relationaler Datenbanken ermöglicht die Einheitlichkeit der Datenmanipulation. Bei verschiedenen Anwendungen derselben Datenbank werden häufig unterschiedliche Mengen von Daten und unterschiedliche Beziehungen zwischen ihnen genutzt. Deshalb ist es erforderlich, sowohl Untermengen von Spalten einer Tabelle, also kleinere Tabellen, als auch mehrere Tabellen zu einer neuen zu bilden. Diese Operation des Trennens und Verbindens von Relationen ermöglicht einen Grad von Flexibilität, der mit den meisten Baum- und Netzwerks-Strukturen nicht erreichbar ist.

Durch Eingabe eines einzigen Befehls können aus ein oder mehreren Tabellen mehrere Zeilen gleichzeitig abgerufen und in eine neue Tabelle eingesetzt werden. Es wird durch die jeweilige Operation nur vorgegeben, was zu tun ist, nicht aber wie.

Die Sprachen, die bei hierarchischen oder netzwerkorientierten Modellen eingesetzt werden, sind dagegen prozedural, d. h. es ist auch das „Wie" einzugeben, und verarbeiten jeweils nur einen Satz. Hier ist also durch mehrere Prozeduren schrittweise der Pfad zum gewünschten Satz zu bestimmen; dabei muß bekannt sein, wie die Daten abgespeichert sind. Im Gegensatz dazu werden in relationalen Datenbanken die Daten automatisch erreicht. Die Form der Datenspeicherung braucht nicht bekannt zu sein.

Allerdings schöpfen die bisher vorliegenden Programme alle Möglichkeiten relationaler Datenbanken nicht aus. Dies liegt — aufgrund teilweise hoher Anforderungen im Bereich Datensicherheit und -zugriff — an der notwendigen Vielfalt der Operationen; hierdurch entstehen sehr schnell große Datenbearbeitungshäufigkeiten und -mengen, die die Leistungsfähigkeit der Hardware überschreiten. Dennoch ist zu berücksichtigen, daß das von dem Amerikaner C. F.

Codd entwickelte relationale Datenbank-Modell die wesentlichen Mängel der anderen Modelle wie hoher Speicherbedarf, fehlende Dateiunabhängigkeit, nicht vorhandene Trennung der verschiedenen Datensichten, mangelnde Flexibilität vermeidet.

Grundsätzliche Vorteile relationaler Datenbanken:

— einfache und klare, übersichtliche Darstellung von Daten in zweidimensionalen Tabellen,
— leichte Änderbarkeit der Datenstrukturen sowie der darauf aufbauenden Anwendungsprogramme,
— flexibler und komfortabler Zugriff, ohne fest definierte Zugriffspfade benutzen zu müssen,
— Datenschutz und Datensicherheit sind einfach zu implementieren,
— leichte Herstellung von Datenbeziehungen zwischen verschiedenen Dateien,
— Einsatzmöglichkeiten leistungsfähiger Datenhantierungssprachen.

Der allgemeine Vorteil der relationalen Datenbanken ist auf die weitere Entwicklung zur Dialogverarbeitung und die Entwicklung der Werkzeuge für den Endanwender zurückzuführen. Die Dialogverarbeitung läßt gerade die im Bereich der Landesplanung erforderliche Rückkoppelung zwischen Ergebnis und Ausgangswerten zu. Es lassen sich Datenbeziehungen zwischen verschiedenen Dateien wie Infrastrukturausstattung und Bevölkerungsentwicklung ohne weiteres herstellen. Zu diesen Werkzeugen gehören heute Menüs, Listen- und Reportgeneratoren oder Editoren zum Erstellen von Masken. Heute haben sich in allen Bereichen vom PC bis zum Großrechner die Datenbanksysteme mit relationalen Datenbanken erfolgreich etabliert. Beispiele für relationale Datenbankmodelle sind u. a. dBase — Abarten wie Rbase, Gigabase — sowie Ingres für den Bereich der Personalcomputer und für Großrechenanlagen die Datenbanksysteme SESAM von Siemens, DB2 von IBM bzw. unabhängig von der Rechnerart die Programme Oracle, Informix SQL.

Die Datenbanksysteme lassen sich — insbesondere für den Bereich der Personal Computer — nach ihrer Arbeitsweise differenzieren, die wiederum hauptsächlich von der eingesetzten Programmier- und/oder Abfragesprache abhängt:

1. Interpretativ arbeitende Programmiersprachen wie dBase, Rbase bzw. Abfragesprachen wie IQL (UDS von Siemens) und SQL (DB2, Oracle) ermöglichen einen Dialog mit dem System (Online-Verarbeitung), d. h., daß der Benutzer seine Befehle eintippt und sofort arbeiten kann. Dabei können vom System her Hilfen gegeben und der Suchbereich eingeengt werden.

2. Im Gegensatz dazu ist beim Einsatz compilierender bzw. prozedural arbeitender Programmiersprachen, wie sie in der Regel auch bei hierarchisch bzw. netzwerkorientierten Datenbanksystemen eingesetzt wurden, ein interaktives Arbeiten nicht möglich. Bei dieser Arbeitsweise wird mit Hilfe eines „Compilers" das fertig geschriebene Programm in Maschinensprache übersetzt (compiliert). Die Erstellung des Anwenderprogramms erfolgt wie bei der ersten Gruppe in Form eines Quelltextes, der jedoch compiliert werden muß, um ablauffähig zu werden. Bei compilierenden Datenbanksystemen ist der Prozeß der Programmerstellung etwas mühsamer, da ständig der Zyklus Editieren, Compilieren, Fehlersuche eingehalten werden muß. Beispiel für ein solches Datenbanksystem ist Dataflex.

3. Als dritte Gruppe sind die reinen Masken- und Listengeneratoren ohne prozedurale Programmiersprache zu nennen (Beispiel Dataease, Infostar). Diese Programmsysteme werden nach dem gleichen Muster aufgebaut:

   — Formulargenerator zum Erstellen von Bildschirmlayouts aus beliebigen Texten und Feldern,

   — Report- und Listengenerator für Bildschirm- und Druckausgaben,

   — Hilfsprogramme: z. B. Datenaustausch zu anderen Programmen oder Datenreorganisation werden durch Zusatzprogramme bereitgestellt.

   Die Anwendungen werden häufig schneller erstellt als bei prozeduraler Programmierung. Besonders geeignet für Benutzer ohne Programmiererfahrung, um Programme überhaupt ändern zu können. Nachteilig ist häufig die begrenzte Leistungsfähigkeit sowie die nicht vorgesehene Behandlung von Spezialfällen.

   Bei den neueren Datenbanksystemen für Großrechner (z. B. DB2 von IBM, Oracle, aber auch beim älteren UDS) werden auch hier die Vorteile der interaktiven Bearbeitung weitgehend genutzt. Dabei sind aber die Möglichkeiten der Programmierung für Anwendungen jeglicher Art so vielfältig, daß sie sich einer derartigen kurzen Beschreibung und Einordnung entziehen. Eine solche Differenzierung wird für diese Datenbanksysteme bei der Beschreibung im Anhang deshalb nicht vorgenommen.

2.3.2.3 Einsatz von Standardsoftware

Beim Einsatz von Datenbanksystemen sind eine Reihe von Vorüberlegungen notwendig. So müssen Anwendungsgebiet, Informationsbedarf, die Art der Informationsaufbereitung und die Datenstruktur festgelegt werden, bevor man sich für ein bestimmtes Datenbanksystem entscheidet. Als Faustregel läßt sich festhalten, daß für die Verwaltung sehr großer Datenmengen mit vielfältigen möglichen Verknüpfungen zwischen ihnen Datenbanksysteme mit integrierter Programmiersprache (Beispiel: dBase III Plus, Delta 4, Oracle bzw. UDS) verwendet werden sollten. Kleinere Datenmengen lassen sich bei Neueinführung eines Datenbanksystems einfacher mit einer Menüsteuerung bearbeiten (z. B. Gigabase, Inovis-86, Adimens, dBase III Plus).

Im Bereich der Personal Computer ist grundsätzlich zwischen der Welt der IBM-kompatiblen mit MS-DOS Betriebssystemen (Industriestandard) und den Personal Computern, die mit PC-DOS oder eigenen Betriebssystemen (z. B. Apple) arbeiten, zu unterscheiden. Die meisten Datenbanksysteme liegen für den Bereich der MS-DOS Computer vor.

Größtenteils gibt es aber auch abgewandelte Datenbanksysteme für die übrigen Personal Computer (siehe auch Anhang 4, auf die regelmäßig in Fachzeitschriften veröffentlichten Marktübersichten wird verwiesen).

Neben den reinen Datenbanksystemen gibt es im PC-Bereich noch sogenannte „Integrierte Software" wie Open Access II, Symphonie, Framework II. Diese enthält außer der Datenbank auch die Funktion:

— Kalkulation,

— Textverarbeitung,

— Geschäftsgraphik.

Die Leistungsfähigkeiten der Datenbanken sind hierbei in der Regel begrenzt.

Speziell für den Einsatz auf mittleren und Großrechnern gibt es einige Datenbanksysteme, die für allgemeine Anwendungen einsetzbar sind. Eine vergleichende Bewertung dieser Datenbanksysteme ist in der hier gebotenen Kürze nicht ohne weiteres möglich. Diese Programme besitzen eine Vielzahl von Funktionen und bieten viele Möglichkeiten der Programmierung, so daß es sehr viel tiefergehender, für die spezielle Anwendung zugeschnittener Untersuchung bedarf, um die jeweiligen Vor- bzw. Nachteile zu erkunden. Des weiteren kommt hinzu, daß diese Datenbanksysteme häufig sehr viel enger rechnerbezogen arbeiten. Andererseits besteht meistens die Möglichkeit, über Zusatzprogramme bzw. eigene Programmierung auf Datenbanken in anderen Datenbanksystemen bzw. in Rechner anderer Hersteller zuzugreifen.

Das Niedersächsische Landesamt für Bodenforschung hat deshalb für die Auswahl eines relationalen Datenbankmanagementsystems eine umfangreiche Untersuchung durchgeführt. Die Randbedingungen hierfür sowie die dort erarbeiteten Minimalanforderungen, die vor allem die Abspeicherbarkeit von Geometrie und graphischen Strukturen enthalten, sind im Anhang 5 abgedruckt. Weiterhin ist dort eine Auswahl von Datenbanksystemen genannt und kurz erläutert worden.

Außer diesen hardware- bzw. betriebssystembezogenen Datenbanksystemen sind in letzter Zeit Datenbanksysteme entwickelt bzw. weiter ausgebaut worden, die auf allen Rechnerarten — vom PC bis zum Großrechner — einsetzbar sind (vgl. Anhang 6). Der Vorteil solcher Datenbanksysteme liegt darin, daß Datenbanken bzw. Teile davon, die in zentralen Großrechneranlagen vorgehalten werden, auch auf dem PC — als Ein- oder Mehrplatzsystem — bearbeitet werden können. Dabei ist es gleichgültig, ob die Datenübertragung durch Datenträger (z. B. Diskette) oder durch direkten Zugriff über ein Netzwerk erfolgt. Gerade für die graphische Datenverarbeitung ist dies eine erhebliche Verbesserung der möglichen Datenhaltung und -bearbeitung, da die großen Datenmengen von beispielsweise Objektdaten zu den Flächendarstellungen in einem Großrechner gespeichert, aber mit dem PC oder mittleren Rechnern bearbeitet werden können. Eine Erstellung von Umformatierungsprogrammen mit den nicht zu unterschätzenden Problemen von Übertragungsverlusten bzw. -fehlern — z. B. werden die Parameter nicht 1:1 übertragen — vor allem bei komplexeren Datenbanken, entfällt hierbei.

Literatur

Martin, James: Einführung in die Datenbanktechnik (Übersetzung u. tlw. überarbeitet von H. Clemen u. E. Wildgrub), München, Wien: Hauser 1981.

Kühne, Klaus: Auswahl eines relationalen Datenbanksystems für BGR/NLfB, Hannover, Sept. 1986 — nicht veröffentlicht — (Bundesanstalt für Geowissenschaften und Rohstoffe/Niedersächsisches Landesamt für Bodenforschung).

Elektronische Datenverarbeitung II — Software (Medienlehrgang), Copyright: Verlag Karl Höfle, Bad Reichenhall.

2.3.3 Methoden der Datenauswertung

Der Planer sollte das ADV-Instrumentarium möglichst unmittelbar — ohne allzu detaillierte DV-Kenntnisse — für seine Auswertungen nutzen können. Diesem berechtigten Anspruch kommt die Entwicklung auf dem Software-Markt durch immer benutzerfreundlichere Bedienungsoberflächen entgegen. Gleichzeitig geht der Trend weg von der individuellen Programmierung von Einzelaufgaben mit höheren Programmiersprachen hin zum Einsatz von Programmen mit „Werkzeug"-Charakter, was ebenfalls den o. g. Intentionen entgegenkommt. Der zunehmende Mangel an qualifiziertem DV-Personal im öffentlichen Bereich zwingt ebenfalls dazu, die Möglichkeiten auf dem Markt vorhandener Software-Lösungen verstärkt zu nutzen. Allerdings muß dabei darauf geachtet werden, daß die einzelnen „Bausteine" des „Methoden-Baukastens" aufeinander abgestimmt sind, so daß die Durchgängigkeit der fachlich vorgegebenen Auswertungsvorgänge nicht gestört wird.

Im folgenden werden einige wesentliche Auswertungstypen beschrieben und Möglichkeiten für deren EDV-technische Ausgestaltung im Sinne eines derartigen „Methoden-Baukastens" aufgezeigt:

— Datenbank-Abfragen:
In der Regel wird für die effiziente Speicherung und Verwaltung großer Datenbestände, wie sie für planerische Aufgaben erforderlich sind, ein Datenbanksystem eingesetzt. Für Sofort-Abfragen von Einzelinformationen wird hier eine „Abfragesprache" benötigt, die es möglichst dem Sachbearbeiter direkt erlauben soll, an aktuell benötigte Daten ohne große Umwege heranzukommen. Derartige „Sprachen" müssen demzufolge eine einfache Benutzeroberfläche besitzen und über die Grundfunktionen der Selektion, der Aggregation nach räumlichen, sachlichen und zeitlichen Gesichtspunkten sowie über einfache Möglichkeiten der arithmetischen Verarbeitung verfügen.

— Verarbeitung nicht standardisierter Daten:
Für die Erfassung, Aufbereitung und Auswertung eigener Datenbestände, die aus technischen, inhaltlichen oder organisatorischen Gründen nicht mit einem Datenbanksystem verwaltet werden können oder sollen, müssen geeignete einfache Programm-Werkzeuge vorhanden sein. Diese sind in der Regel individuell programmiert und müssen im wesentlichen die gleichen Funktionen abdecken wie eine Datenbank-Abfragesprache. Der Einsatz bleibt wegen der größeren „Systemnähe" in der Regel dem ADV-Fachpersonal vorbehalten.

— Standard-Auswertungen:
Für die Ausarbeitung regelmäßiger Berichte, Tabellen usw. ist ein komfortabler Report-Generator zweckmäßig. Im Idealfall ist er Bestandteil eines Datenbank-Abfrageprogramms. Allerdings stehen hier die Möglichkeiten der vielseitigen und flexiblen, einfach zu steuernden Druckaufbereitung von Auswertungsergebnissen im Vordergrund. Die ansprechende äußere Präsentation von Ergebnissen ist ein nicht zu unterschätzender Faktor bei der Arbeit im planerischen Bereich.

Als Standard-Auswertungen sind auch „Informationspakete" wie etwa Indikatorensysteme zu betrachten, wenn sie — verbunden mit den Möglichkeiten eines einfachen, unmittelbaren Zugriffs — den direkten Zugang zu bereits vorstrukturierten höherwertigen Informationen erlauben.

- Statistische Analyseverfahren, Modellrechnungen:
Für die Durchführung anspruchsvoller Sonderauswertungen wie statistischer Analysen, Prognoserechnungen oder ähnlicher Sonderauswertungen bietet sich der Einsatz von auf dem Markt erhältlichen Programmsystemen an, die in ihrer Benutzeroberfläche weitgehend auf den Endanwender zugeschnitten sind.

Für spezielle Modellrechnungen müssen in der Regel individuelle Programme entwickelt werden. Hier bietet sich die Vergabe an Softwarehersteller an, die eine professionelle Programmentwicklung und -dokumentation gewährleisten, da für diese Aufgabe bei planerisch tätigen Stellen in der Regel das Personal nicht die dazu erforderliche ADV-technische Qualifikation besitzt.

2.3.3.1 Graphische Datenverarbeitung

Neben der numerischen Erfassung, Verwaltung und Analyse planerisch relevanter Informationen kommt dem Einsatz von Hilfsmitteln der graphischen Datenverarbeitung besonderes Gewicht zu (vgl. hierzu die Beispiele in Kap. 4.2 bis 4.5). Dabei sind wiederum Systeme im Sinne eines „Methoden-Baukastens" von Vorteil, mit dessen Bausteinen individuelle Darstellungsformen entwickelt werden können. Zu beachten ist grundsätzlich, daß die zugrundeliegenden Datenverwaltungssysteme die Verknüpfung aller zur Verfügung stehender Daten erlauben und daß die räumlichen Bezugssysteme einer einheitlichen Organisation unterliegen.

Zusammenfassend bewertet, ist die DV-Technik hilfreich bei der Erarbeitung und Darstellung von Informationen:

- erstens für analytische Zwecke, d. h. zur Untersuchung von Situationen, Entwicklungen und Zusammenhängen. Die Zielrichtung geht hier in erster Linie an die Fachkollegen in den Fachabteilungen. Die Information kann deshalb durchaus komplex, auch kompliziert verpackt sein.

- Zum zweiten werden Informationen für argumentative Zwecke benötigt. Der Adressat ist vorwiegend der politische Bereich, die Führungsspitze in der Verwaltung. Die Informationen müssen auf „den Punkt" gebracht sein, komprimiert das Wesentliche aussagen.

- Drittens: es werden Informationen für kommunikative Zwecke gebraucht. Der Ansprechpartner ist die Öffentlichkeit. Die Informationen müssen anschaulich und leicht lesbar sein.

2.3.3.2 Bürokommunikation

Mit dem Einzug dezentraler DV-Systeme in die Verwaltungsbüros ist nunmehr auch der Bezug zur verwaltungstechnischen Weiterverarbeitung von Daten und Auswertungsergebnissen zu beachten. Hier ist an erster Stelle die Textbe- und -verarbeitung zu nennen. Erforderlich sind Schnittstellen, über die ausgewählte Daten in Bürosysteme übernommen werden können, so daß sie dort für die Einbeziehung in die Texterstellung, für Dokumentationszwecke oder auch für elektronischen Versand bzw. Austausch zur Verfügung stehen. Schließlich ist hier der Bereich der druckreifen Layout-Gestaltung zu nennen („desk-top-publishing"), mit dem sich speziell für die Erstellung von Berichten und Veröffentlichungen völlig neue Möglichkeiten des Technikeinsatzes ergeben.

3. Entscheidungshilfen für den ADV-Einsatz

3.1 Ausgangssituation und Aufgabe

Ende 1986 wurde eine Befragung bei Behörden/Institutionen der Landes- und Regionalplanung durchgeführt. Es sollte ermittelt werden, in welchem Maße die Planer bereits auf das Hilfsmittel ADV zurückgreifen können. Gefragt wurde dabei nach der Ausstattung mit ADV-Geräten und insbesondere — soweit vorhanden — nach Ausstattung, Programmen und Anwendungen für die graphische Datenverarbeitung.

Von 49 Trägern der Landesplanung wurde der Fragebogen beantwortet. Davon hatten zwölf noch keine unmittelbare ADV-Unterstützung, d.h. in der Dienststelle war für die Planer kein ADV-Gerät vorhanden. Einer zweiten Gruppe von Antwortenden standen Terminals eines Großrechners zur Verfügung oder mindestens ein Personal Computer (PC), von denen wiederum einige mit einem Großrechner verbunden waren. Von den 27 Dienststellen dieser Gruppe konnten 22 die vorhandenen Geräte auch für graphische Darstellungen (Geschäfts-Graphik) nutzen. Sechs Behörden hatten darüber hinaus die Beschaffung eines graphisch-interaktiven Arbeitsplatzes fest vorgesehen.

Von den mit der Landesplanung beauftragten Behörden/Institutionen arbeiteten zehn bereits mit einem graphisch-interaktiven Arbeitsplatz, zwei von ihnen testeten auch Methoden der Bildverarbeitung. (vgl. Anhang 1)

Bei der Einführung der ADV zur Unterstützung der Planer bei ihrer Arbeit sind vier Stufen unterscheidbar:

— alpha-numerische Daten-Analysen, Zugriff auf Datensammlungen/Datenbanken;

— graphische Darstellungen zur übersichtlichen Präsentation von Statistiken;

— graphisch-interaktive Arbeiten zur Führung von raumbezogenen Informationssystemen und

— Bildverarbeitung.

3.1.1 Zugriff auf Datensammlungen/Datenbanken und Unterstützung bei der alpha-numerischen Auswertung
(vgl. Kap. 1.3.2, 1.3.3, 2.2.2.2, 2.3.2)

Die ADV-Unterstützung für den Planer sollte zumindest darin bestehen, daß ihm ein Terminal (Bildschirmgerät) zur Verfügung steht, mit dem er selbständig Daten analysieren kann. Zusätzlich muß die Möglichkeit bestehen, die Ergebnisse über einen Drucker auf Listen zu schreiben. An die Stelle eines Terminals kann natürlich auch ein Personal Computer (PC) treten. Mit einem solchen Rechner, dessen Handhabung normalerweise einfacher als die eines Großrechners ist, ist der Planer allerdings hinsichtlich der Datensammlung und -verwaltung auf sich selbst angewiesen. Es ist daher vorteilhaft, den PC über eine Leitung mit einem Großrechner und dessen Datenpool zu vernetzen.

Da Planer häufig vor ad hoc zu lösende Probleme gestellt werden, sind zeitaufwendige Programmierungsaufgaben keine Hilfe. Vielmehr müssen ihm für die gängigen Statistikanalysen und zur Tabellengestaltung fertige Programmpakete bereitgestellt werden. Als Beispiel sei hier auf die bekannten Programmpakete BMDP, SAS oder SPSS[1]) hingewiesen, in deren Gebrauch man sich bei entsprechender Einweisung schnell einarbeiten kann. Sie stellen Methodenbausteine bereit sowohl für die beschreibende Statistik (ein- und mehrdimensionale Häufigkeitsverteilungen und Prüfmaße) als auch für univariate und multivariate Verfahren (verschiedene Regressionen, Varianz-, Faktor-, Diskriminanz-, Clusteranalyse u.ä.).

Um eine fundierte Problemlösung vorlegen zu können, ist der Planer auf viele unterschiedliche Daten angewiesen. Bei manueller Abwicklung seiner Arbeit muß er sich diese jeweils aus einer Vielzahl von Akten und Tabellen mühsam zusammenschreiben. Bei ADV-gestützter Arbeitsweise sammelt er die für ihn wichtigen Daten maschinenlesbar in Dateien oder Datenbanken. Er kann dann bei Bedarf die für ein Problem relevanten Daten selektieren und programmgesteuert mit statistischen Verfahren analysieren. Datenbanken haben den Vorteil, daß man darin enthaltene Daten leicht ergänzen, ändern oder löschen oder sie über verschiedene Merkmalskombinationen daraus selektieren kann. Unterschiedlich strukturierte Daten sind über gemeinsame Merkmale leicht in Verbindung zu bringen.

Damit sich das noch immer aufwendige eigene Datensammeln erübrigt, sollte der Planer – sofern in seiner Dienststelle eine statistische Datenbank geführt wird – darauf Zugriff haben und mit der Abfragesprache zur Selektion der relevanten Daten vertraut sein. Zu prüfen ist, ob ihm auch mittels Datenfernübertragung Zugriff auf externe Datenbanken aus dem Bereich der übrigen Verwaltungshierarchie, unter anderen z.B. im Statistischen Landesamt, ermöglicht werden kann.

3.1.2 Graphische Darstellungen zur übersichtlichen Präsentation von Statistiken
(vgl. Kap. 2.1.1.4, 2.2.1.4, 2.2.4.1, 2.2.4.2 und 2.3.3)

Daß ein Bild schneller und einprägsamer informiert als Tabellen mit vielen Erklärungen, braucht hier nicht weiter ausgeführt zu werden. Es war schon immer bei den Raum- und Landesplanern üblich, ihre Planungsziele durch graphische Darstellungen zu verdeutlichen.

Die üblichen Graphiken zur Präsentation von Statistiken (Histogramme, Balken-, Torten- und Kurvendiagramme, Zeitreihen u.ä.) werden generell als "Geschäftsgraphik" (Business Graphics) bezeichnet. Die dazu auf dem Softwaremarkt erhältlichen Programme enthalten meistens darüber hinaus auch Elemente der thematischen Kartographie.

Die für diese Aufgabe eingesetzten DV-Geräte müssen graphikfähig sein, d.h. die Bildschirme oder PC-Monitore müssen in einen Graphikmodus umschaltbar sein, bei dem vom Programm her jeder Bildschirmpunkt (Pixel) einzeln angesprochen werden kann. Je mehr Pixelzeilen und -spalten ein Bildschirm aufweist, desto besser ist die Darstellungsqualität und desto teurer ist die Hardware. Zusätzlich ist ein Graphik-Ausgabegerät (Graphik-Drucker, Plotter) erforderlich. Um eine bessere Ausgestaltung der Graphiken zu ermöglichen, sollten Planer Geräte einsetzen, die farbige Darstellungen (mindestens acht Farben) zulassen.

3.1.3 Graphisch-interaktive Arbeiten zur Führung von raumbezogenen Informationssystemen
(vgl. Kap. 2.2)

Graphisch-interaktives Arbeiten erlaubt die Änderung der Bildausgestaltung am Bildschirm. Davon zu unterscheiden sind quasi-interaktive Programme, die über Parametereingaben von der Tastatur gesteuert werden und nach Änderung des Parametersatzes das gesamte Bild neu aufbauen.

Bei interaktiven Systemen ist auch die Änderung der Bildgeometrie möglich. Dazu ist es erforderlich, daß dem System auch mindestens eine graphische Eingabeeinheit zur Verfügung steht. Auf dem graphikfähigen Bildschirm erscheint dabei ein meist als Fadenkreuz gestaltetes Cursorzeichen, das mit Rändelrädern, Steuerknüppel, Maus (Mouse) oder Digitalisiergerät (Digitizer) über den gesamten Bildschirm bewegt und auf jedes Pixel gestellt werden kann. Die Software stellt sicher, daß das mit dem Fadenkreuz übereinstimmende Geometrieteil des Bildes (Punkt, Linie, Fläche, Text) erkannt wird und bearbeitet werden kann (verschieben, drehen, löschen, Attribut ändern u.ä.). Wichtig ist, daß die Änderungen gespeichert werden und beim späteren Graphikaufruf wieder zur Verfügung stehen. Auf den Funktionsumfang der Software wird später noch eingegangen.

Die bisher angesprochenen Funktionen eines graphisch-interaktiven Arbeitsplatzes betreffen lediglich die Manipulationen an einem Bild. Zur Führung eines raumbezogenen Informationssystems gehört mehr. Es ist die Kombination von alpha-numerischer und graphischer Datenverarbeitung. Dabei können jedem graphischen Objekt (Bildteil mit eigener Bedeutung, das sich aus mehreren geometrischen Grundelementen zusammensetzen kann) alpha-numerische Informationen zugeordnet werden. Diese können nach graphischer Auswahl des Objekts mit Hilfe des Fadenkreuzes oder Digitalisiergeräts auf dem Bildschirm angezeigt, editiert oder zur Weiterverarbeitung bereitgestellt werden. Umgekehrt lassen sich Objekte über die Merkmalsausprägungen der zugehörigen Alpha-Informationen selektieren. Der Zugang zu der raumbezogenen Information erfolgt also entweder über graphische oder über alpha-numerische Selektion. Für die graphischen Objekte sind Verarbeitungsfunktionen erforderlich, so daß z.B. die Flächengröße berechnet, über Aggregation oder Verschneidung neue Flächen gebildet werden können.

Derartige Informationssysteme sind nicht nur geeignet, über Nutzung oder Verplanung des Raumes (z.B. Raumordnungskataster, Biotop- oder Abgrabungskataster, Gebietsentwicklungsplan) einen aktuellen Nachweis zu führen, sondern sie sind auch wirkungsvolle Hilfe bei Analysen (z.B. konkurrierende Nutzung, Umweltverträglichkeitsstudien).

3.1.4 Bildverarbeitung
(vgl. Kap. 2.1.2, 2.2.2.7, 2.2.2.8)

Wenn man heute von graphischer Datenverarbeitung spricht, dann meint man meistens die Vektorgraphik, d.h. Geraden werden im Programm durch Anfangs- und Endpunkt, Flächen durch ihre Grenzlinien festgelegt. Bei der Bildverarbeitung dagegen sind primär nur Rasterpunkte bekannt, wobei jeder Bildpunkt ein Rasterelement darstellt und nur genau eine Farb- oder Grauwertinformation tragen kann. Typische Beispiele sind (nicht analoge, sondern digitale) Luftbild- oder Satellitenscanneraufnahmen.

Bei solch einem vollständig digitalisierten Bild steht bei hinreichend hoher Scanner- und Bildschirmauflösung sowie bei genügend großem Speicherplatz nahezu die gesamte Information einer Photographie im Computer zur Verfügung. Neben der hohen Anforderung an Speicher- und Rechnerkapazität ist eine Zuordnung der auf dem Bild erkennbaren Einheiten zu bekannten graphischen Objekten, Verwaltungs- oder Planungsnetzen oder die maßstabsgerechte Überlagerung mit Vektorgraphik sehr aufwendig. In [5] werden zur Erstellung einer thematischen Karte aus Satelliteninformationen (LANDSAT) folgende acht Schritte genannt:

- visuelle Interpretation,
- Ermittlung der Satellitenbild-Geometrie,
- Auswahl von Mustergebieten und regionaltypischen Testgebieten,
- Klassifizierung der Testgebiete,
- Ausweitung der Klassifizierung auf den gesamten Untersuchungsraum,
- statistische Qualitätskontrolle,
- Bilanzierung der klassifizierten Flächen,
- geometrische Entzerrung und Umsetzung in eine thematische Karte.

Automatische Verfahren zur Erschließung des Bildinformationsgehalts sind noch nicht ausgereift. Hat man z.B. bei einem Referenzbild die einzelnen Farbwerte bestimmten Nutzungsarten, Acker- oder Grünland o.ä., zugeordnet, dann können diese Zuordnungen nicht generell auch bei anderen Bildern verwendet werden, weil sich die Farbnuancen abhängig von der Jahres- und Tageszeit sowie der Wetterlage bei der Aufnahme ändern. Die Trennschärfe zwischen den zu unterscheidenden Merkmalen ist noch zu gering. Sie wird innerhalb eines Bildes bei ca. zehn Merkmalen mit 60%—90% angegeben [5].

Trotz dieser und anderer noch nicht befriedigend gelöster Probleme sollte der Planer sich dieser Möglichkeit der Informationsgewinnung nicht verschließen. Es ist abzusehen, daß in nicht ferner Zukunft die Bildverarbeitung ein verläßliches Instrument z.B. für die Erfassung der Realnutzungskartierung, von Umweltschädigungen u.ä. sein wird.

In etlichen Forschungsinstituten und Softwarefirmen wird z.Z. mit Bildverarbeitungsverfahren experimentiert.

3.2 Funktionsumfang der Software

Es soll hier vornehmlich die graphische Datenverarbeitung betrachtet werden. Software-Anforderungen für die numerische Datenanalyse sind unter 3.1.1 kurz erwähnt worden. Wenn in den folgenden zwei Unterabschnitten der Funktionsumfang der Software aufgelistet wird, so erheben diese Zusammenstellungen nicht den Anspruch auf Vollständigkeit. Sie sind gedacht als Hilfe bei der Auswahl von Programmpaketen. Ob oder in welchem Grad einzelne Funktionen verzichtbar sind oder ob für spezielle Anwendungen Funktionen fehlen, muß der Anwender entscheiden.

3.2.1 Geschäftsgraphik

Programme für diesen Bereich der graphischen Datenverarbeitung gibt es inzwischen wohl für jeden Rechner, vom PC bis zum Mainframe. Bei der Vielzahl der am Softwaremarkt angebotenen Programme ist bei der Auswahl darauf zu achten, daß Programm, Rechner und Bildschirm zusammenpassen. Wie schon in Kap. 2.1 dargestellt, reicht es nicht aus, nur Rechnertyp und Betriebssystem (z.B. MS-DOS) zu berücksichtigen, sondern es kommt auch auf die vorhandene, zum Bildschirm passende Graphikkarte an bzw. bei Großrechnern auf die zugehörige Grundsoftware (z.B. GDDM[2]) oder GKS[3]) mit passendem Gerätetreiber).

Folgende Funktionalität wird für wichtig gehalten:

— Schrift:
  — verschiedene Schriftfonts (Softwareschrift, die auch von dem graphischen Ausgabegerät wiedergegeben werden kann),
  — wählbare Schrifthöhe und -farbe,
  — entlang einer vorgebbaren Geraden schreiben;
— Überschrift automatisch zentriert oder wahlweise frei plazierbar;
— Achsenkreuz zeichnen:
  — Länge der Achsen vorgebbar,
  — Unterteilung und Markierungen (Ticks) automatisch oder Vorgabe der Unterteilungen nach Anzahl, Minimalwert und Intervall, linear oder logarithmisch,
  — für Zeitreihen eine Achse äquidistant geteilt und Benennung mit Monats- oder Wochentagsnamen und Jahres- bzw. Monatsabschnitten,
  — Benennung zentriert, parallel zu den Achsen oder horizontal am Ende der Achsen,
  — Wahl der Farbe für Achsen und Beschriftung,
  — wahlweise y-Achse mit zwei verschiedenen Skalen;
— Linien-Graph (Abb. 31):

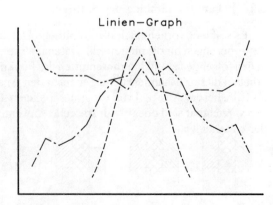

Abb. 31: Linien-Graph

- eine oder mehrere Linien in wählbaren Stricharten und Farben,
- Stützpunkte:
    - durch Geraden verbunden,
    - durch Kurven (z.B. kubische Splines) verbunden,
    - wahlweise mit Symbolen markieren;
- Gitterlinien wahlweise einfügen mit vorgebbarem Abstand,
- wahlweise Lücken für 'missing data' (z.B. für fehlende Monatswerte bei Zeitreihen);
- Punktwolke (Scattergramm Abb. 32):

Abb. 32: Scattergramm

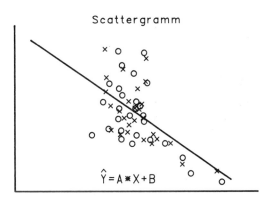

- verschiedene Punktarten mit unterschiedlichen Symbolen und/oder Farben markieren,
- wahlweise Ausgleichsgerade (lineare Regression) zeichnen evtl. mit Toleranzbereich,
- andere Ausgleichskurven bei Angabe des Werte-Vektors;
- Säulendiagramm (Abb. 33 und 34), Histogramm (Stufenkurve):

Abb. 33: Säulendiagramm　　　　　Abb. 34: Geschichtetes Säulendiagramm

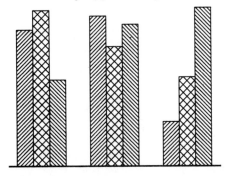
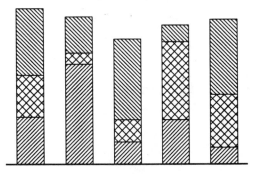

- einfache, zusammengesetzte (stacked) oder gruppierte Balken,
- wahlweise mit Angabe der Zahlenwerte,
- wahlweise mit Gitterlinien,
- Flächenfüllmuster aus einem Angebot auswählbar;
— Tortendiagramm (Pie Chart, Abb. 35):

Abb. 35: Tortendiagramme

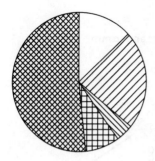
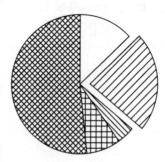

- Flächenfüllmuster aus einem Angebot auswählbar,
- einzelne Sektoren wahlweise hervorheben/herausrücken,
- wahlweise Zahlenangaben im Sektor, außerhalb oder gar nicht,
- wahlweise fester Legendenblock oder Benennung am Sektorrand;
— 3-D-Graphiken (Abb. 36 und 37):

Abb. 36: 3-D Graphik: Flächendarstellung   Abb. 37: 3-D Graphik: Säulendiagramm

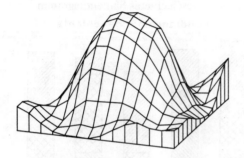
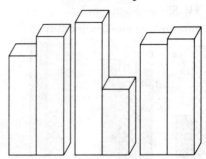

- Flächendarstellung (Surface Charts),
- Säulendarstellung,
- Isolinien (Contour Maps);
- Legende:
  - Position frei wählbar,
  - automatische Vorgabe der Diagrammsymbole;
- Aufteilen des Bildschirms bzw. der Zeichenfläche, so daß mehrere Diagramme gleichzeitig dargestellt werden können;
- Thematische Karten einfacher Art:
  - vom Anwender digitalisierte Grenzpolygone und die zugehörigen Flächennamen aus einer Datei einlesbar,
  - Farbe und Linienart der Grenzdarstellung wählbar,
  - farbige Schraffurmuster aus einem Angebot auswählbar und/oder definierbar,
  - Flächennamen und evtl. Zahlenwerte darstellen und von Schraffuren freistellen (auch bei der Ausgabeeinheit),
  - anstelle von Schraffuren Auswahl von Proportionalsymbolen (Pictogramme, Pies, Balken); bei Überlagerung Freistellung des kleineren Symbols.

Vor der Beschaffung sollte man das ausgewählte Programmpaket testen. Neben der Beurteilung, ob die angebotene Funktionalität ausreicht, spielt natürlich auch die Art der Darstellung und der Bildaufteilung eine Rolle. Die vom Programm automatisch in die Graphik eingebrachten Texte sollten in deutscher Sprache sein, einschließlich der Abkürzungen. Auch wird heute als selbstverständlich angesehen, daß Umlaute im Text zugelassen sind.

Ein wichtiges Beurteilungskriterium ist immer die Bedienungsfreundlichkeit, auch wenn es dafür nur einen subjektiven Maßstab gibt. Als besonders komfortabel werden dabei immer Programme genannt, die mit nur wenigen Anweisungen umfangreiche Tabellen oder Graphiken bereitstellen. Diese Einschätzung ist aber nur dann richtig, wenn das Ergebnis in der Methode und Ausgestaltung genau den Wünschen des Anwenders entspricht. Andernfalls muß ein Programm über Steuerparameter die Möglichkeiten bieten, Alternativen auszuwählen. Der Wunsch nach einer solchen Flexibilität schließt eine anweisungsarme Bedienung nicht aus. Das Programm muß für die Steuerung Vorgaben haben (Default-Werte), so daß nur die Parameter für die Änderungswünsche vom Anwender einzugeben sind.

3.2.2 Graphisch-interaktive Arbeiten

An den graphisch-interaktiven Arbeitsplätzen zeigt sich deutlich die schnelle Entwicklung bei der Datenverarbeitungstechnik. Durch die Einführung von leistungsstarken Mini-Rechnern und PCs hat sich in den letzten Jahren die Situation bei graphisch-interaktiven Systemen wesentlich geändert.

Bis vor wenigen Jahren war es noch selbstverständlich, daß die Software eines graphisch-interaktiven Arbeitsplatzes auf einem Großrechner ablief, da bei dieser ADV-Anwendung immer große Datenmengen anfallen und in direktem Zugriff analysiert werden müssen. Das Arbeiten mit einem Rechner ist kaum zumutbar, wenn der Mitarbeiter vor dem Gerät jeweils lange auf einen Bildaufbau oder auf eine Antwort durch die Maschine warten muß. Welche Zeit als 'zu lange' einzustufen ist, kann allerdings nur subjektiv bewertet werden. Nach einer anfänglichen Selektion der Daten und Darstellung auf dem Bildschirm sollten Änderungen, Verkleinerungen, Ausschnitte auch bei vielen (> 1000) darzustellenden Vektoren in wenigen Sekunden angezeigt werden.

Inzwischen geht der Trend bei graphisch-interaktiven Arbeitsplätzen eindeutig zu Arbeitsplatzrechnern oder 'Workstations', d.h. ein oder höchstens zwei dieser Gerätekombinationen werden an einen nur für diese Aufgabe eingesetzten PC oder Mini-Rechner angeschlossen. Die Rechnergröße hängt ab vom Programmumfang, dem erwarteten Datenvolumen und von der noch akzeptierten Wartezeit (Antwortzeitverhalten).

Wichtiger noch als die Hardware-Eigenschaften sind die Software-Funktionen, die für die interaktive Graphik bereitgestellt werden. Bei einem Vergleich von Graphik-Systemen sollte aber die entscheidende Frage nicht lauten: "was kann das System alles", sondern: "wie gut können die Anwendungen des Nutzers damit realisiert werden". Der folgende Funktionen-Katalog sollte daher in Kenntnis der beabsichtigten Anwendungen modifiziert oder gewichtet werden.

Für den Einsatz eines graphisch-interaktiven Arbeitsplatzes in der Landes- und Regionalplanung wird folgende Funktionalität empfohlen:

Systemsteuerung

— Menüdefinition und -verarbeitung,

— Bibliotheksverwaltung
(Menü-, Daten-, Geometrie-, Bildbibliothek u.a.),

— Einstellung der Toleranz (Fangradius um Fadenkreuz),

— Systemüberwachung (Statusabfragen u.ä.),

— Verwalten von Daten und Datenbank.

Bildgestaltung

— geometrische Elemente erzeugen, positionieren, verschieben, drehen (Punkt, Linie, Fläche, Text),

— Texte:

  — darstellen oder ändern in verschiedenen Schriftarten,

  — von Schraffur freistellen,

  — entlang einer Bezugslinie schreiben;

— Symbole definieren:

  — in beliebiger Lage positionieren,

- von Schraffur freistellen;
- linienbegleitende Symbole definieren und darstellen (Software lines),
- Parallelen zu einem Linienzug darstellen (bei geschlossenem Linienzug ist auch die Parallele geschlossen),
- vergrößern/verkleinern (zooming),
- Bildteile blinkend darstellen,
- Flächen:
  - Flächen mit Inseln (Enklaven) erzeugen, wobei die Enklaven selbst wieder Enklaven enthalten können (Flächen dürfen mehr als 1000 Eckpunkte haben),
  - Schraffieren mit frei wählbaren Mustern (auch z.B. Muster aus abwechselnd dünner Linie/breiter Linie oder Linie/gerissene Linie oder Randschraffur),
  - von Schraffur freigestellte Symbole und Texte,
  - Füllen mit Symbolen und Clipping der Symbole am Flächenrand.

graphische Eingabe

- Eingabemöglichkeit über Fadenkreuzsteuerung vom graphischen Bildschirm und über ein Digitalisiergerät,
- Einmessen einer Digitalisiervorlage nach wählbaren Transformationsalgorithmen (z.B. Helmert oder affin),
- neu eingegebene Punkte auf Knoten eines angebbaren Gitters ziehen,
- neue Punkte auf im Arbeitsbereich vorhandene Punkte innerhalb des Fangradius ziehen,
- neue Punkte auf den nächsten Eckpunkt einer durch den Fangbereich verlaufenden Linie ziehen,
- neuen Punkt bei kürzestem Abstand auf eine durch den Fangbereich verlaufende Linie ziehen; der neue Punkt wird ein Eckpunkt der Linie (Element auftrennen),
- Umkehrung: Aufnahme des neuen Punktes verweigern, wenn sich bereits ein Punkt und/oder eine Linie mit bestimmtem Attribut innerhalb des Fangbereichs befindet,
- Randabgleich.

Funktionen

- änderbare Darstellungsattribute der Elemente,
- Schraffurmuster und/oder Farben nachträglich ändern,
- geometrische Elemente zu Segmenten zusammenfassen,
- PICK-Funktion für Segmente,

- Segment-Editor (Modifizieren der Segmente),
- Speicherung der Segmente in verschiedenen Ebenen (Folienprinzip) mit sich überlagernder transparenter Darstellungsmöglichkeit,
- Überführen einzelner Segmente in andere Ebenen,
- Flächenalgorithmen:
    - Aggregation mit wählbarer Art der Ergebnisdarstellung,
    - Flächenverschneidung mit wählbarer Art der Ergebnisdarstellung,
    - Berechnung
        - des Flächeninhalts,
        - des Flächenumfangs,
        - des Schwerpunktes,
    - Umrechnen der vektoriellen Darstellung in Rasterflächen mit wählbarer Kantenlänge;
- Definieren und Speichern von Objekten:
    - Belegen der Objekte mit alpha-numerischen Daten, nach denen selektiert werden kann,
    - Zuordnen umfangreicher Informationsdaten, die auf Abruf (PICK auf Bildsegment des Objekts) am Bildschirm angezeigt werden;
- Führen einer graphischen Datenbank:
    - objektorientiert,
    - blattschnittfrei;
- Selektieren aus der Datenbank:
- über Objektart,
- über alpha-numerische Daten,
- über Koordinatenintervalle (Window);
- Selektionsmengen im Arbeitsbereich bilden und Mengenoperationen durchführen,
- Zugriffsmöglichkeit auf allgemeine Dateien und Datenbanken und Zuordnung der Daten über Schlüssel (Keys) zu Objekten,
- Möglichkeit, eigene Funktionen in das Programm einzubinden (User Exits),
- Erstellen von Dateien zur graphischen Ausgabe auf Vektor und Rasterplottern (neutrale Plotfiles),
- Möglichkeit, über eine exakt beschriebene Schnittstelle (Interface) objektbezogene Daten (Geometrie- und Alphadaten) mit anderen graphischen Systemen auszutauschen.

Bei der in Kap. 3.1 erwähnten Befragung haben 1986 zehn mit der Landes- und Regionalplanung befaßte Dienststellen angegeben, daß sie bereits mit einem graphisch-interaktiven Arbeitsplatz arbeiten. Im einzelnen waren dabei folgende Graphik-Systeme im Einsatz:

6 MINIKAT	der Firma AED-Süd	auf IBM-PC AT
1 ARC/INFO	der Firma ESRI	auf PRIME 9955
1 SICAD	der Firma Siemens	auf SIEMENS 7580 (3 Arbeitsplätze)
1 TEKAT	der Firma GRAS (Berlin)	auf DEC-VAX 750
1 GPG/GDBS	der Firma IBM	auf IBM 3084

(Von dem letzten Anwender ist bekannt, daß das Verfahren zugunsten des Einsatzes normierter Sprachen z.Z. umgestellt wird. Es wird jetzt auf einem Arbeitsplatzrechner BULL DPX 5000 das vom Landesvermessungsamt NRW entwickelte Programm ALK-GIAP eingesetzt, das auf GKS-2c basiert. Inzwischen ist auch das System SICAD erweitert um das Rastersystem HYGRIS.). Diese und einige weitere Systeme sind in ihren wesentlichen Komponenten in Anhang 1 dargestellt.

Alle genannten Programmpakete erfüllen einen großen Teil der oben geforderten Funktionen. Auch bei dem PC-Programmpaket MINIKAT ist eine beachtenswerte Funktionsvielfalt festzustellen, wenn auch gegenüber den 'großen' Paketen Beschränkungen hingenommen werden müssen.

Hingewiesen werden muß ausdrücklich darauf, daß die genannten und auch die anderen auf dem Softwaremarkt angebotenen Programmpakete keine fertigen Verfahren für konkrete Aufgabenstellungen bieten. Vielmehr muß auch bei ihrem Einsatz vorweg die Aufgabe genau analysiert und der Arbeitsablauf festgelegt werden. Dateien und Schlüsseltabellen sind anzulegen, und schließlich ist das Verfahren in der programmeigenen Steuersprache zu realisieren. Üblicherweise werden dabei für festumrissene Verfahren sogenannte Menüs angelegt, das sind meistens rechteckige, mehrfach in Zeilen und Spalten unterteilte Tabellen, die auf einer graphischen Eingabeeinheit (Bildschirm, Digitalisiergerät) dargestellt bzw. aufzulegen sind. Die Tabellenfelder enthalten dabei Anweisungen, die bei der graphischen Eingabe eines Punktes dieser Felder vom Programm ausgeführt werden. Diese Anweisungen oder Folgen von Anweisungen müssen vorher programmiert und dem Tabellenfeld zugeordnet worden sein. Wesentliches Kennzeichen für interaktives Arbeiten ist ja, daß ein automatisiertes Verfahren nicht nur einmal angestoßen wird und dann selbständig abläuft, sondern daß der Bediener jeweils einzelne Teilschritte ausführen läßt, wobei er in der Reihenfolge weitgehend frei ist und die Ergebnisse vorhergehender Arbeitsschritte mitberücksichtigen kann.

3.3   Überlegungen zur Hardware-Beschaffung

3.3.1 Grundsätze

Wenn man nach ersten Vorüberlegungen zu dem Ergebnis gekommen ist, daß man bestimmte Aufgaben besser DV-gestützt durchführen sollte, dann stellt sich als nächstes die Frage, ob man den von einer Maschine zu erledigenden Teil der Aufgaben in einem bestehenden Rechenzentrum (RZ) in Auftrag geben soll oder ob man sich eigene Hardware (Maschinen) beschaffen muß. Bei der Beantwortung sollten Wirtschaftlichkeit, Arbeitsablauf, Datensicherheit und zu erwartende Antwortzeiten als wichtige Kriterien berücksichtigt werden.

Der reine 'closed shop'-Betrieb, bei dem man den Rechenzentren seine Daten liefert und irgendwann die Ergebnisse auf Listen erhält, gehört längst der Vergangenheit an. Diese Art der Zusammenarbeit wird heute nur noch für große, periodisch wiederkehrende Verfahren praktiziert oder mit Anwendern, die den Rechner nur selten in Anspruch nehmen. Für den Landes-/ Regionalplaner kommt diese Auftragsvergabe nicht in Betracht, da er ständig wechselnde Probleme zu bearbeiten hat und häufig ad hoc Auswertungen aus seinen Daten benötigt.

Mehr Vorteile für beide Seiten, für den Anwender und das RZ, bringt es, wenn der Anwender sich an der Durchführung seiner Arbeit im Rechenzentrum beteiligt. Er stellt seine Daten maschinenlesbar in Dateien bereit oder selektiert sie aus Datenbanken und ruft die ihm vom RZ bereitgestellten Auswertungsprogramme auf. Die Verantwortung für die Daten bleibt beim Auftraggeber, der auch den Zeitpunkt und die Art der Verarbeitung weitgehend unabhängig festlegt. Voraussetzung für diese Form der RZ-Nutzung ist, daß dem Anwender die entsprechenden Geräte zur Verfügung stehen.

Für statistische Auswertungen und auch für graphische Darstellungen ist für den Planer kein eigener Rechner erforderlich, wenn er über Terminals (Bildschirmgeräte) preiswert mit Rechnerleistung versorgt werden kann. Eine solche Anbindung erweist sich insbesondere dann als günstig, wenn er auf dem zentralen Rechner Zugriff auf für die Planung relevante Daten hat, die in anderen Fachbereichen anfallen und von dort auch gepflegt werden.

Bei einer Ausrüstung mit Personal Computern (PCs) erhält der Anwender Unabhängigkeit von den üblichen Belastungsschwankungen eines Großrechners und auch von vielen Reglementierungen. Andererseits ist er für den Schutz und die Sicherheit seiner Daten vor Ort dann selbst verantwortlich. PCs bieten als Alternative zur Terminallösung nur dann mehr Komfort, wenn für den Planer die Konsistenz der Datenbasis mit der übrigen Verwaltung gesichert ist. (Es sei hier unterstellt, daß ihm in beiden Fällen gleich gute Analyse-Software zur Verfügung steht, wobei nicht zu übersehen ist, daß die Benutzerfreundlichkeit bei PC-Programmen z.Z. besser ist als bei großen Rechnern.) Damit der Planer nicht einen großen Teil seiner Zeit damit verbringen muß, seine Dateien zu pflegen, d.h. jeweils die neuesten Daten zu seinen vielen Beobachtungsmerkmalen und Indikatoren in Dateien aufzunehmen, wird beim Einsatz von PCs empfohlen, diese über Leitungen mit einem größeren Rechner (Host) im RZ zu verbinden.

Bei graphisch-interaktiven Arbeitsplätzen zur Führung raumbezogener Informationssysteme setzt sich mehr und mehr das Prinzip der Arbeitsplatzrechner oder Workstations durch. Für diese spezielle, im allgemeinen umfangreiche und rechenzeitintensive Anwendung wird ein gesonderter Rechner gefordert. Abhängig von dem zu bearbeitenden Datenvolumen und vom geforderten Funktionsumfang der Software liegen diese Rechner meistens in der Leistungsklasse der Supermikro- oder Mini-Rechner, also oberhalb der Klasse der PCs (AT-Kompatiblen). Mini-Rechner bringen heute eine Leistung, die noch vor wenigen Jahren Großrechnern (Mainframes) vorbehalten war. Selbstverständlich kann ein solcher Rechner neben der Bedienung des graphisch-interaktiven Arbeitsplatzes auch noch für andere Arbeiten eingesetzt werden. Auch bei Abteilungsrechnern sollte geprüft werden, ob man sie zur Anbindung an eine breitere Datenbasis und zur Speicherung/ Sicherung der graphischen Datenbank mit einem Host-Rechner vernetzen kann.

3.3.2 Ausschreibungsbedingungen

Grundsätzlich sollte die Lieferung größerer DV-Anlagen oder auch von Softwarepaketen öffentlich entsprechend der Verdingungsordnung für Leistungen (VOL/A) ausgeschrieben werden. Zur Harmonisierung des Verfahrens auf dem Weg zu einem gemeinsamen Binnenmarkt hat der Rat der Europäischen Gemeinschaften die Änderung der Richtlinie über die Koordinierung der Verfahren zur Vergabe öffentlicher Lieferaufträge (Lieferkoordinierungsrichtlinie (LKR)) verabschiedet und im Amtsblatt der Europäischen Gemeinschaften Nr. L127 vom 20.5.1988 bekanntgemacht. Die LKR ist zum 1.1.1989 in Kraft getreten. Sie ist immer anzuwenden, wenn es um Beschaffungen auf europäischer Ebene geht und wenn der geschätzte Auftragswert den Schwellenwert von 200 000 ECU ohne Mehrwertsteuer (z.Zt. 414 958 DM) überschreitet. Dabei ist es verboten, einen geplanten Auftrag in der Absicht, ihn dem Anwendungsbereich der LKR zu entziehen, aufzuteilen. Die Umsetzung der neuen LKR in deutsches Recht wird über eine Änderung der Verdingungsordnung für Leistungen erfolgen.

Die LKR gilt für Lieferaufträge über Miete, Leasing oder Kauf von Anlagen der Informationstechnik und Überlassung von Software, soweit sie von staatlichen Stellen oder Gebietskörperschaften vergeben werden. Die Regelungen stellen insbesondere eine bessere Publizität sicher (Veröffentlichung im Amtsblatt der Europäischen Gemeinschaften) und legen objektive Teilnahme- und Zuschlagskriterien fest. Neu ist, daß dem potentiellen Auftragnehmer bei Nichteinhaltung der LKR ein Klagerecht auf Schadenersatz zugestanden wird.

Soll eine Datenverarbeitungsanlage für die Belange der Planer ausgeschrieben werden, dann muß man sich vorweg die wesentlichen Anforderungen an die Anlage zusammenstellen. Die unten aufgeführte Checkliste soll dabei behilflich sein. In der Ausschreibung müssen die einzelnen Anforderungen umfassend spezifiziert werden. Es sollte aber darin kein konkretes DV-System vorgeschrieben werden, damit die Anbieter noch die Freiheit haben, aus ihrer Produktpalette eine optimale Konfiguration zusammenzustellen und anzubieten.

Fragen zur Ausschreibung
- Welche Vorschriften sind innerhalb des Geschäftsbereichs einzuhalten, um die Systemkompatibilität für die Zusammenarbeit mit anderen Fachbereichen zu sichern?
- Welche Verfahren sollen auf der DV-Anlage ablaufen?
  - Gibt es dafür fertige Programme?
    Falls ja: Sind deren Bedingungen an Hardware und Betriebssystem bekannt?
  - Sollen eigene Programme entwickelt werden?
    Welche Compiler sind dafür erforderlich?
- Wie viele Mitarbeiter sollen mit der DV-Anlage arbeiten, wie viele Bildschirmterminals sind dafür erforderlich?
- Welche Eigenschaften müssen die Bildschirmgeräte haben?
  - Alpha-numerische Anzeige, deutsche Tastatur mit Umlauten, Anzahl Zeilen und Spalten (25 / 80), Zeichenraster mindestens 9 * 14 Pixel, farbig oder monochrom;
  - graphikfähige Geräte, farbig oder monochrom, mit oder ohne Fadenkreuzsteuerung oder Maus, genügend gute Darstellungsgenauigkeit (für graphisch-interaktive Arbeiten mindestens 1024 * 768 Pixel, flimmerfrei, d.h. mindestens 60 Hz Bildfrequenz);

- Welche weiteren Peripheriegeräte sollen anschließbar sein?

  - Drucker
    Typenrad-, Matrix-, Laser- oder Tintenspritz-Drucker;
    Format (DIN A 4, DIN A 3, Endlospapier oder Einzelblatt);
    verschiedene Schriftfonts, Druckleistung;

  - Magnetplattenspeicher
    Wieviele MB (Megabyte) Speicherplatz werden benötigt?
    (Um zügiges Arbeiten zu ermöglichen, sollte der Plattenspeicherplatz großzügig geschätzt werden.)

  - Magnetbandeinheit und/oder Magnetbandkassette
    (Bei großen Datenmengen sollte zur Datensicherung und zum Datenaustausch eine Magnetbandeinheit oder -kassette zur Verfügung stehen. Für kleinere Systeme sind die Kassetten sehr bequem in der Handhabung, sie sind allerdings noch nicht normiert und eignen sich daher nur eingeschränkt zum Datenaustausch.)

  - Digitalisiergeräte
    Größe des Meßbereichs, Positioniergenauigkeit (üblich sind ± 0,1mm) Sensor mit mehreren Tasten (4, 5, 15 oder 25 Tasten)
    (ein Sensorstift ist nicht zu empfehlen);

  - Plotter (Vektor- oder Rasterplotter)
    Zeichenfläche (mindestens DIN A 1),
    Positionier- und Wiederholgenauigkeit (±0,1 mm),
    Anzahl Werkzeughalter / Farben,
    Zeichnungsträger Papier und/oder Folie,
    Einzelblatt oder Rollenware, Möglichkeit zum Gravieren,
    Einpassen von Zeichnungen in bestehende Graphiken;

  - sonstige Geräte (z.B. Graphik-Hardcopygerät, automatische Meßgeräte, Scanner u.ä.);

- Sollen bereits vorhandene Geräte angeschlossen werden können? Sind dafür besondere Schnittstellenprogramme (Interfaces/Treiber) erforderlich?

- Welche Anforderungen werden an den Rechner gestellt?

  - Hauptspeichergröße in MB;

  - ausreichend viele Anschluß-Schnittstellen für die Peripheriegeräte;

  - akzeptable Antwortzeiten, auch wenn alle angeschlossenen Bildschirmterminals gleichzeitig arbeiten;

  - Anzahl MIPS (Millionen Instruktionen pro Sekunde)[4]) oder als Maßstab die Angabe eines bekannten, vergleichbar großen bzw. schnellen Rechners;

  - Erweiterungsfähigkeit bezüglich Hauptspeicher und Plattenspeicherplatz;

  - leistungsfähiges, benutzerfreundliches und sicheres Betriebssystem (evtl. Vorgabe eines herstellerunabhängigen Systems, z.B. MS-DOS oder UNIX V);

  - Kommunikations-Software und evtl. -Hardware (Coprozessor) zur Rechnerverbindung (z.B. Datex-P, Ethernet o.ä.);

- Wird vom späteren Lieferanten die Schulung der Mitarbeiter erwartet? Maschinenbedienung, Betriebssystem, Programmiersprachen;
- Welche Programme sind vorhanden oder erreichbar, die zur Durchführung eines Vergleichstests auf den angebotenen Maschinen dienen können? (Die Programme sollten möglichst spätere Anwendungen auf der Maschine repräsentieren.)

Bei der Ausschreibung, in der alle zusammengetragenen Anforderungen aufgeführt werden, sollte man einen Sammelposten für alle Anschlußkabel, Adapter und Interfaces, die für die Funktionsfähigkeit des Gesamtsystems erforderlich sind, nicht vergessen. Die Verantwortung für die Vollständigkeit des 'Kleinkrams' liegt damit beim Auftragnehmer. Wichtig ist auch, bereits mit den Kaufpreisen die Wartungs- und Folgekosten (insbesondere bei Druckern) zu erfragen.

3.3.3 Auswertung der Angebote

Die eingehenden Angebote sind kritisch zu vergleichen. Dazu wird für die geforderten Eigenschaften der jeweilige Grad der Realisierung in den Angeboten mit Punkten bewertet. Man kann sich den Aufwand, einzelne Parameter aus den Angebots-Dokumentationen herauszusuchen, erleichtern, wenn man bereits der Ausschreibung ein vorbereitetes Formular beifügt, in das der Anbieter die gefragten Werte einträgt.

Die unterschiedliche Wertigkeit der Eigenschaften selbst ist bei der Addition der Punkte durch entsprechende Gewichtung zu berücksichtigen. Eigenschaften in den Angeboten, die zwar grundsätzlich gut verwendbar sind, aber in der Ausschreibung nicht gefordert wurden, dürfen natürlich nur mit geringem Gewicht in die Bewertung eingehen. Es ist nicht zu leugnen, daß diese Gewichtung, die oft maßgebend für die Entscheidung ist, nur subjektiv festgelegt werden kann. Man tut deshalb gut daran, sie bereits vor Eröffnung der Angebote festzulegen, um danach die Objektivität des Angebotvergleichs nicht zu beeinflussen.

Den geforderten Preis der Angebote dividiert man durch die jeweils bei der Bewertung erreichte gewichtete Punktzahl und erhält eine Maßzahl für das Preis/Leistungsverhältnis, das über den Zuschlag entscheiden sollte.

Allein auf die Versprechungen und Beteuerungen in den Verkaufsprospekten und Angeboten hin sollte man allerdings die zwar preiswerter gewordenen, aber immer noch teureren ADV-Anlagen nicht kaufen. Kleinere Maschinen sollte man sich für zwei bis vier Wochen kostenlos zur Erprobung bereitstellen lassen, falls ihre Einsatzfähigkeit bzw. das Einsatzverhalten für die vorgesehenen Aufgaben nicht bekannt ist.

3.3.4 "Benchmark"

Für größere DV-Systeme ist auf einen 'Benchmark' nicht zu verzichten. Dazu wird dem Anbieter aufgetragen, vorgegebene Programme auf der angebotenen Maschine zu implementieren und die Funktionsfähigkeit der Anlage damit nachzuweisen. Die zugehörigen Daten stellt der potentielle Käufer bereit, der dadurch selbst bestimmt, welche Komponenten der Anlage getestet werden, und auch leicht die Richtigkeit der Ergebnisse überprüfen kann. Wichtig ist, daß die Datenmenge wirklichkeitsnah ist, damit man später nicht durch Beschränkungen überrascht wird. Bei dem Vorführungstermin ist auf folgendes zu achten:

- Laufzeit der Programme;
- Richtigkeit der Ergebnisse;
- Übereinstimmung der gezeigten DV-Anlage mit dem Angebot;
- Versionsbezeichnung des verwendeten Betriebssystems, der Compiler und der Hilfsprogramme;
- Stehen die benutzten Hilfsprogramme dem Anwender später auch zur Verfügung?
- Mußten an den vorgegebenen Programmen Änderungen vorgenommen werden, um sie lauffähig zu machen oder um das Zeitverhalten zu verbessern?
- Bei Mehrplatzanlagen (multi user, multi programming): mehrere Programme gleichzeitig an den Rechner übergeben und ihr Ablaufverhalten unter dieser Bedingung erneut messen;
- Die Qualität von graphischem Output beurteilen;
- Durch Fragen ('Was ist, wenn...') und Datenänderungen sicherstellen, daß keine vorbereiteten Ergebniskonserven dupliziert werden;
- Die im Lieferumfang vorgesehene Dokumentation begutachten.

Die Demonstration soll zeigen, ob und wie gut die angebotene DV-Anlage für die beabsichtigten Anwendungen einsetzbar ist; ihre anderen guten Eigenschaften sind dabei zweitrangig. Andererseits soll die Vorführung eine gute Übersicht über die gesamte Leistungsfähigkeit der Anlage geben, aber auch über die Fähigkeit und Kompetenz des Anbieters.

Das Ergebnis des Benchmarks ist mit hohem Gewicht in die o.a. Leistungsbewertung aufzunehmen.

3.4 Organisation von ADV-Verfahren

Zur planmäßigen Durchführung neuer Aufgaben bedarf es einer genauen Vorbereitung. Je umfangreicher die Aufgabe, desto wichtiger wird es, daß jeder Arbeitsschritt vorher bedacht, daß für alle denkbaren Einzelfälle und Besonderheiten auch der richtige Arbeitsablauf festgelegt wird.

Diese ordnende Vorbereitung zur Aufgabenerledigung wird generell als 'Organisation' bezeichnet. Organisation umfaßt die Analyse der Aufgabe, Entwicklung eines Verfahrens zu ihrer Bewältigung einschließlich der Einbettung in die betriebliche Entscheidungshierarchie und der Bereitstellung der Hilfsmittel, die Einführung des Verfahrens und später die kritische Begleitung und Veränderung. Letztere sollten nicht übersehen werden. Nicht nur bei der Einführung neuer Aufgaben ist Organisation erforderlich, sondern auch zur permanenten Verbesserung und Anpassung von bestehenden Verfahren an z.B. neue technische Möglichkeiten.

Es ist hier nicht der Platz, um die Methoden der Organisation mit den einzelnen Arbeitsschritten oder Phasen

- Voruntersuchung,
- Hauptuntersuchung,
- Detailorganisation,

— Entwicklung und Test,

— Erprobung

vorzustellen. Diese sind grundsätzlich unabhängig davon, ob die ADV verwendet wird oder nicht. Datenverarbeitungsanlagen können immer nur Werkzeug bei der Lösung von Aufgaben sein. Ob dieses Hilfsmittel eingesetzt werden kann und soll, gilt es im Rahmen der Organisationsuntersuchung zu entscheiden.

3.4.1 Arbeitsteilung zwischen ADV-Abteilung und Fachbereich

Üblicherweise wird die Organisation von kompetenten Sachbearbeitern des für die jeweilige Aufgabe zuständigen Fachgebiets durchgeführt. Mit der Betriebs- bzw. Behördenstruktur liegt damit auch die Entscheidungshierarchie fest.

Bei Automationsvorhaben ist zusätzlich die ADV-Abteilung mit ihren Spezialisten gefordert, die die Analyse und Entwicklung für den zu automatisierenden Bereich des Verfahrens übernehmen. "Als Automationsvorhaben gelten Maßnahmen, die auf eine selbsttätige Erledigung von Verwaltungsaufgaben mit Hilfe von DV-Geräten, Programmen und Kommunikationsdiensten gerichtet sind" (vgl. 2.1 in [2]).

Noch bis vor etwa zehn Jahren war das Wissen über die ADV auf relativ wenige Fachleute beschränkt. Inzwischen sind Kenntnisse über die Arbeitsweise von Computern auch bei den Endnutzern weit verbreitet, sind DV-Maschinen preisgünstiger und die Möglichkeiten zur Programmsteuerung komfortabler und somit für Anwender einfacher geworden. Die Durchführung von automatisierten Verfahren kann daher jetzt im Sachgebiet des Anwenders bleiben. Ihm wird der Zugang zu Datenendgeräten (Terminals), Kleincomputern oder Arbeitsplatzrechnern ermöglicht. Voraussetzung dafür ist, daß für den Sachbearbeiter die Ablaufsteuerung der Verfahren aufgrund seiner fachlichen Kenntnisse leicht einsehbar und daher auch schnell erlernbar ist. Keineswegs dürfen ihm Programmierfertigkeiten abverlangt werden. Die ADV-Abteilung bleibt zuständig für die Software-Erstellung oder Beschaffung von Programmen zur Lösung der Automationsvorhaben, die der Anwender formuliert. Selbstverständlich orientieren sich die Vorgaben heute nahezu ausschließlich an den Sachnotwendigkeiten, auf den Programmieraufwand müssen sie weniger Rücksicht nehmen.

Das bedeutet natürlich nicht, daß die Wirtschaftlichkeit bei der Realisierung des DV-Verfahrens keine Rolle mehr spielt, sondern daß der Benutzerfreundlichkeit inzwischen ein größerer Stellenwert beigemessen wird. Die Zusammenarbeit von ADV-Abteilung und Fachbereich beginnt in der ersten Planungsphase eines neuen Verfahrens mit der Überprüfung der Automationseignung und endet erst nach Auslaufen des DV-Verfahrens. (Die Checkliste 'Automationseignung' unter Punkt 7.12.07 von [1] kann sehr hilfreich sein.)

Der spätere Anwender, nicht der Programmierer, soll die Testdaten vorgeben. Er muß sich auch der Mühe unterziehen, die Testergebnisse genau zu kontrollieren und durchzurechnen. Ein neues Verfahren kann erst als produktionsreif eingeführt werden, wenn der Anwender/ Nutzer die Freigabe für die Programme erteilt hat. Er übernimmt damit die Verantwortung für die Richtigkeit.

3.4.2 Verfahrensentwicklung

DV-Anlagen schaffen nicht aus sich heraus eine Verbesserung des Arbeitsablaufs. Die Maschinen können nur nach festen Regeln (Programmen) arbeiten, die man ihnen vorher eingegeben hat. Die Regeln, nämlich was mit welchen Daten unter welchen Bedingungen getan werden soll und wie die Ergebnisse bereitgestellt werden sollen, müssen vom Anwender aufgestellt werden. Programmierer übersetzen diese in eine für die Maschine verständliche Sprache. Bei umfangreichen Aufgaben ist dieser Vorgang sehr arbeitsaufwendig, er kann manchmal mehrere Monate oder auch Jahre dauern.

In das Regelwerk kann nicht dauernd eingegriffen werden, da Änderungen wieder zeitaufwendige Programmierung erfordern. Deshalb sind die Vorgaben genau zu durchdenken. Für alle Besonderheiten des Verfahrens, für alle Ausnahmen müssen die erforderlichen Aktionen schon bei der Planung festgelegt werden, anders als bei konventionellen Verfahren, wo über Besonderheiten jeweils entschieden werden kann, wenn sie auftreten.

An die einmal im Programm getroffenen, der Maschine eingegebenen Vereinbarungen muß man sich anschließend halten. Um das zu gewährleisten, wird für ADV-gestützte Verfahren eine gute Ablauforganisation vorausgesetzt.

Bei den folgenden Unterabschnitten wird hauptsächlich auf die Aufgaben der Anwender und nicht auf die der ADV-Abteilung eingegangen.

3.4.2.1 Datenbeschaffung und -erfassung

Bei der Entwicklung eines ADV-Verfahrens ist festzulegen, welche Eingabedaten bereitgestellt werden müssen. 'Bereitgestellt' heißt hier nicht nur, daß die Daten vollständig ermittelt und angeliefert werden, sondern auch, daß sie in einer durch das Verfahren festgelegten Form zur Verfügung stehen. Die Form beinhaltet zum einen das Format der Daten und Datensätze und zum anderen den Datenträger.

Die formgerechte Datenbeschaffung verursacht oft erheblichen Aufwand, insbesondere, wenn mehrere verschiedene Stellen Daten zu liefern haben, die dort für völlig andere Zwecke und zu unterschiedlichen Terminen ermittelt worden sind. Es empfiehlt sich dann besonders, die Merkmale, über die die Daten zusammengeführt werden sollen, genau auf Übereinstimmung der Definition und der Erhebungsgesamtheit zu überprüfen.

Sofern die Daten nicht bereits maschinenlesbar vorliegen, müssen sie zunächst erfaßt werden. Datenerfassung ist der Vorgang, bei dem die Daten auf einen maschinenlesbaren Datenträger (z.B. Magnetband, -platte, Diskette) übertragen werden und dann für die Datenverarbeitung zur Verfügung stehen.

Regelungsbedarf besteht für folgende Fragen:

— Welche Daten sind zu verarbeiten?

— Wer liefert welche Daten?
  (eigene Ermittlung / fremde Karteien oder Listen /
  bestehende Dateien eigener oder fremder Dienststellen)

— Sind periodisch aktualisierte Daten zu liefern?
  Wie kann die pünktliche Lieferung und Annahme der Daten über einen langen Zeitraum sichergestellt werden?

- Wie sollen die Daten formatiert sein?
    - Texte (maximale Zeichenanzahl),
    - Zahlen (maximale Länge und Anzahl der Dezimalstellen),
    - Schlüsselzahlen (mit oder ohne Prüfziffer)
      (Vollständiges Schlüsselverzeichnis muß vorliegen.),
    - Anordnung innerhalb eines Datensatzes,
    - Sortierfolge der Datensätze;
- Wie werden die Daten geliefert?
    - auf Papier (Listen, Erfassungsbelege, Karten, Bilder),
    - maschinenlesbare Datenträger,
    - Datenfernübertragung;
- Wie sollen die auf Papier gelieferten Daten erfaßt werden?
    - Ist die Form so, daß die Daten davon unmittelbar übernommen werden können, oder müssen sie in einem zusätzlichen Arbeitsgang zuerst auf Erfassungsbelege übertragen und evtl. noch verschlüsselt werden?
    - Unmittelbare Eingabe des Anwenders am Bildschirmgerät,
    - Erfassung durch eine Arbeitsgruppe des Rechenzentrums;
    - Ist bei Massendaten zu den jeweiligen Terminen im Rechenzentrum Erfassungskapazität vorhanden?
- Sollen Karten oder Bilder digitalisiert werden?
    - Müssen die Vorlagen noch manuell aufbereitet werden?
    - Wo stehen die Aufnahmegeräte (Digitizer, Scanner) mit den erforderlichen Programmen zur Verfügung?

3.4.2.2 Datenverarbeitung und Ergebnisdarstellung

Auch bei diesem Arbeitsabschnitt der Verfahrensentwicklung kann der Programmierer nur Mittler zwischen Anwender und Maschine sein. Die Formulierung der Anforderungen an das Programmsystem für das gewünschte Verfahren ist von ihm nicht zu erwarten.

Der Anwender/Fachbereich sollte u.a. folgende Vorgaben machen:
- Beschreibung der Ausgangssituation und der Zielsetzung des Verfahrens,
- Beschreibung, wie die vorhandenen bzw. beschaffbaren Daten bereitgestellt werden (3.4.2.1),
- relevante, im Fachbereich gebräuchliche oder in den Datenbeständen verwendete Verschlüsselungen,
- Überprüfungsmöglichkeit der Eingabedaten (Plausibilität)
  (je numerischem Merkmal gültige Intervalle der Ausprägungen / für jedes Merkmal —so-

weit möglich — (nicht-)zulässige Kombinationen mit bestimmten Ausprägungen anderer Merkmale / überprüfbare Summen oder Prüfziffern u.ä.),

— Was soll mit den Daten geschehen?
  Angaben von Bedingungen und Algorithmen (evtl. in Form von Entscheidungstabellen);

— Welche Steuerparameter sollen erst zur Laufzeit variabel angebbar sein?

— Wie häufig wird das Verfahren aufgerufen?
  (Nur bei aktuellem Anlaß oder periodisch)

— Was geschieht bei Aktualisierung der Daten?
  (alte Daten löschen oder archivieren)

— Wie häufig fallen neue Daten an?

— Wie häufig wird auf archivierte Daten zurückgegriffen?

— Wie sollen die Ergebnislisten aufbereitet werden?
  (Texte der Kopfzeilen und Vorspalten; Kontroll-Listen)

— Müssen Ergebnisse im Dialog am Bildschirm anzeigbar sein?
  (Texte der Bildschirmmasken)

— Bei Verfahren zur graphischen Darstellung:

  — Skizze der gewünschten Präsentationsgraphiken,

  — Signaturenkatalog bei Karten,

  — Legendendarstellung,

  — Größe und Format der Darstellung, Zeichnungsträger,

  — Umfang der gewünschten interaktiven Bearbeitungsmöglichkeit von Graphiken.

Bei kleinen Aufträgen an die ADV-Abteilung, für die nur ein relativ einfaches Programm zu schreiben ist, können Programmvorgaben auch mündlich abgesprochen werden. Bei umfangreichen Aufgaben empfiehlt sich jedoch immer eine — möglichst formalisierte — schriftliche Vorgabe, z.B. in Anlehnung an die 'Rahmenrichtlinien für die Gestaltung von ADV-Verfahren in der öffentlichen Verwaltung' [1].

Natürlich erübrigt auch die Schriftform der Programmvorgabe nicht die arbeitsbegleitende Diskussion des Verfahrens zwischen den ADV- und Fachspezialisten. Ein intensiver Kontakt beider Bereiche (Dialogbereitschaft) ist für eine schnelle und erfolgreiche Realisierung dringend geboten.

3.4.2.3 Kontrolle

Besonders eng muß die Zusammenarbeit während der Test- und Erprobungsphase sein, die zeigen muß, ob

  — die Software in allen Punkten den Anwenderforderungen nachkommt;

  — die Verfahrenssteuerung in den Arbeitsablauf beim Anwender paßt und ihm keine Programmierkenntnisse abverlangt;

- die Plausibilitätsprüfungen ausreichend sind, so daß durch Eingabefehler keine undefinierten Zustände oder sogar Datenverlust eintreten;
- die Fehlermeldungen hinreichend übersichtlich und verständlich sind.

Testdaten muß der Anwender bereitstellen, denn er kennt die zukünftigen echten Daten am besten und auch die möglichen Fehlerquellen. Sie müssen so vielfältig sein, daß zur Bearbeitung möglichst alle Programmzweige durchlaufen werden, andererseits auch so einfach sein, daß die Ergebnisse gut überprüfbar sind.

Damit auch während der späteren Produktionsläufe des ADV-Verfahrens weiterhin Kontrollen durchgeführt werden können, ist darauf zu achten, daß wichtige Zwischenergebnisse generell mit ausgegeben werden.

Falls später ein Fehler entdeckt wird, dann wirkt die Ausrede: 'Der Computer hat einen Fehler gemacht' dümmlich, denn wirkliche Computerfehler sind heute äußerst selten. Meistens handelt es sich um Programmier- oder Vorgabefehler, bei denen irgendeine Datenkombination nicht oder nicht richtig behandelt worden ist. Nach dem Motto 'Fehler kann jeder machen, aber der Kontrolleur muß sie finden' übernimmt der Anwender nach Abschluß der Testphase mit der Programmfreigabe die Verantwortung für die Richtigkeit des Verfahrens. Das sollte ihm hinreichende Motivation auch für verfahrensbegleitende Kontrollen sein.

3.4.2.4 Verfahrens-Dokumentation

Die Dokumentation hat das Ziel, das eingeführte Verfahren transparent zu machen. Sie soll Dritten die Prüfung auf Vollständigkeit und Richtigkeit erleichtern, aber auch — nicht zuletzt in Anbetracht der großen Personalfluktuation — anderen Mitarbeitern die Einarbeitung in das automatisierte Verfahren ermöglichen.

Zum einen müssen in der Dokumentation die angewendeten Methoden und Algorithmen beschrieben und evtl. auch begründet werden, zum anderen ist die Software mit den zugehörigen Dateien und Datenstrukturen zu beschreiben. Genau wie bei der Verfahrensentwicklung sind auch mit der Dokumentation zwei Gruppen angesprochen, nämlich die Anwender und die Programmierer. Entsprechend gehören zur Dokumentation:

- ein Programmhandbuch,
- ein Anwenderhandbuch, evtl. mit einem gesonderten Bedienerhandbuch.

Das Programmhandbuch enthält alle Angaben, die für den Programmierer von Bedeutung sind, z.B. Ablaufplan (Datenflußplan), Aufgabenbeschreibung für jedes Teilprogramm, Datensatzbeschreibung für alle Dateien, Programm-Listen, Maschinen-Steuerbefehle (Job Control), Test-Ergebnislisten, Fehlerlisten, Schlüsselverzeichnisse.

Das Anwenderhandbuch soll den Nutzer in die Lage versetzen, die ihm zur Verfügung gestellte Software selbständig einzusetzen. Er benötigt neben der Aufgabenbeschreibung genaue Angaben darüber, welche Daten er in welcher Form (Datenerfassungsvorschrift) bereitstellen muß, Angaben über die Steuerungsmöglichkeiten des Verfahrens und die zugehörigen Parameter, Schlüsselverzeichnisse, Abkürzungen, Datensicherungsmaßnahmen, Fehlermeldungen mit möglichen Reaktionen u.ä.

Selbstverständlich überschneiden sich die Handbücher in Teilen inhaltlich, Teile der Programmvorgaben fließen darin ein. Bei den für den Anwender bestimmten Erläuterungen muß darauf geachtet werden, daß sie nicht mit ADV-spezifischen Ausdrücken gespickt sind und daß Beispiele aus dem jeweiligen Fach- bzw. Anwendungsgebiet stammen.

3.4.2.5 Vorkehrungen für den Fall einer Gerätestörung

Bei der Entwicklung und Einführung von ADV-Verfahren wird leicht übersehen, daß an DV-Geräten Störungen auftreten können, wodurch sie kurzfristig ausfallen oder im Katastrophenfall (z.B. Feuer) zerstört werden. Immer wieder kommt es vor, daß Programme oder Datenbestände vernichtet werden. Braucht doch bei den schnellaufenden Magnetplatten nur einmal der darüber schwebende Schreib-/Lesekopf die Platte zu berühren, ein Knick in einem Magnetband genügt, daß die an dieser Stelle gespeicherten Dateien nicht mehr gelesen werden können.

Es ist daher notwendig, sich vor Verlust von Programmen und Daten zu schützen. In welchem Maße das geschieht, hängt davon ab, wie lange man evtl. auf die Einsatzfähigkeit des Rechners warten kann oder wie schwierig und kostspielig es ist, die Daten von anderer Stelle wieder zu beschaffen. Im Zweifel muß man selbst für eine derartige Wiederbeschaffungsstelle sorgen, indem man in regelmäßigen zeitlichen Abständen die aktuellen Programme und/oder Daten kopiert. Die Kopien sind außerhalb der Maschine z.B. auf Magnetbändern oder Disketten zu verwahren, evtl. in etwas größeren Zeitabständen zusätzlich in andere Gebäude auszulagern.

Bei ADV-Verfahren, die ständig einsatzbereit sein müssen, bei denen also keine oder nur geringe Wartezeiten in Kauf genommen werden können, ist zu prüfen, ob ein gleichartiger Computer als Ausweichanlage mit den Programmen zur Verfügung gehalten werden kann, auf den dann kurzzeitig auch die aktuellen Daten hinterlegt werden müssen.

Auch wenn man sich damit nicht hundertprozentig vor Verlust schützen kann, machen diese Maßnahmen den Aufwand in den meisten Störfällen erträglich. Die Datensicherung ist daher in den vorgeschriebenen Arbeitsablauf fest einzubinden. Der Einhaltung dieser Vorschriften sollte durch stichprobenartige Kontrollen bei den zuständigen Mitarbeitern Nachdruck verliehen werden. Für Verfahren, die auf Großrechnern ablaufen, kann die Sicherung auf das Personal des Rechenzentrums (z.B. Operating oder Arbeitsvorbereitung) delegiert werden.

3.4.3 Personalbedarf und -ausbildung

Mit der Planung eines DV-Verfahrens muß auch der mit ihm verbundene Personalbedarf geplant werden. Auch wenn jeder Aufgabenbereich gesondert zu beurteilen ist, die Tätigkeitsmerkmale schwer abgrenzbar sind und die Entwicklung schnell fortschreitet, sind doch folgende Grundfragen zu beachten:

— Wie viele Mitarbeiter sind erforderlich?
— Welche Qualifikation müssen die Mitarbeiter haben?
  (Systemprogrammierer, Programmierer, Bediener mit Sachkenntnissen, Sachbearbeiter

(z.B. Kartographen, Vermessungstechniker, technische Zeichner o.ä.) mit ADV-Kenntnissen, sonstige)
- Wann müssen die Mitarbeiter zur Verfügung stehen und für welche Zeit?
(zur Verfahrensentwicklung, zum Einführungstermin, nach einer vorgegebenen Anlaufzeit des Verfahrens)
- Woher sind die Mitarbeiter zu holen?
  - aus dem Bestand;
    haben sie noch Kapazität frei oder müssen ihre bisherigen Aufgaben umverteilt werden?
  - evtl. externes Personal von Beratungs- oder Softwarefirmen für bestimmte Entwicklungsaufgaben;
  - vom Arbeitsmarkt (Neueinstellungen);
    sind neue Mitarbeiter mit der gesuchten Qualifikation zu finden und mit welcher Einarbeitungszeit ist zu rechnen?
- Werden umgekehrt durch das neue DV-Verfahren Arbeitskräfte freigesetzt?
  Wie viele und was soll mit ihnen geschehen?
- Wie sind die erforderlichen Mitarbeiter zu bezahlen?
  Welche Tarif- bzw. Besoldungsgruppe? Sind die Stellen vorhanden bzw. ist die Finanzierung gesichert?
- Müssen noch Grund- oder erweiterte DV-Kenntnisse vermittelt werden?
- Sind die Sachbearbeiter motiviert für den Einsatz eines DV-gestützten Verfahrens?

Mit der letzten Frage sind generell eventuelle Probleme der Akzeptanz zu bedenken, insbesondere, wenn durch das einzuführende Verfahren in der bestehenden Arbeits- und Zuständigkeitsverteilung Verschiebungen auftreten oder wenn das Wissensmonopol eines Sachbearbeiters dadurch gebrochen wird.

Wichtig ist vor der Einführung neuer Verfahren (mit neuer Technologie), daß die Mitarbeiter intensiv geschult werden. Diese Schulung ist auf den zukünftigen Aufgabenbereich abzustellen. Es muß nicht jeder Mitarbeiter alle Details kennen, aber er soll neben der genauen Kenntnis seiner Aufgaben über das Ziel des Verfahrens, den Verfahrensablauf und die generelle Funktionsweise der technischen Hilfsmittel informiert sein. Technik, die nicht beherrscht wird, findet keine Akzeptanz. Häufige Fehlbedienungen sind die Folge.

Wegen der stürmischen Entwicklung der ADV kommt nicht nur der Ausbildung, sondern auch einer Weiterbildung große Bedeutung zu. Grundsätzlich ist davon auszugehen, daß das Spezialwissen auf diesem Gebiet nach drei Jahren zu 50 Prozent veraltet ist. Es muß daher durch Weiterbildung ständig auf dem neuesten Stand gehalten werden.

Auch die Vorgesetzten in einer Verwaltungseinheit bzw. Planungsgruppe, die nicht unmittelbar mit den technischen Geräten umgehen, müssen sich mit der neuen DV-Technologie auseinandersetzen. Von ihren Impulsen lebt die Gruppe, sie sind verantwortlich für ihre Leistungsfähigkeit. Sie sollten daher die vielfältigen Möglichkeiten der neuen Technologie erkennen und beurteilen können.

3.4.4 Raumbedarf

Die Planung des Raumbedarfs wird häufig bei der DV-Einführung vernachlässigt.

Es ist sicher richtig, daß bei der Beschaffung eines Bildschirmgeräts kein gesonderter Raum vorgesehen werden muß. Es paßt auf einen Schreibtisch. Das gilt bei einem PC schon nur noch eingeschränkt. Sein eingebauter Ventilator verursacht ein Geräusch, das durch evtl. eingebaute zusätzliche Plattenlaufwerke verstärkt wird. Wird ein Matrix-Drucker angeschlossen, dann sind die Geräusche schon erheblich. Sie werden zwar meistens von dem Mitarbeiter, der gerade mit dem Gerät arbeitet, gar nicht als störend empfunden, aber von einem anderen im selben Raum ist konzentrierte Denkarbeit dann kaum noch zu erwarten.

Für einen Abteilungsrechner ist normalerweise ein getrennter Raum vorzusehen. Die Angabe der Hersteller: 'Für Büroumgebung geeignet' heißt nicht, daß die Maschine ohne weiteres in ein Büro gestellt werden kann. Im Gegensatz zu früheren Maschinen mit vergleichbarer Leistung braucht sie keine gesonderte Klimaanlage. Die Laufgeräusche und Wärmeabgabe sind aber genau zu überprüfen. Auch die Unruhe ist zu berücksichtigen, die dadurch entsteht, daß verschiedene Mitarbeiter Disketten oder Magnetbänder montieren oder Listen vom Drucker abholen wollen.

Auch Plotter, insbesondere Stiftplotter, arbeiten nicht geräuschlos. Sofern man sich nicht auf Geräte mit Zeichenflächen bis DIN A 3 beschränkt, die wohl nur für Präsentationsgraphik gut geeignet sind, dann ist bezüglich Raumbedarf und -ausstattung an die erforderliche Vorratshaltung von großformatigem Papier zu denken und an Ablageflächen zur Nachbearbeitung von Zeichnungen.

Bei der Verteilung der an den Rechner anzuschließenden Peripherie (Bildschirmgeräte, Drucker, Plotter, Digitalisiergeräte u.ä.) auf die verschiedenen Räume sollte auf die vorhandene oder notwendige Verkabelung Rücksicht genommen werden. Die zu den Abteilungsrechnern gehörigen Computer sind meistens mit seriellen Schnittstellen (RS232- bzw. V.24- Schnittstellen) ausgerüstet. An diese können periphere Geräte bis zu einer Entfernung von ca. 30 m angeschlossen werden. Bei größeren Entfernungen müssen Zusatzeinrichtungen (Leitungsverstärker, Modems o.ä.) beschafft werden.

Ob für den Raum, in dem die DV-Anlage untergebracht wird, besondere Sicherheitsvorkehrungen getroffen werden müssen, hängt von den zu speichernden Daten ab (vgl. 3.6.1).

3.5 Wirtschaftlichkeit

Vor der Einführung eines neuen ADV-Verfahrens steht immer die Frage nach der Wirtschaftlichkeit: "Lohnt sich die Einführung?"

Diese Frage ist oft nicht einfach zu beantworten. Kosten und Nutzen des neuen ADV-Verfahrens müssen dafür mit dem bestehenden oder einem alternativen (evtl. manuellen) Verfahren verglichen werden.

Zunächst wird man die Kosten zusammenstellen, getrennt nach einmaligen Kosten (Investitionen, Entwicklungskosten, Schulung) und laufenden Kosten, die beim Einsatz des Verfahrens anfallen. Zu letzteren gehören Kosten für Personal, Material, Energie, Programm-Lizenzen, Maschinen-Wartung oder -Miete. Sie werden für die erkennbare Laufzeit des Verfahrens oder für einen festzulegenden Zeitraum von zwei bis fünf Jahren kalkuliert.

Die Entwicklungskosten zu ermitteln, stößt normalerweise auf deutlich größere Schwierigkeiten. Sie enthalten bei ADV-Verfahren im wesentlichen Personalkosten, die selbstverständlich nur geschätzt werden können. Bewertet werden einzelne kleine Teileinheiten (Module) des Verfahrens nach erforderlichem Personal und voraussichtlicher Entwicklungsdauer. Bei der Summation der Kosten für alle Module hebt sich mit gewisser Wahrscheinlichkeit ein Teil der Schätzfehler gegenseitig auf. Üblicherweise wird der Nachweis für die Wirtschaftlichkeit eines Verfahrens allerdings spätestens mit der Hauptuntersuchung verlangt, zu einem Zeitpunkt also, zu dem der Detaillierungsgrad der Planung noch sehr grob ist. Folglich ist der geschätzte Aufwand noch sehr unsicher.

Bei den Entwicklungskosten ist nicht nur an die Programmierung oder Einarbeitung in Fremdprogramme zu denken, sondern auch an den Aufwand für Änderungen im Arbeitsablauf, Entwurf und Beschaffung von Formularen, Anfertigung von Arbeitsanweisungen u.ä.

Weitere Probleme ergeben sich beim zweiten Teil der Wirtschaftlichkeitsuntersuchung, beim Aufzeigen des Nutzens. Führt z.B. bei einem Produktionsprozeß die Einführung eines Computers zur Steuerung und Überwachung einer Maschine zu einer Produktivitätssteigerung der Gesamtanlage, dann läßt sich der Nutzen relativ leicht betragsmäßig angeben. Verfahrensbewertungen, bei denen der Nutzen betragsmäßig den Kosten gegenübergestellt werden kann, bezeichnet man als Kosten-Nutzen-Analyse.

Anders verhält es sich bei Verfahren zur Unterstützung der Verwaltung oder des Planers. Hier ist der Nutzen meistens nur qualitativ und nicht quantitativ faßbar. Wie sollte z.B. betragsmäßig ausgedrückt werden, daß aus Datensammlungen Informationen zu einem aktuellen Problem in wenigen Minuten listenmäßig bereitgestellt werden können, statt erst nach Tagen, oder daß aus einmal gespeicherten Karteninhalten in deutlich verkürzter Zeit Ausschnitte in geändertem Maßstab und/oder nach ausgewählten Inhalten gezeichnet vorliegen können?

Um dennoch auch hier alternative Verfahren bewerten zu können, bietet sich die Nutzwert-Analyse an. (Ihre Anwendung zur Beurteilung verschiedener Angebote wurde bereits in 3.3.2 skizziert.) Dabei werden die Nutzenarten zusammengestellt und entsprechend ihrer Wichtigkeit mit Gewichten (Faktoren) versehen. Es empfiehlt sich, auf die Bewertung einige Mühe zu verwenden und insbesondere darauf zu achten, daß die Gewichte zwischen den Nutzen in angemessener Relation stehen. Die 'Wichtigkeit' eines Nutzens für einen Planer oder auch für eine Dienststelle kann selbstverständlich nur subjektiv bewertet werden. Das Gewichtungsschema sollte daher dem Entscheidungsträger offengelegt werden.

3.6 Rechtliche Aspekte

3.6.1 Datenschutz

Der Datenschutz hat heute bei der Beurteilung der Datenverarbeitungsanwendungen einen hohen Stellenwert, nicht zuletzt aufgrund der breiten Diskussion um das Volkszählungsgesetz und der dazu ergangenen Entscheidung des Bundesverfassungsgerichts aus dem Jahre 1983. Grundlage für die rechtliche Regelung sind das Bundesdatenschutzgesetz (BDSG)[5] und die in allen Bundesländern erlassenen Landesdatenschutzgesetze, die in einigen Teilen unterschiedliche Bestimmungen enthalten.

"Aufgabe des Datenschutzes ist es, durch den Schutz personenbezogener Daten vor Mißbrauch bei ihrer Speicherung, Übermittlung, Veränderung und Löschung (Datenverarbeitung) der Beeinträchtigung schutzwürdiger Belange der Betroffenen entgegenzuwirken" (§1 BDSG). Geschützt werden danach nur in Dateien gespeicherte personenbezogene Daten, d.s. 'Einzelangaben über persönliche und sachliche Verhältnisse einer bestimmten oder bestimmbaren natürlichen Person' (§2 BDSG). Diskutiert wird, ob es ausreicht, nur Daten in Dateien zu schützen. Das Land Nordrhein-Westfalen hat mit dem Gesetz zur Fortentwicklung des Datenschutzes (GFD NRW)[6]) den Schutz personenbezogener Daten im Öffentlichen Bereich jetzt auch auf Akten und Karteien ausgedehnt.

Datenschutzgesetze und Bundesstatistikgesetz (statistische Geheimhaltung) machen dem Planer häufig Kopfzerbrechen bei der Beschaffung aussagefähiger Daten für beabsichtigte Analysen. Die Statistischen Ämter dürfen nur Daten liefern, die so stark zusammengefaßt sind, daß sie nicht mehr mit Einzelpersonen oder -unternehmen in Bezug gebracht werden können. Sie haben in den von ihnen bereitgestellten Tabellen z.B. alle Zahlen geheimzuhalten, die sich aus den Werten von weniger als drei Berichtenden zusammensetzen. Da Tabellen normalerweise auch Zeilen- und Spaltensummen enthalten, die als höhere Aggregationsstufe möglichst nicht geheim gehalten werden sollen, müssen im Tabellenkörper weitere Werte für die Veröffentlichung gesperrt werden, damit die geheimen Werte nicht mittels der Summen durch Subtraktion errechnet werden können. Das hat zur Folge, daß tiefgegliederte Tabellen oft nur noch sehr eingeschränkt verwendbar sind und der Planer mit höheren Aggregationsstufen vorliebnehmen muß.

Andererseits hat auch der Planer Verantwortung für die bei seiner Arbeit anfallenden und zu speichernden Daten. Die leichtere Datenverwaltung und -analyse aufgrund der Automatisierung in seinem Bereich und die zukünftigen geographischen Informationssysteme sollten ihn nicht zur Datensammelleidenschaft verleiten. Bei jedem zu speichernden Merkmal hat man sich Rechenschaft zu geben, wozu die Daten benötigt werden. Wenn auch bei der Landes- und Regionalplanung wohl keine schützenswerten Daten anfallen, so fließen doch bei Fachplanungen (z.B. Fachplanung Umwelt, Bauleitplanung, Raumordnungsverfahren) häufig Daten über Einzelunternehmen oder -personen in die Untersuchung ein. Im Falle einer Speicherung/Archivierung derartiger Daten ist dafür zu sorgen, daß sie vor unberechtigtem Gebrauch sicher sind.

In den Datenschutzgesetzen sind zur Sicherstellung des Schutzes bei den datenverarbeitenden Stellen technische und organisatorische Maßnahmen gefordert (vgl. Anlage zu §6 BDSG oder §10 GFD NRW):

— Unbefugten den Zugang zur DV-Anlage verwehren;

— verhindern, daß Daten aus Speichern bzw. von Datenträgern unbefugt gelesen, kopiert, geändert oder gelöscht werden oder daß Datenträger (z.B. Disketten, Magnetbänder, Akten) entwendet werden;

— verhindern, daß DV-Anlagen über Einrichtung der Datenübertragung (DÜ) unbefugt benutzt werden;

— gewährleisten, daß die zur Benutzung einer DV-Anlage Berechtigten nur auf die Daten zugreifen können, für die sie zugelassen sind;

— gewährleisten, daß nachträglich festgestellt werden kann, welche Daten wann an wen übermittelt worden sind und welche Daten wann von wem in die DV-Anlage eingegeben worden sind;

- gewährleisten, daß Datenträger beim Transport nicht entwendet oder unbefugt benutzt werden.

Die Maßnahmen sind umgekehrt auch dazu geeignet, die erforderliche Geheimhaltung der eigenen Daten zu sichern. Es kann nicht im Interesse des Planers liegen, wenn z.B. seine noch nicht abgestimmten Planungsideen, deren Auswirkung er mit Hilfe des Informationssystems erst analysieren will, vorzeitig bekannt würden.

Von Außenstehenden werden die erforderlichen organisatorischen Maßnahmen manchmal als umständlich und als Bürokratismus belächelt. Dennoch sollte man selbst bei nicht-personenbezogenen Daten prüfen, welche Schutzvorkehrungen zu treffen sind, insbesondere falls die eigene DV-Anlage Teil eines Rechnernetzes ist, auf das auch Dritte über öffentliche Leitungen (z.B. DATEX-P) zugreifen können.

3.6.2 Mitbestimmung

Im Bundespersonalvertretungsgesetz (BPersG) von 1972 und in den entsprechenden Ländergesetzen sind die Beteiligungsrechte des Personalrats — abgestuft nach Mitbestimmung, Mitwirkung und Anhörung/Unterrichtung — (z.T. unterschiedlich) festgelegt.

Der Personalrat (PR) bestimmt mit bei der Einführung neuer Technologien, soweit damit das Verhalten oder die Leistung der Beschäftigten überwacht werden können (§75, Abs.3 BPersG). Da es nicht darauf ankommt, ob Verhalten und Leistung überwacht werden sollen, sondern nur darauf, daß derartiges möglich ist, unterliegt die Beschaffung von DV-Anlagen in der Verwaltung regelmäßig der Mitbestimmung. Schon bei der Planung der Einführung von DV-Systemen hat der PR neben seinem allgemeinen Informations- und Beratungsrecht ein Recht auf Beteiligung, da es sich dabei auch um die Planung von Arbeitsverfahren und um die Gestaltung von Arbeitsplätzen handelt. Entsprechendes gilt bei wesentlicher Ausweitung der mit Hilfe von ADV zu bearbeitenden Aufgaben.

Um eine konstruktive Zusammenarbeit zwischen dem Behörden- bzw. Dienststellenleiter und dem PR zu ermöglichen, sollte daher die Personalvertretung schon sehr frühzeitig eingeschaltet und umfassend informiert werden. Ein Spiel mit offenen Karten hilft in vielen Fällen eine Konfrontation mit dem PR zu vermeiden. Dazu gehört z.B.auch, daß Vertretern des PR bei der Einführung neuer Techniken die Möglichkeit gegeben wird, an Fortbildungsmaßnahmen teilzunehmen, so daß der PR auf hinreichend fundiertem Kenntnisstand entscheiden kann.

Um das Abstimmungsverfahren zu beschleunigen, empfiehlt es sich, mit dem PR eine Vereinbarung über den Informationsumfang von Zustimmungsanträgen zu treffen. Auf den folgenden Seiten ist ein Beispiel dafür aus dem Ministerium für Umwelt, Raumordnung und Landwirtschaft NRW wiedergegeben (Stand: 15. Mai 1987):

Gliederung zum Antrag auf Zustimmung zur Beschaffung von DV-Geräten

1. Referat:

2. ADV-Anwender:

3. Beschreibung der zu erledigenden Aufgaben:

4. Beschreibung der DV-Anlage:
— Hardware:
— Software:
— Verbund
    — extern:
    — intern:

5. Vorgesehene Ausstattung
— des Arbeitsraumes:
— des Arbeitsplatzes:

6. Sicherheitsanforderungen
— Datenschutz:
— Datensicherung:

7. Arbeitsverfahren und Arbeitsablauf:

8. Auswirkungen auf die Arbeitsinhalte:

9. Personalangelegenheiten
— Besetzung des Arbeitsplatzes:
— (Änderung der) Qualitätsanforderungen und tarifliche Eingruppierung:
— Einweisung, Einarbeitung, Fortbildung:

Name des Bedieners: Datum:

Standort: Hausruf:

Prüfliste für Bildschirmarbeitsplätze

	1. Arbeitstisch, Stuhl und Fußstütze	ja	nein
1.1	Ist der Tisch höhenverstellbar zwischen 680 und 760 mm?	○	○
1.2	Ist unterhalb des Bildschirm-Arbeitstisches genügender Beinraum (mindestens 580 mm breit)?	○	○
1.3	Ist die Arbeitsplatte ausreichend bemessen? (900 mm tief und wenn handschriftliche Eintragungen vorgenommen werden müssen mindestens 1200 mm breit)	○	○
1.4	Die Tischplatte besitzt eine nichtglänzende Oberfläche.	○	○
1.5	Die Anforderungen an Standsicherheit sind erfüllt.	○	○
1.6	Die höhenverstellbaren Drehstühle sowie erforderlichenfalls Fußstützen entsprechen den Festlegungen der „Sicherheitsregeln für Büro-Arbeitsplätze".	○	○

	2. Bildschirme	ja	nein
2.1	Ist der Bildschirm so ausgeführt, daß Reflexionen und Spiegelungen weitgehend vermieden werden?	○	○
2.2	Sind die Helligkeit und der Kontrast einstellbar und veränderbar?	○	○
2.3	Sind die Zeichen am Bildschirm deutlich zu unterscheiden (z. B. S und 5, U und V)?	○	○
2.4	Ist die Darstellung am Bildschirm flimmerfrei?	○	○
2.5	Ist der Bildschirm verstellbar?	○	○

	3. Tastatur	ja	nein
3.1	Kann die Tastatur getrennt vom Bildschirm aufgestellt und umgestellt werden?	○	○
3.2	Ist der Glanzgrad der Tastatur höchstens halbmatt bis seidenmatt?	○	○
3.3	Sind die Tasten übersichtlich angeordnet?	○	○
3.4	Sind die Tasten an der Oberfläche konkav?	○	○
3.5	Sind wesentliche Funktionstasten mit einer besonderen Sicherung zu bedienen?	○	○
3.6	Die Bauhöhe der mittleren Buchstabentastenreihe überschreitet 30 mm nicht?	○	○

Prüfliste für Bildschirmarbeitsplätze
Stand: 15. Mai 1987

Seite 2

		ja	nein
4.	**Beleg/Beleghalter (falls erforderlich)**		
4.1	Ist eine leichte Lesbarkeit der Arbeitsvorlagen gewährleistet (falls eine Einflußnahme auf die Vorlagengestaltung möglich ist)?	○	○
4.2	Ist die Größe des Vorlagenhalters für die verwendeten Vorlagen ausreichend?	○	○
4.3	Ist eine Neigungsverstellung möglich?	○	○
5.	**Lärm, Software**	**ja**	**nein**
5.1	Werden unangenehme Geräusche vermieden (erforderlichenfalls durch Schallschluckhaube)?	○	○
5.2	Entspricht die Anzahl und Art der Funktionstasten den Anforderungen der Aufgabe?	○	○
5.3	Können Funktionstasten auch vom Benutzer definiert und verändert werden?	○	○
5.4	Werden besondere Belastungen durch überlange Antwortzeiten des Systems vermieden?	○	○
5.5	Die statischen Aufladungen liegen im Bereich der vom Hersteller vorgegebenen Grenzen.	○	○
5.6	Es wird verhindert, daß der Bediener der Zugluft des Lüfters ausgesetzt ist.	○	○
6.	**Gesundheitsvorsorge**	**ja**	**nein**
6.1	Wird vor Aufnahme der Tätigkeit eine ärztliche Untersuchung der Augen durchgeführt?	○	○
6.2	Finden Nachuntersuchungen nach 3 Jahren oder bei gegebener Veranlassung statt?	○	○
7.	**Einweisung/Tätigkeit**	**ja**	**nein**
7.1	Werden die Mitarbeiter vor dem Einsatz auf einem Bildschirmarbeitsplatz rechtzeitig und umfassend eingewiesen?	○	○
7.2	Werden die Mitarbeiter mit der ergonomischen Anpassung und Handhabung der Arbeitsmittel vertraut gemacht?	○	○
7.3	Wird ausreichend Zeit zur Einarbeitung gegeben?	○	○
7.4	Ist es möglich und organisatorisch zweckmäßig, die Bildschirmarbeit mit anderen Arbeiten zu mischen?	○	○
8.	**Sonstiges**	**ja**	**nein**
8.1	Eine Leistungserfassung mittels der eingesetzten Geräte zum Zwecke der individuellen Leistungskontrolle findet nicht statt?	○	○
8.2	Liegt die Zustimmung des Mitarbeiters zum erstmaligen Einsatz vor, wenn er das 55. Lebensjahr vollendet hat?	○	○

3.6.3 Vertragsgestaltung

Bei Kauf- oder Mietverträgen ist es selbstverständlich, daß die zugesicherten Eigenschaften des Vertragsobjekts schriftlich festgelegt werden. Schon weniger selbstverständlich ist, daß auch festgelegt wird, wie lange und in welcher Form der Auftraggeber die Funktionsfähigkeit testet, welche Rechte er bei fehlerhafter Lieferung hat usw.

Auf vertragsrechtliche Besonderheiten bei der Beschaffung und Nutzung von Software muß ausdrücklich hingewiesen werden: Durch die Beschaffung von Software wird nicht ein Gegenstand, sondern ein Nutzungsrecht (Lizenz) erworben. Mit dem Kauf eines Programms geht in der Regel nicht das Eigentum auf den Käufer über, sondern dieser erwirbt das Recht, den mit der Programmierung verbundenen geistigen Inhalt vertragsgemäß zu nutzen. Damit scheidet die Möglichkeit der nicht vertraglich zugestandenen Vervielfältigung oder der entgeltlichen oder unentgeltlichen Weitergabe der Software aus.

Soweit der Anwender nicht selbst programmiert, kann er Software kaufen (im o.a. Sinne), mieten oder in seinem Auftrag programmieren lassen. Bei Kauf oder Miete richten sich die Preise meistens nach der Anzahl der potentiellen Nutzer, d.h. der Preis für ein Programm, das auf einem Großrechner eingesetzt werden soll, übersteigt den für den Einsatz auf einem PC verlangten Preis um ein Mehrfaches. Software-Miete lohnt sich nur, wenn die Nutzung nur für kurze Zeit vorgesehen ist und daher die Summe der Mieten geringer als der Kaufpreis ist. Vorteilhaft bei Miete ist, daß für die Mietsache über die Dauer der Mietzeit Gewährleistung besteht, die im Falle des Kaufs über einen Software-Pflegevertrag nur zusätzlich erworben werden kann.

Bei im Auftrag erstellter Software muß in dem Auftrag die Art des Nutzungsrechts genau festgelegt werden. Keineswegs selbstverständlich ist das Recht des Auftraggebers zur uneingeschränkten Verfügung (z.B. Weiterverkauf) oder das Urheberrecht des Auftragnehmers zur anderweitigen Verwertung.

Bei Gewährleistungsfragen ist zu prüfen, ob Kaufrecht oder das Recht aus Werkvertrag anzuwenden ist. Bei Standardprogrammen gilt normalerweise das Recht aus Kaufverträgen. Dabei beginnt die sechsmonatige Gewährleistungspflicht bereits mit der Übergabe und Einweisung in das Programm. Der Käufer trägt von diesem Zeitpunkt an die Beweislast für das Vorliegen von Fehlern. An einen Schadensersatzanspruch wegen eines Programmfehlers stellt die Rechtsprechung sehr hohe Anforderungen. Nach Werkvertragsrecht ist der Auftraggeber etwas besser gestellt, da es danach auf die ausdrückliche Billigung des Programms ankommt und er bei verschuldeten Fehlern auch Schadensersatz erhalten kann. Die Gewährleistung kann in diesem Fall bis zu dreißig Jahre (allgem. Schuldrecht) betragen.

Alle Anbieter von ADV-Hardware oder -Software haben ihre eigenen Lieferbedingungen, wobei ihnen nicht zu verdenken ist, daß sie darin vor allem ihre eigenen Rechte ausgefeilt formuliert haben und nicht die der Auftraggeber. Nicht zuletzt die hohen Kosten für die Anschaffung von DV-Anlagen und die Bestimmung des § 55 BHO/LHO (Bundes-/Landeshaushaltsordnung), beim Abschluß von Verträgen nach einheitlichen Richtlinien zu verfahren, führte 1970 zur Einrichtung eines Arbeitskreises beim Bundesinnenminister unter Beteiligung der Länder und des kommunalen Bereichs, der Grundsätze für die Beschaffung und den Betrieb von DV-Anlagen ausarbeiten sollte. Ziel der Beratungen und der Verhandlungen mit den Interessenverbänden der Auftragnehmerseite war und ist es bis heute, besondere Vertragsbedingungen für den ADV-Bereich zu schaffen, die auch die Belange der Öffentlichen Auftraggeber berücksichtigen. Sie sind ausgewogen und ermöglichen die Vergleichbarkeit von Angeboten.

Seit längerer Zeit sind Besondere Vertragsbedingungen (BVB) für Miete, Kauf und Wartung von DV-Anlagen sowie für Software-Überlassung, -Pflege und -Erstellung eingeführt. BVB für die Planung von DV-Aufgaben wurden erst 1988 veröffentlicht.

Die Anwendung der BVB ist in der Bundesverwaltung und ebenso in einigen Länderverwaltungen vorgeschrieben. Von ihnen darf nur abgewichen werden, wenn besonders gelagerte Umstände dies rechtfertigen, z.B. bei einer Verwendung im Bereich Lehre und Forschung, bei Pilot-Installationen oder im Verteidigungsbereich. Die übrigen Länder und die Kommunen haben jeweils für ihren Bereich mehr oder weniger verbindliche Empfehlungen für die Anwendung ausgesprochen.

Die einzelnen Vertragsparteien decken folgende Geschäftsvorfälle ab:

− **BVB-Miete**
 Die BVB-Miete gelten für die Miete von DV-Anlagen und -Geräten, für die Überlassung der zugehörigen Grundsoftware (Betriebssysteme, Compiler u.ä.) und für übrige Software, sofern sie gleichzeitig mit den Geräten überlassen wird. Außerdem werden Wartung der Mietgeräte und sonstige Leistungen (z.B. Schulung, Beratung) geregelt.

− **BVB-Kauf**
 Die BVB-Kauf gelten für den Kauf von DV-Geräten, sonst wie unter BVB-Miete beschrieben, für die Wartung jedoch nur während der Gewährleistungsfrist.

− **BVB-Wartung**
 Diese BVB gelten für die Wartung von DV-Anlagen und -Geräten und andere vereinbarte Leistungen, die im Zusammenhang mit der Wartung stehen. Sie gelten nicht für die Pflege von Programmen. Der Auftragnehmer, bei dem die Geräte nach BVB-Kauf beschafft worden sind, ist zum Abschluß eines BVB-Wartungsvertrags verpflichtet, wenn ihm die Absicht bis drei Monate vor Beginn der Wartungsleistung mitgeteilt wird.

− **BVB-Überlassung**
 Die BVB-Überlassung gelten für die Überlassung von Programmen für DV-Anlagen einschließlich der Herbeiführung ihrer Funktionsfähigkeit auf bestimmten Anlagen.

− **BVB-Erstellung**
 Zur Software-Erstellung gehört die Erstellung des DV-technischen Feinkonzepts, die Programmierung und das Herbeiführen der Funktionsfähigkeit auf bestimmten Anlagen sowie Dokumentation und evtl. Schulung, Beratung oder Verfahrenstest. Die BVB-Erstellung kommen auch für umfangreiche Anpassungen überlassener Programme in Betracht.

− **BVB-Pflege**
 Sie gelten für die Pflege von Programmen. Es besteht die Verpflichtung zum Abschluß eines Vertrages, wenn der Auftragnehmer das Programm nach BVB überlassen oder erstellt hat.

− **BVB-Planung**
 Die BVB-Planung gelten für vorbereitende Arbeiten zum Grobkonzept, die Erarbeitung des Grobkonzepts selbst, die Erarbeitung des fachlichen Feinkonzepts sowie ggf. für andere damit zusammenhängende Leistungen.

Die Vertragstexte sind veröffentlicht im Gemeinsamen Ministerialblatt des Bundes und im Bundesanzeiger:

BVB-Art	GMBl	BANZ
Miete	Nr. 3, 2. 2. 1973	Nr. 23, 2. 2. 73, Beilage 2/73
Kauf	Nr. 19, 25. 7. 1974	Nr. 135, 25. 7. 74, Beilage 15/74
Wartung	Nr. 19, 25. 7. 1974	Nr. 135, 25. 7. 74, Beilage 15/74
Überlassung	Nr. 28, 22. 11. 1977	Nr. 216, 19. 11. 77, Beilage 26/77
Pflege	Nr. 35, 21. 12. 1979	Nr. 239, 21. 12. 79, Beilage 41/79
Erstellung	Nr. 3, 21. 1. 1986	Nr. 18, 28. 1. 86, Beilage 13a/86
Planung	Nr. 30, 21. 11. 1988	Nr. 227, 6. 12. 88, Beilage 227a

Anmerkungen

[1]) Die PC-Versionen der genannten Programmpakete laufen auf IBM-kompatiblen Rechnern unter dem Betriebssystem MS-DOS. Die Versionen für größere Rechner sind auf einige Typen beschränkt.
[2]) Graphik-Software der Firma IBM.
[3]) Graphisches Kernsystem (GKS) — normierte Graphik-Software (DIN 66252).
[4]) Diese früher häufig zum Leistungsvergleich herangezogene Maßzahl ist nur für bauähnliche Maschinen aussagefähig, da nicht festgelegt ist, was eine Instruktion beinhaltet.
[5]) BDSG vom 27. 1. 77, BGBl I S. 201; Änderung vom 18. 8. 80, BGBl I S. 1469.
[6]) GFD vom 15. 3. 88, Gesetz- und Verordnungsblatt NRW, Nr. 15/1988.

Literatur

Rahmenrichtlinien für die Gestaltung von ADV-Verfahren in der öffentlichen Verwaltung
Herausgegeben vom Kooperationsausschuß Bund, Länder Kommunaler Bereich (Koop/ADV), 1981
Zu beziehen beim Landesamt für Datenverarbeitung und Statistik NW, Postfach 1105, 4000 Düsseldorf

Richtlinien für die automatisierte Datenverarbeitung des Landes — Automationsrichtlinien NW — Ministerialblatt für das Land NRW — Nr.29 vom 24. 4. 1986

Geiger/Schneider: Der Umgang mit Computern — Möglichkeiten und Probleme ihres Einsatzes
Herausgegeben von Bayerische Landeszentrale für politische Bildungsarbeit, München 1985

P. Stahlknecht: Einführung in die Wirtschaftsinformatik
Heidelberger Taschenbücher, Bd. 231
Springer Verlag, Berlin Heidelberg New York Tokyo 1983

W. Hassenpflug/W. Fink u.a.: Landnutzungskartierung nach Satellitendaten
Beiträge der Akademie für Raumforschung und Landesplanung
Band 92, Curt R. Vincentz Verlag, Hannover 1987

Auernhammer: Bundesdatenschutzgesetz, Kommentar
Köln u.a. 1977

Gallwas/Schweinoch: Datenschutzrecht
Stuttgart u.a. 1978

Ordemann/Schomerus: Bundesdatenschutzgesetz (2. Auflage)
München 1978

Zahrnt, Ch.: Verdingungsordnung für Computerleistungen
Teil 1 (BVB-Miete, -Kauf, -Wartung)
Teil 2 (BVB-Überlassung, -Pflege)
EDV und Recht, Band 11, J.Schweitzer Verlag, Berlin

Sneed, H.M.: Software-Testen. Stand der Technik
In: Informatik Spektrum, Band 11, Heft 6, Dezember 1988

Gerken, Wolfgang: Systemanalyse — Entwurf und Auswahl von DV-Anwendersystemen
Addison-Wesley, Bonn 1988

Zangemeister, Christof: Nutzwertanalyse in der Systemtechnik
Wittemannsche Buchhandlung, München 1971

Daenzer, Walter F. (Hrsg): Systems Engineering — Leitfaden zur methodischen Durchführung umfangreicher Planungsvorhaben
Peter Hanstein Verlag, Köln 1976

Wedekind, Hartmut: Systemanalyse — Die Entwicklung von Anwendungssystemen für Datenverarbeitungsanlagen
Carl Hanser Verlag, München 1973

Nagel, Kurt: Fachabteilung und DV Organisation
Science Research Associates (SRA), Stuttgart 1977

Dworatschek, S.: Grundlagen der Datenverarbeitung
W. de Gruyter, Berlin 1986 (7. Auflage)

Heilmann, H. und W.: Strukturierte Systemplanung und Systementwicklung
Forkel-Verlag, Stuttgart, Wiesbaden 1979

Institut für Photogrammetrie und Fernerkundung der TH Karlsruhe (Hrsg.): Geo-Informationssysteme in der öffentlichen Verwaltung
Vorträge eines Seminars vom 29. 2.–4. 3. 1988, Band A bis Band D

4. Glossar zur graphischen DV

Akustik-Koppler/Acoustic Coupler
relativ langsames → Modem für Datenübertragung über das Telefon.
(Kap. 2.2.2.2)

Algorithmus
Berechnungsverfahren zur Lösung einer Klasse gleichartiger Probleme. Kann für ein Problem ein A. gebildet werden, so kann es auch für einen Rechner programmiert werden.
(Kap. 3.4.2)

ALK-GIAP
(= **G**raphisch-**I**nteraktiver **A**rbeits-**P**latz f. d. Automatisierte Liegenschaftskarte), Software des Landesvermessungsamtes Nordrhein-Westfalen auf → GKS-Basis für Anwendungen der Liegenschaftskarte und andere 2-dimensionale Graphik.

ARC-INFO
Software für ein geographisches Informationssystem (→ GIS) der Fa. Esri, läuft auf → Minirechnern, → Workstations und → PCs.

Artificial Intelligence (AI) → Künstliche Intelligenz (KI).

ASCII-Code
(= **A**merican **S**tandards **C**ommittee for **I**nformation **I**nterchange-Code), auf allen PCs und den meisten anderen Rechnern eingesetzter normierter Code zur Verschlüsselung von Zeichen in → Bytes. In einer siebenstelligen Binärzahl (daher auch 7-Bit-Code) werden alle Zeichen und Buchstaben in → Bits abgelegt. Zur Darstellung von nationalen Sonderzeichen werden mehr als die zur Verfügung stehenden 128 (2 hoch 7) Zeichen benötigt. Heute wird daher weitgehend "Extended ASCII-Code" mit 256 Zeichen im Vorrat eingesetzt (8-Bit-Code).

ATKIS
(= **A**mtliches **T**opographisch-**K**artographisches **I**nformationssystem), Projekt der Vermessungsverwaltungen zur Umsetzung der Topographischen Karten (v.a. der TK 25) in ein digitales Landschafts- und Kartographiemodell (→ DLM). Auf lange Sicht soll es die analog geführten Topographischen Karten ersetzen.

Attribut(e)
Alphanumerischer Beschreibungsteil eines → Objektes oder → Objektteiles.

Auflösung/Resolution
Aufteilung eines Bildschirminhaltes, eines Drucker- oder Plotterbildes in einzelne → Bildpunkte. Je höher die Zahl der Bildpunkte, desto feiner ist die Darstellung. Gute Graphik-Bildschirme haben z.Z. eine A. von 1024 x 1280 Bildpunkten.
(Kap. 2.1.1.3 und 2.2.4.2.2)

Automatisierte Liegenschaftskarte (ALK)
Projekt der Vermessungsverwaltungen zur DV-gestützten Führung der Katasterkarten.

Baud/Baudrate
Dimension für die Geschwindigkeit einer Datenübertragung in → Bits pro Sekunde (BPS). Zwei miteinander kommunizierende Systeme müssen sich der gleichen Baudrate bedienen.

Benchmark Test
Leistungstest für Hard- oder Software (oder das Zusammenspiel von beiden) nach anwenderbezogenen festen Vorgaben. Dient v.a. der Vergleichbarkeit von Verarbeitungsgeschwindigkeiten.
(Kap. 3.3.4)

Benutzeroberfläche
i. a. an die Bedürfnisse und Funktionen eines Benutzers angepaßte Menü – oder Maskensteuerung zur Führung bei der Eingabe der Steuerungsparameter.
(Kap. 1.4.5)

Betriebssystem
Software zum Betrieb eines Rechners, Grundvoraussetzung für den Betrieb. B'e sind z.T. firmen- oder rechnerspezifisch (z.B. BS2000, MVS, VMS), für → PCs und Minirechner auch allgemein einsetzbar (z.B. → MS-DOS, → UNIX).
(Kap. 2.3.1.3.1, 3.2.1.3 und 3.3.2)

Bildmustererkennung
Konzept der automatischen Erkennung und Identifikation von Objekten im Bild.

Bildplatte (CD-ROM, CD-WORM)
Massenspeicher mit sehr dichter Speicherung. Das Verfahren beruht auf der "Compact Disc" aus dem Audio-Bereich. Die Platte kann z.Z. nur einmal (CD-WORM, 'Write Once, Read Multiple') oder nur vom Hersteller (CD-ROM, 'Read-Only Memory') beschrieben werden.
Einsatz für die Haltung sehr großer, sich nicht weiter verändernder Datenbestände (Archive etc.).
Eine CD-RAM (Random-Access Memory), also ein immer wieder beschreibbarer Massenspeicher in der CD-Technologie, wird gerade auf den Markt gebracht.
(Kap. 2.2.3.2)

Bildpunkt/Pixel
Picture Element, der kleinste einzeln ansteuerbare Punkt auf einem graphischen Bildschirm oder graphikfähigen Drucker.
(Kap. 2.1.2 und 2.2.2.7)

Bildschirm/Display
Ausgabegerät des Rechners für interaktive Arbeiten, inzwischen neben der Kathodenstrahlröhre (wie beim Fernseher) weitere Techniken: Plasma-B'e und Flüssigkristall-(LCD)B'e.
B'e sind in den unterschiedlichsten Leistungsstufen je nach Einsatzbereich vorhanden.
Für die graphische DV werden heute fast ausschließlich Raster-B'e mit monochromer oder Farbdarstellung verwendet. Die → Auflösung erreicht, je nach Hersteller und Anschluß (→ Graphikadapter), mehr als eine Million → Bildpunkte.

Bildschirm-Kopie/Hardcopy
Kopie des sichtbaren Bildschirminhalts auf einem Ausgabegerät, zur permanenten Darstellung auf Papier oder Film (→ Hardcopy-Unit).

Bildverarbeitung
Veränderung oder Auswertung von Bildern per Computer.
(Kap. 3.1.4)

Binärdateien
Dateien in der rechnerinternen Bit-Darstellung.

Bit
Abkürzung für Binary Digit/Binärzahl (hat nur die Ausprägung 0 oder 1), kleinste Informationseinheit im Rechner.

Bitbreite → CPU

Block, Datenblock
Datenmenge, die bei einem → sequentiellen Schreib- oder Lesevorgang in einem Arbeitsgang bearbeitet wird.

BPI
(= **B**its **P**er **I**nch), Schreibdichte eines Magnetbandes, gebräuchlich sind bei Spulenmagnetbändern z.Z. 1600 und 6250 bpi.

BPS → Baud

Bus
interner Übertragungsweg für Informationen innerhalb eines Rechners, seine Leistungsfähigkeit (Schnelligkeit der Datenübertragung) beeinflußt entscheidend die Verarbeitungsgeschwindigkeit des Rechners. Die Busbreite sollte der Bitbreite (→ CPU) entsprechen; liegt sie darunter, wird der Rechner nicht in seiner möglichen Leistungsfähigkeit ausgenutzt.
(Kap. 2.1.1.6 und 2.2.1.3)

Business Graphics → Geschäftsgraphik

Byte
Das Byte (Gruppe von 8 → Bits) ist die kleinste adressierbare Speichereinheit im Rechner. Bei den gängigen Kodierungen (→ ASCII-Code oder → EBCDIC) kann ein Zeichen je Byte gespeichert werden.

Cache-Memory → Pufferspeicher

CAD
(= **C**omputer **A**ided **D**esign), Entwurf und Zeichnung (v.a. von Konstruktionszeichnungen) am interaktiven Graphik-Arbeitsplatz.

CalComp-Format
Datenformat zum Ansteuern von Vektorplottern (→ Plotter) der Fa. CalComp, sehr weit verbreitete Plotter-Programmierschnittstelle auch für Geräte anderer Hersteller.

Cartridge → Datenträger

CD-ROM, CD-WORM → Bildplatte

Centronics-Schnittstelle
Anschluß für einen Drucker an eine → Schnittstelle, über die alle Bits eines Zeichens gleichzeitig ('parallel') übertragen werden; De-facto-Standard für Drucker-Anschlüsse im PC-Bereich.

CGA, (= **C**olour-**G**raphics-**A**dapter) → Graphik-Adapter

CGM
(= **C**omputer **G**raphics **M**etafile), ISO-Standard (ISO 8632-1:1987) für den Austausch von Graphik-Dateien.

Character string
Folge alphanumerischer Zeichen.

CHOROS
BfLR-Programm für den Entwurf und die Darstellung thematischer Karten am Bildschirm und auf dem Plotter.

Clipping
Entfernen aller Teile einer graphischen Darstellung außerhalb eines vorgegebenen Grenzpolygons.

CMY, (= **C**yan, **M**agenta, **Y**ellow) → Farbmodelle

Code → ASCII-Code u. EBCDIC

Compiler
Programm zur Übersetzung eines in einer höheren Programmiersprache geschriebenen Programms in die Maschinensprache des jeweiligen → Prozessors.
(Kap. 2.3.2.2)

Computer Animation
Erzeugung (dreidimensionaler) dynamisch veränderbarer Bilder.

Computerunterstützte Kartographie/Computer Assisted Cartography
Digitale Verarbeitung kartographischer Daten, auch Mapping genannt.

CPU
(= **C**entral **P**rocessing **U**nit), zentrale Verarbeitungseinheit eines Rechners, die auch als Prozessor oder Mikroprozessor bezeichnet wird. Bei → PCs sind heute 8-Bit-CPU, 16-Bit-CPU (PC-AT) und 32-Bit-CPU (PC-386) im Einsatz. Bei → Minirechnern finden sich ausschließlich CPU der 32-Bit-Klasse, Großrechner beruhen auf einer Technik mit mehreren, gleichzeitig arbeitenden CPU.
(Kap. 2.1.1.2 und 2.2.1.3)

Cursor
am graphischen Bildschirm als Pfeil oder Fadenkreuz dargestellte Aufforderung zur interaktiven Eingabe, → Pick. Am alphanumerischen Bildschirm meist als blinkendes Feld oder Unterstreichung wiedergegeben; bezeichnet den Punkt des Bildschirms, an dem die nächste Eingabe erwartet wird.
(Kap. 3.1.3)

Data Base → Datenbank

Datei/File
Eine Datei ist eine Sammlung von Daten, die ohne Rücksicht auf die Art der Speicherung durch automatische Verfahren ausgewertet werden kann.

Datenbank, Datenbanksystem, DB (= **D**ata **B**ase)
Kombination von Programmen zur Dateiverwaltung und den Dateien selbst. Durch eine DB-eigene Programmiersprache werden bedingtes Suchen und Bereitstellen von in der DB gespeicherten Daten (Retrieval) zur Weiterverarbeitung ermöglicht.
(Kap. 2.3.2)

Datenblock → Block

Datenfeld, Feld
kleinster, einzeln auswertbarer Teil einer → Datei; enthält bestimmte Teilinformationen, die von anderen abzugrenzen sind (z.B. Namensfeld in der Personaldatei).

Datenfernübertragung, DFÜ
Datenübertragung zwischen Rechnern unter Einschaltung von Postleitungen, z.B. → DATEX-L und → DATEX-P.
(Kap. 2.1.1)

Datensatz, Record
Informationseinheit einer Datei, D'e bestehen aus → Datenfeldern, die die eigentliche Information enthalten. Die Länge der D'e kann variabel oder fest sein, je nach den Programmen, die die Dateien benutzen sollen.

Datenträger
Speichermedien zur dauerhaften Aufzeichnung von Daten; Magnetplatten, Magnetbänder, Streamer-Cassetten (Cartridges) und Disketten, aber auch z.B. Karteikarten oder Listen.
(Kap. 2.1.1.2 und 2.2.3)

DATEX-L
Postnetz zur Datenfernübertragung auf der Basis der Leitungsvermittlung; Gebühr auf Zeitbasis, daher u.U. teuer.

DATEX-P
Postnetz zur Datenfernübertragung, überträgt Daten 'paketweise' (daher "P"); entfernungsunabhängige Gebühr auf Basis der Datenmenge, nutzt die Leitungen besser aus, da sie von mehreren Teilnehmern genutzt werden können, ist u.U. preisgünstiger als DATEX-L.

DB → Datenbank

Desktop Publishing (DTP)
Konzept der integrierten Druckvorlagenerstellung (Graphik und Text) am Bildschirm mit anschließender Ausgabe über einen → Laser-Drucker.

Desktop Mapping (DTM)
analog zu → Desktop Publishing die komplette Kartenerstellung am Bildschirm und Ausgabe über einen → Plotter.

DFÜ → Datenfernübertragung

Digitales Höhenmodell, DHM, DEM, DGM, DTM
auch als Digital Elevation Model, Digitales Geländemodell oder Digital Terrain Model bezeichnet. Digitale Speicherung der Höhenwerte zur dreidimensionalen Darstellung der Erdoberfläche und als Berechnungsgrundlage.

Digitale Bildverarbeitung/Digital Image Processing
v. a. Rasterdatenverarbeitung zur Auswertung digitaler Daten, z.B. aus den Bereichen Fernerkundung und Photogrammetrie.
In der Kartographie Verarbeitung von mit dem → Scanner erfaßten Karten, deren Auswertung und digitale Bereinigung.

Digitale Karte
in → Vektor- oder → Raster-Form erfaßte und gespeicherte Karte mit den für die erneute analoge Ausgabe nötigen Informationen zu Symbolen und Schriften, jedoch nicht zwingend mit Sachdaten zu den graphischen Elementen versehen.

Digitalisieren
engl., digit = Ziffer, Erfassung von analogen Daten (z.B. Linien einer Karte mit einem → Digitizer zur Weiterverarbeitung mit einem Rechner. Dies kann manuell oder (halb-)automatisch erfolgen, dabei werden die für die Darstellung der Daten relevanten Bildelemente in Zahlen-/Koordinatenwerte umgesetzt.
Bei manueller Erfassung mit einem (Vektor-)Digitizer können den graphischen Elementen Sachinformationen angehängt werden.
Eine vollständig automatische Erfassung ist z.Z. nur mit einem → Scanner möglich, der die Graphik in Rasterpixel umsetzt. Hier ist meist anschließend eine Nachbearbeitung und z.T. auch eine Vektorisierung notwendig.
(Kap. 1.4.2, 1.4.5, 1.5.2, 2.1.1.1 und 2.2.2.5)

Digitalisiergerät/Digitizer
Gerät zur Erfassung digitaler Daten von analogen Vorlagen (z.B. Karten).
(Kap. 2.2.2.5)

Diskette
Magnetischer Datenträger aus flexiblem Kunststoff mit 5,25 oder 3,5 Zoll Durchmesser, sie werden v.a. bei → PCs eingesetzt.
Eine 5,25-Zoll Diskette kann je nach PC-Rechnertyp 360 KB bis 1,2 MB Daten speichern. Die 3,5-Zoll-Diskette verfügt über 720 KB oder 1,44 MB Speicherkapazität.
(Kap. 2.1.1.2 und 2.2.3.1)

Display → Bildschirm

DKM
(= **D**igitales **K**artographisches **M**odell), Bestandteil von → ATKIS. Für jeden dort vorgesehenen Maßstab muß in einem DKM ein Zeichenschlüssel zur Erstellung einer analogen Kartenausgabe vorgehalten werden.

DLM
(= **D**igitales **L**andschafts-**M**odell), Bestandteil von → ATKIS. Das DLM besteht aus einem Digitalen Situationsmodell (→ DSM) und einem → Digitalen Höhenmodell und dient als Datenbank aller topographisch bedeutenden Teile eines Kartenausschnittes. Es enthält keine Information zur analogen Ausgabe der Daten, → DKM.

DPI
(= **D**ots **P**er **I**nch), Anzahl der Bildpunkte pro Zoll einer Graphik bei der Ausgabe über Matrixdrucker (→ Drukker) oder Rasterplotter (→ Plotter), dient als Maß für die → Auflösung.

Dreidimensionale Graphik, 3-D-Graphik
Darstellung von Objekten auf dem Bildschirm, die neben den x- und y-Koordinaten auch über eine z-(Höhen)Koordinate verfügen. Projektion eines räumlichen Objektes auf eine Zeichenfläche nach dem Draht-, Flächen- oder Volumen-Modell.

Drive → Laufwerk

Driver, device driver → Treiber

Drucker
Laserdrucker
Schneller und geräuscharmer Drucker zur Erzeugung hochauflösender Graphiken und Texte in Laser-Technik, druckt eine ganze Seite auf einmal.
Matrixdrucker
Drucker, dessen Schreibkopf aus Nadeln, die in Matrix- (oder Raster-) Form angeordnet sind, besteht. M. sind relativ schnell, laut und erzeugen ein mittelmäßiges Schriftbild, sind jedoch in der Lage, Graphiken zu erzeugen.
Thermodrucker
Die T. lösen Pigmente durch Wärmeeinwirkung von einer Trägerfolie und drücken sie auf das Papier. Sie sind langsam, recht teuer im Materialverbrauch, aber sehr leise.
Tintenstrahldrucker
benutzt ein Verfahren, um Tinte mittels feiner Düsen aufs Papier zu bringen. Die T. sind recht langsam, aber weitgehend geräuschlos.
Typenraddrucker
weitgehend aus dem Bereich der DV-Anwendungen verschwundener, schreibmaschinenähnlicher Drucker. Ein Schriftartwechsel ist nur durch Wechsel des Typenrades möglich, Die T. haben keine Möglichkeit, Graphikzeichen zu drucken. Das Schriftbild ist sehr deutlich.
Zeilendrucker
schneller Drucker, bei dem alle Zeichen einer Zeile von einer Druckkette zu Papier gebracht werden.
(Kap. 2.2.4.1)

DSM
(= **D**igitales **S**ituations**m**odell), ATKIS-Bestandteil, speichert Landschaftsobjekte, wie z.B. Verkehrswege, Grenzen, Gewässer, Vegetation.

EBCDIC
(= **E**xtended **B**inary **C**oded **D**ecimal **I**nterchange **C**ode), Code zur Verschlüsselung von Zeichen auf einer 8-Bit-Ebene, wird ausschließlich auf Großrechnern eingesetzt.

EDBS
(= **E**inheitliche **D**atenbank**s**chnittstelle), in der Entwicklung befindliche Schnittstelle für den Dateizugriff auf → ALK-Datenbank-Strukturen.

Edge → Kante

Editieren/Editing
interaktive Bearbeitung einer alphanumerischen Datei am Bildschirm. In der graphischen DV die Bearbeitung einer Karte oder Graphik am Graphik-Bildschirm.

Editor
Programm zum → Editieren von Dateien oder Graphiken.

EGA, (= **E**nhanced **G**raphics **A**dapter) → Graphik-Adapter

Eingabemaske → Maske

Ethernet
schnelle Kabelverbindung zwischen mehreren Rechnern in einem LAN (→ Netzwerk), die maximale Übertragungsgeschwindigkeit beträgt 10 MB/sec. Die beteiligten Rechner werden über das dazugehörige Protokoll (die Kommunikationssoftware) miteinander synchronisiert.
(Kap. 3.3.2)

Expertensysteme
Programme zur Erhebung und Verwertung des gesammelten Wissens von Experten. Dieses Wissen wird formalisiert nach speziellen Regeln verarbeitet (→ Künstliche Intelligenz).
(Kap. 2.3.1.3.4)

Fadenkreuz
Anzeige auf dem Bildschirm zur interaktiven Eingabe graphischer Daten, → Prompt.

Farbauszug-Scanner
→ Scanner der Reprographik, gewonnene Information kann nicht in der graphischen DV weiterverarbeitet werden.

Farbmodelle
Die Farbgraphik-Bildschirme arbeiten hauptsächlich mit den folgenden vier Farbmodellen:
HLS (Hue, Lightness, Saturation): Beschreibung von Farben durch ihren Ton, Helligkeitswert und Sättigungsgrad. Die Farben Rot, Gelb, Grün, Cyan, Blau und Magenta liegen in unterschiedlichen Tönungen vor (Hue), die Farbintensität (Lightness, Intensity) ist für starke oder schwache Farben charakteristisch, und der Weißanteil ist für den Sättigungsgrad verantwortlich.
RGB (Red, Green, Blue): Beschreibung von Farben auf der Basis der additiven Farbmischung der drei Grundfarben Rot, Grün und Blau.
CMY (Cyan, Magenta, Yellow): Beschreibung von Farben auf der Basis der substraktiven Farbmischung der drei Grundfarben Blau, Rot und Gelb, wird v.a. bei → Plottern und im Offsetdruck verwendet.
HVC (Hue, Value, Chroma): Ähnlich dem Farbmodell HLS, soll dem Farbempfinden näher kommen als die anderen Modelle.

Farbtabelle/Colour Lookup Table
vom Benutzer veränderbare Codetabelle der Farbzusammensetzung nach dem jeweiligen Farbmodell.

Fenster/Window
Ausschnitt aus einer Zeichnungsdatei auf einem Bildschirm oder Plotter, → Clipping und → Zoom. Programm, um den Bildschirm in mehrere Ausschnitte aufzuteilen, die sich auch überlagern dürfen. Jeder Bildschirmausschnitt (Fenster) fungiert quasi als eigener Bildschirm, so daß mehrere Programme gleichzeitig (→ Multi-Tasking-Betrieb) ablaufen können.

Festplatte → Datenträger

File → Datei

Firmware
zur Hardware gehörende, vom Anwender nicht veränderbare Software, die die → CPU oder ein → Peripheriegerät lokal steuert.

Flächen-Identifikationspunkt
Punkt zur Identifikation der Lage und Größe eines Flächenobjektes.

Floppy-Disk → Diskette

Folie/Layer
vergleichbar den Deckfolien einer Karte werden Objekte nach Sachzusammenhängen in Gruppen zusammengefaßt.

Font
Schriftart für Graphik-Bildschirme, Plotter oder Drucker. Die F's sind entweder fest vorgegeben oder frei anwählbar und manchmal auch vom Anwender noch zu verändern. Meist sind die F's als Vektoren in F.-Bibliotheken abgelegt, je nach Kompliziertheit können sie die graphische Ausgabe von Texten stark verzögern.
(Kap. 3.2.1)

Format
Informationsstruktur von Daten und Datenträgern, durch Konvention festgelegte Form der Daten und ihrer Speicherung.

GB
(= Gigabyte), ca. 1 Milliarde Byte oder 1024 MB.

Generator
Programm, mit dem andere Programme oder Daten erzeugt werden.

Geographisches Informationssystem, GIS
vereint graphische Software zur Erfassung, Bearbeitung und Verwaltung von Karten und raumbezogenen Daten mit einem Datenbanksystem. Mit dem GIS werden topographische und andere graphische Daten zusammen mit raumbezogenen Sachdaten gespeichert und verwaltet. Eine Selektion ist sowohl von der Graphik wie von der Sachdatenseite aus möglich.
(Kap. 2.2.1.5 und 3.1.3)

Geschäftsgraphik/Business Graphics
veranschaulichende Darstellung statistischer Daten als Diagramm oder Kartogramm.
(Kap. 3.1.2 und 3.2.1)

Gigadisk
Massenspeicher für Daten in Laser-Technik, z.Z. bis zu 3 GB Speichervolumen.

GIS → Geographisches Informationssystem

GKS
(= **G**raphisches **K**ernsystem), genormte (DIN 66252, ISO 7942, ANSI x3.124-1985 und weitgehend geräteunabhängige Graphik-Software zum → Digitalisieren, → Editieren und → Zeichnen von → Raster- und → Vektor-Graphik.
GKS stellt mit einer Vielzahl von Unterprogrammen elementare Teile von Graphiken zum Aufruf durch Anwenderprogramme zur Verfügung.
(Kap. 3.2.1)

GKS-Metafile
Datenformat für die Ausgabe einer GKS-Graphikdatei zur Weiterverarbeitung durch andere Programme oder zum Austausch von digitalen Graphiken. Das Metafile-Format ist nicht Teil der internationalen GKS-Normen. In der DIN-GKS-Norm ist eine Empfehlung im Anhang ausgesprochen. Ein z.T. umfangreiches Metafile, das auch von GKS genutzt werden kann, ist die neue ISO-NORM (→ CGM).

Graphik-Adapter
bei PCs vorliegende Kombination von Hard- und Software zur Ansteuerung graphikfähiger Bildschirme.
Standard-Formate:
Hercules: 720 x 348 → Bildpunkte monochrom
CGA: 640 x 200 → Bildpunkte monochrom, 320 x 200 → Bildpunkte 2-farbig
EGA: 640 x 350 → Bildpunkte 16-farbig
VGA: 640 x 480 o. 800 x 560 → Bildpunkte 16-, 64-, o. 256-farbig.
(Kap. 2.2.1.3.2)

Graphik-Modus
bei umschaltbaren Bildschirmen und bei graphikfähigen Druckern die Betriebsart, in der graphische Darstellungen erfolgen können.

Großrechner/Mainframe
Rechner für den Einsatz in Rechenzentren, ermöglicht den gleichzeitigen Anschluß einer großen Zahl von Benutzern, sehr schnell, hohe Speicherkapazität.
(Kap. 3.2.2)

Hardcopy → Bildschirm-Kopie u. Hardcopy-Unit

Hardcopy-Unit
Ausgabegerät für Bildschirm-Kopien, entweder am Rechner oder direkt am Bildschirm angeschlossen. Eine H. kann ein Drucker oder, bei der graphischen DV, ein Spezialgerät zur flächigen Ausgabe von Farbkopien sein.
(Kap. 3.3.2)

Harddisk → Datenträger

Hardware
die physischen Teile eines Rechners und seiner → Peripheriegeräte, nur zusammen mit → Software betriebsfähig.
(Kap. 2.2)

Header → Dateikennsatz

Herkules-Karte → Graphik-Adapter

HLS (= **H**ue, **L**ightness, **S**aturation) → Farbmodelle

Host-Computer
Rechner eines größeren Typs, an den ein oder mehrere Arbeitsplatzrechner oder PCs angeschlossen sind. Über den H. werden sowohl die Kommunikation mit anderen Rechnern als auch die Datensicherung sowie die Abfrage aus → Datenbanken, die Bereitstellung umfangreicher Dateien und das Abarbeiten großer Programme abgewickelt.
(Kap. 2.3.1.3 und 3.3.1)

HP-GL
(= **H**ewlett-**P**ackard Graphics Language), weitverbreitete Standard-Software zur Steuerung von → Plottern.

HVC (= **H**ue, **V**alue, **C**hroma) → Farbmodelle

Industriestandard
Ersatz für eine (noch) nicht bestehende Norm, z.B. bei → PCs vom Typ der Fa. IBM abgeleitet.

INFODOK
Informations- und **Dok**umentationssystem des Umlandverbandes Frankfurt zur Durchführung und Dokumentation von Flächennutzungsplanverfahren.
(Kap. 1.4.4)

Integer/Ganzzahl
Form der internen Zahldarstellung im Rechner, erlaubt nur eingeschränkte Operationen, die aber schnell durchgeführt werden können.

Interaktiver Graphischer Arbeitsplatz, GIAP
Kombination eines Rechners mit einem → Digitizer, einem Graphischen Bildschirm mit Tastatur, einem → Plotter und evtl. einem alphanumerischen Bildschirm und der dazugehörigen Software; ermöglicht die Eingabe graphischer Daten und auch das → Editieren der graphischen Daten bei gleichzeitiger Kontrolle am graphischen Bildschirm.

Interface → Schnittstelle

Kante/Edge
Bezeichnung eines eindimensionalen graphischen Objektes, das eine Verbindung zwischen zwei → Knoten bildet.

Karteneinpassung
Einpassung einer Digitalisiervorlage in ein gegebenes Koordinatensystem. Dem Programm müssen die Einpaßpunkte in → Weltkoordinaten bekanntgegeben werden und über den → Digitizer die entsprechenden Punkte auf der Karte. Das Programm rechnet die Digitizer-Koordinaten in das Bezugssystem um. Für die Umrechnung wird ein Transformationsprogramm benutzt, das die → Restklaffungen rechnerisch verteilt.

KB
(= Kilobyte), 1024 Bytes.

Keyboard → Tastatur

Keypad → Tastenblock

KI → Künstliche Intelligenz

Knoten
Punkt, an dem zwei oder mehr Linienzüge (→ Polygon) miteinander verknüpft sind.

Koordinaten
Absolute K.
beziehen sich auf einen festgelegten Koordinatenursprung, z.B. den Schnittpunkt des Nullmeridians mit dem Äquator. Der Gegensatz zu a.K. sind relative Koordinaten.
Inkrementale K.
I. beschreiben die Geometrie eines Objektes schrittweise, ausgehend von einem lokalen Nullpunkt, der selber in absoluten oder in relativen K. festgelegt wurde. I. sind relative Koordinaten.
Relative K.
Im Gegensatz zu absoluten Koordinaten beziehen sie sich immer auf das vorhergehende Koordinatenpaar und geben den Abstand zu diesem an.
Tisch-K.
Gerätekoordinaten der Meßeinrichtung eines → Digitizers, werden vom Graphikprogramm in Weltkoordinaten (Gauß-Krüger oder UTM) umgerechnet.
Welt-K.
Geräteunabhängiges, weltbeschreibendes, genormtes Koordinatensystem (z.B. geographische K., Gauß-Krüger-K. oder UTM-K.), in dem die Geometriedaten der graphischen DV abgelegt werden (→ absolute K.).

Kommando-Sprache/Command Language
Sprachelemente des → Betriebssystems zur Steuerung der Rechner-Funktionen und der internen Arbeitsabläufe.

Kompatibilität
das Aneinanderpassen verschiedener Rechner oder unterschiedlicher Software auf demselben Rechner. Aufwärts-K. bedeutet, daß neue Programm-Versionen auch Dateien bearbeiten können, die mit älteren Versionen der Programme erstellt wurden.

Künstliche Intelligenz (KI)/Artificial Intelligence (AI)
Simulation menschlicher Schlußfolgerungen durch ein Rechnerprogramm, ist per Definition fähig, weiterzulernen und neue Schlüsse zu ziehen.

LAN → Netzwerk

Landesinformationssystem
andere Bezeichnung für ein → Geographisches Informationssystem.
(Kap. 1.2)

LANDSAT
Gruppe von Fernerkundungssatelliten, die mit einem Multispektral-Scanner aufgenommene Daten zur Erde senden. Diese können mit entsprechenden Programmen aufgearbeitet und weiter verwendet werden.
(Kap. 2.2.2.7)

Laserdrucker → Drucker

Laufwerk/Drive
Laufwerk (logische Einheit) eines rotierenden Massenspeichers wie → Magnetband, → Magnetplatte, → Diskette oder → Bildplatte.

Layer → Folie (als Datenebene)

Lichtzeichenkopf
Zeichenelement eines Vektorplotters zur direkten Erstellung (Belichtung) einer Druckfolie.

Lichtstift
optische Eingabe-Einrichtung zur direkten Auswahl alternativer Befehle vom Bildschirm oder zum Zeichnen auf dem Bildschirm ohne → Digitizer oder → Maus. Der L. hat eine lichtempfindliche Spitze, die auf den Kathodenstrahl der Bildröhre reagiert und die jeweilige Position an den Rechner übermittelt, dieser läßt dann den entsprechenden → Bildpunkt leuchten.

Liniensegment
direkte eindimensionale Verbindung zwischen zwei Punkten.

Linienverfolgung, Stream-Mode
halbautomatisches Digitalisierverfahren mit einem Vektor-Digitizer. Der Sensor folgt einer zu erfassenden Linie, und in vorher festgelegten Zeitabständen wird die gerade dann erfaßte Koordinate dem Programm übergeben. Es besteht auch die Möglichkeit der Registrierung der zurückgelegten Strecke.
(Kap. 2.2.2.5)

Magnetband → Datenträger

Magnetplatte → Datenträger

Mainframe → Großrechner

Mannjahr, Manntag
Recheneinheiten zur Personalkostenkalkulation.

Maske, Eingabemaske
Formularmäßige Einteilung des Bildschirms für die Dateneingabe.

Massenspeicher
magnetischer oder optischer → Datenträger zur Speicherung großer Datenmengen.
(Kap. 2.2.3 und 3.1.3)

Matrixdrucker → Drucker

Maus/Mouse
Eingabegerät zur → Cursor-Steuerung auf dem Bildschirm und zur Befehlsauswahl, wird frei über die Tischplatte bewegt.
(Kap. 2.2.2.2)

MB
(= Megabyte), ca. 1 Million Byte, 1024 KB.

Megawhetstone
Maßeinheit für die Leistung von Gleitkomma-Prozessoren, → MFLOPS.
(Kap. 2.2.1.3.3)

Menü
Einrichtung zur graphischen Benutzerführung am Bildschirm oder auf einem → Digitizer. Das M. besteht aus einer Anzahl von Befehlen, die in Tabellenfeldern angeordnet zur Auswahl angeboten werden. Die einzelnen Tabellenfelder können mit der Maus oder dem Digitizer-Sensor angefahren werden und lösen auf Tastendruck den zugeordneten Befehl aus. Dies kann auch der Aufruf eines weiteren Menüs sein.
(Kap. 3.2.2 und Anhang 4)

Metafile
in der Graphischen DV eine Datei, die mit anderen Programmen weiterverarbeitet werden kann (s.a. GKS).

MFLOPS
(= **M**illion **FL**oating-point **O**perations **P**er **S**econd), Maßeinheit für die Leistung von Gleitkomma-Prozessoren.
(Kap. 2.2.1.3.3)

Mikrosekunde
Zeiteinheit, ein Millionstel einer Sekunde.

Millisekunde
Zeiteinheit, ein Tausendstel einer Sekunde.

Minirechner
Rechner der 32-Bit-Klasse (→ CPU), schnell und leistungsfähig, wird bei der graphischen DV häufig als → Workstation eingesetzt.

MIPS
(= **M**illion **I**nstructions **P**er **S**econd), Maß für die Rechnergeschwindigkeit.
(Kap. 3.3.2)

Modem
Abkürzung für Modulation/Demodulation. Gerät, das die binären Ausgabe-Signale eines Computers in Tonsignale (Modulation) umsetzt und so eine Datenfernübertragung über das öffentliche Fernsprechnetz ermöglicht. Am anderen Ende der Leitung muß ein Gerät gleichen Typs die Signale wieder in Binärcode umsetzen (Demodulation). Allgemeine Bezeichnung für jeden Signalwandler für Datenübertragung.

Monitor → Bildschirm

MS-DOS
PC-Betriebssystem, läßt nur den gleichzeitigen Betrieb eines Arbeitsplatzes zu, daher im Gegensatz zu → UNIX ein Einplatzsystem.
(Kap. 2.2.1.3, 2.3.1.3.1 und 2.3.2.3)

Multispektral-Scanner (MSS)
Gerät zur Erfassung von Frequenzen in mehreren Spektralbereichen (Kanälen).
(Kap. 2.2.7)

Multitasking-Betrieb
gleichzeitige Bearbeitung mehrerer Programme durch einen Rechner, erfordert ein M.-Betriebssystem.
(Kap. 2.2.1.3 und 2.3.1.3.1)

Multi-User-Betrieb
gleichzeitige Benutzung eines Rechners durch mehrere Anwender, erfordert ein M.-Betriebssystem und mehrere am Rechner angeschlossene Terminals.
(Kap. 2.2.1.3 und 2.3.1.3.1)

Nanosekunde
Zeiteinheit, eine Einmilliardstel Sekunde.

Netzwerk/Network
LAN
(= **L**ocal **A**rea **N**etwork), lokale Vernetzung von Rechnern zum Datenaustausch und zur Aufgabenverteilung innerhalb kurzer Entfernungen (< 1 km).
WAN
(= **W**ide **A**rea **N**etwork), Vernetzung von Rechnern zum Datenaustausch und zur Aufgabenverteilung über große Entfernungen, auch weltweit.
(Kap. 2.1.1.5)

Objekt
Konzept der Zusammenfassung einzelner Elemente zu einem Gesamtbild (Fläche, Linie, Punkt) einer komplexen Bedeutung. So ergeben z.B. die Grenzlinien einer Fläche zusammen mit einem Text und einem Symbol sowie den dazugehörigen Sachdaten das Objekt eines bestimmten Planungstyps.
(Kap. 2.1.2 und 3.1.3)

Offline
ohne Anschluß an einen Rechner zu betreibendes Gerät mit eigener Steuerelektronik und einer Ein-/Ausgabeeinheit, z.B. Plotter mit eigener Magnetbandstation.

Online
Gerät, das direkt an einen Rechner zur Speicherung oder Verarbeitung der mit ihm gewonnenen Daten angeschlossen ist.

OSKA
Objektschlüsselkatalog der Vermessungsverwaltungen für alle Objekte in den amtlichen Kartenwerken.

OS-2
PC-Betriebssystem der Fa. Microsoft, Weiterentwicklung von → MS-DOS für größere PCs, läßt auch → Multi-Tasking-Betrieb zu.
(Kap. 2.3.1.3.1)

Pan
Verschieben eines Bildausschnittes auf dem Bildschirm ohne Maßstabsveränderung.
(Kap. 2.1.2)

PC
(= **P**ersonal **C**omputer), Rechner für einen Benutzer, Einheit von Prozessor, Tastatur, Bildschirm, Datenspeicher und Ein-/Ausgabeeinheit. Als Betriebssystem findet bei den sog. IBM-kompatiblen PCs fast ausschließlich → MS-DOS Verwendung. Neuere Entwicklungen führen aber auch zu → OS-2 und → UNIX als möglichen Betriebssystemen.
(Kap. 2.2.1.3)

Peripherie-Geräte
alle Geräte, die an die → CPU eines Rechners angeschlossen sind.
In der graphischen DV sind dies meist:
— graphischer Bildschirm
— alphanumerischer Bildschirm
— Drucker
— Digitizer
— Plotter
— externe Speichereinheiten (→ Massenspeicher).
(Kap. 2.2.3, 2.2.4 und 3.3.2)

PHIGS
(= **P**rogrammers' **H**ierarchical **I**nteractive **G**raphics **S**ystem), ISO-Normentwurf für dreidimensionale Graphik, die hierarchische Objektstrukturen zuläßt, → CAD, → Computer Animation.

Pick
Wahl eines → Objektes über den → Cursor (Fadenkreuz) auf einem graphischen Bildschirm.

Pixel → Bildpunkt

Platine
Bauteil eines Rechners, für den jeweiligen Rechnertyp angepaßt und in Größe und Anschluß (→ Bus) standardisiert (mehrere Standards möglich).

Plot
Mit einem → Plotter automatisch erstellte Zeichnung.
(Kap. 1.4)

Plotfile → Zeichnungsdatei

Plotter
→ Peripheriegerät eines Rechners zur weitgehend automatischen Erstellung von Zeichnungen. Es existieren zwei miteinander konkurrierende Methoden: Vektor- und Raster-P.
(Kap. 2.2.4.2)

Point Mode → Punktweises Digitalisieren

Polygon
Linie mit geraden Verbindungen zwischen einer Anzahl (› 2) von Punkten.

Prompter
Sonderzeichen oder Text, die auf dem Bildschirm zu einer Eingabe über die angeschlossene Tastatur auffordern.

Prozedur, Routine
Unterprogramm eines Programms oder Programm des Betriebssystems.

Prozessor → CPU

Pufferspeicher/Cache Memory
Zwischenspeicher im Rechner mit sehr schnellem Zugriff für Daten oder Befehle, die mit großer Wahrscheinlichkeit als nächste zur Bearbeitung anstehen; wird nur durch die Hardware, nicht durch Anwenderprogramme angesprochen, erhöht die Verarbeitungsgeschwindigkeit des Rechners.
(Kap. 2.2.1.3 und 2.2.3.2)

Punktweises Digitalisieren/Point Mode
Einzelpunktaufnahme eines Vektors nach der Erfahrung des Bearbeiters. Im Gegensatz zur → Linienverfolgung wird nur aufgrund eines Tastendrucks ein Koordinatenpaar übertragen.
(Kap. 2.2.2.5)

Randanpassung
automatisches Angleichen zusammengehöriger Linien am Rande von digitalisierten Karten, die zu einer größeren Karte zusammengefaßt werden sollen. Hier ist teilweise interaktives Vor- und Nacharbeiten nötig.

Raster
Aufnahme und Speicherung von Daten in Form eines sehr feinen Quadratnetzes. Für jedes Rechteck wird dabei eine Information aufgenommen. Jeder dieser Informationen wird ein (Farb-)Rasterwert zugeordnet, der durch einen oder mehrere → Bildpunkte dargestellt werden kann. Zur zeichnerischen Darstellung eignen sich v.a. Raster-Plotter.
(Kap. 2.1.2)

Raster-Digitizer → Scanner

Raster-Display, Raster-Bildschirm → Bildschirm

Raster-Graphik
Graphik, die sich aus einzelnen Rasterelementen (→ Raster) zusammensetzt.

Raster-Plotter → Plotter

Raster-Vektor-Wandlung → Vektorisieren

Real-Zahl
Fließkommazahl (Dezimalzahl mit möglichen Nachkommastellen) für mathematische Berechnungen. Die Verarbeitung in Rechner ist aufwendiger und deutlich langsamer als bei → Integerzahlen.

Record → Datensatz

Relationales Datenbanksystem
Im R. werden Daten in Tabellen gespeichert. Diese Tabellen enthalten ihrerseits Querverweise auf weitere Tabellen, in denen zugehörige Daten stehen. Erfolgen Querverweise über den Inhalt eines Tabellenfeldes, spricht man von Relationen.
Dadurch ergeben sich mehrfache Verknüpfungsmöglichkeiten von Daten zu ihrer Auswertung. Das R. ist platz- und zeitaufwendig, aber leicht zu erweitern.
(Kap. 2.3.2)

Resolution → Auflösung

Restklaffung
nach Durchführung einer → Transformation noch bestehende (kleine) Abweichungen eines Punktes auf der Karte von seiner berechneten Lage.

RGB (= Rot, Grün, Blau) → Farbmodelle

Routine → Prozedur

Scanner
Anlage zur vollautomatischen Abtastung von Oberflächen, z.B. Graphik und Text, und zu ihrer Umwandlung in digitale Rasterdaten. Die Vorlage wird zeilen- und spaltenweise abgetastet und dabei in → Bildpunkte zerlegt. Für jeden Bildpunkt werden die Lage und der Farbwert gespeichert, nicht aber eine Zuordnung zu einem graphischen Linienelement oder Objekt.
In der Fernerkundung wird der Begriff S. für die Abtasteinrichtung (→ Multispektral-S.) benutzt.
(Kap. 2.2.2.6)

Schnittstelle/Interface
Verbindung zwischen verschiedenen Hardware-Geräten oder Programmen. Passende S. sind für die Zusammenarbeit von Geräten oder Software unterschiedlicher Hersteller erforderlich. Beispiele für standardisierte Hardware-Schnittstellen:
— Parallele S.: Hier werden mehrere Bit gleichzeitig übertragen, dadurch sehr schnelle Übertragung, nur für geringe Entfernungen geeignet (s.a. Centronics).
— Serielle S.: Die Informationen werden bitweise nacheinander (seriell) übertragen, die Geschwindigkeit ist niedrig (→ Baud), es können auch größere Entfernungen überbrückt werden (Normen: V24 oder RS 232).

SCSI
(= Small Computer Sytems Interface), → Schnittstelle für den Anschluß von → Peripheriegeräten an Minirechner, sehr schnelle Datenübertragung.

Segment
Teil einer digital gespeicherten Graphik, der als Einheit an einen graphischen Bildschirm übergeben werden kann.

Sensor
Aufnahmegerät am → Digitizer, das über einen Induktionsstrom die Position auf dem Gerät erkennt, auch Bezeichnung für → Multispektral-Scanner in einem Flugzeug.

Sequentielle Verarbeitung
Die Datensätze einer Datei werden in der Reihenfolge ihrer Speicherung verarbeitet; Gegensatz Direktzugriff, bei dem über die lfd. Satz-Nr. oder über einen Schlüssel ein bestimmter Satz aus der Datei angewählt werden kann.

Software
Programme und Betriebssysteme, die zum Betrieb eines Rechners (→ Hardware) benötigt werden.

Integrierte S.
S.für → PCs, die mehrere Funktionen vereinigt. Hierzu gehören i.a. → Datenbank, Kalkulation, Textverarbeitung und Geschäftsgraphik.

Standard-S.
Von Software-Firmen produziertes allgemein verwendbares Programm, z.B für Datenbanken, Tabellenkalkulation oder Textverarbeitung. Standard-S. existiert für alle Rechner, die meiste Software liegt jedoch für PCs vor.
(Kap. 2.3)

SPOT
(= **S**ysteme **P**robatoire d'**O**bservation de la **T**erre),
französischer Fernerkundungssatellit, liefert Daten hoher Auflösung, im Multispektralbereich 20 m x 20 m, im monochromen Bereich 10 m x 10 m.
(Kap. 2.2.2.7)

SQL → Structured Query Language

Streamer → Datenträger

Stream-Mode → Linienverfolgung

String
eindimensionales → Objekt, in der allgemeinen DV eine Folge von Alpha-Zeichen in einer Datei.

Structured Query Language, SQL
Abfragesprache für einige → relationale Datenbanksysteme.
(Kap. 2.3.2)

Systembus → Bus

System-Terminal → Operator-Terminal

Taktfrequenz
Gibt die Frequenz in MHz an, mit der eine → CPU getaktet wird. Jeder Befehl benötigt eine bestimmte Anzahl von Takten zu seiner Ausführung. Hat mitentscheidende Bedeutung für die Rechengeschwindigkeit.
(Kap. 2.1.1.2)

Tastatur/Keyboard
Computer-Tastatur, meist mit zusätzlichen Tastenfeldern für Zahlen und Sonderfunktionen zur Kommando- und Dateneingabe versehen (→ Tastenblock).

Tastenblock/Keypad
Von der eigentlichen → Tastatur abgesetzte oder ganz davon getrennte Kombination von Tasten zur Zahleneingabe oder zum Auslösen von Sonderfunktionen.

Terminal → Datensichtgerät

Thematic Mapper, TM
→ Multispektral-Scanner der Landsat-Satelliten mit hoher → Auflösung von 30 x 30 m.
(Kap. 2.2.2.7)

Thermo-Drucker → Drucker

Tintenstrahl-Drucker → Drucker

Tischkoordinaten → Koordinaten

Transformation
Umrechnung von Koordinaten aus einem Bezugssystem in ein anderes, z.B. von geographischen Koordinaten in Gauß-Krüger-Koordinaten.

Treiber/Driver
Software-Schnittstelle zwischen DV-Programm und einem → Peripheriegerät.

Typenrad-Drucker → Drucker

UNIX
→ Multi-User-Betriebssystem für → Minirechner und auch für große PCs. Wurde von vielen Firmen für ihre eigenen Rechner verändert und weiterentwickelt und ist unter ca. 50 verschiedenen Bezeichnungen verbreitet. (Kap. 2.3.1.3.1)

V24 → Schnittstelle

Vektor
in der graphischen DV die Verbindung zwischen zwei Punkten.

Vektor-Digitizer → Digitizer

Vektor-Plotter → Plotter

Vektor-Raster-Wandlung
Zur Ausgabe von Vektordaten auf einem Raster→ Peripheriegerät ist die Umwandlung der → Vektor-(Strich)Daten durch ein Programm in Rasterdaten erforderlich. Hier werden Streckenstücke in → Bildpunkten abgebildet.

Vektorisieren, Raster-Vektor-Wandlung
die Umwandlung von Rasterdaten (z.B. von → Scannern) in Vektoren, die sich mit den entsprechenden Geräten am Bildschirm darstellen und auch zeichnen lassen.

VGA → Graphik-Adapter

Virtueller Speicher
Konzept einer künstlichen, nicht physisch vorhandenen Erweiterung der Kapazität des Hauptspeichers eines Rechners. Der Speicher wird auf den Massenspeicher abgebildet und bei Bedarf von dort geladen.

WAN → Netzwerk

Weltkoordinaten → Koordinaten

Wiederholgenauigkeit
Wert, mit welcher Präzision ein → Plotter denselben Punkt bei einem zweiten Zeichendurchgang wieder trifft.

Window → Fenster

Workstation
hochleistungsfähiges Graphiksystem mit eigenständigem Rechner und interaktiver → Software, meist nur ein graphischer Arbeitsplatz möglich.
(Kap. 2.2.1.2)

WYSIWYG
(= **What You See Is What You Get**), Was Sie (auf dem Bildschirm) sehen, bekommen Sie auch (auf dem Ausgabegerät). Prinzip von → CAD, nach dem die Bildschirm-Darstellung auch der Zeichnungsausgabe auf dem → Plotter entsprechen muß.

Zeichnungsdatei, Plotfile
Datei, die Daten und Steuerzeichen für die Ausgabe einer Zeichnung auf dem → Plotter enthält.

Zeilendrucker → Drucker

Zentraleinheit → CPU

Zoom
Bildung eines Bildausschnittes auf dem graphischen Bildschirm bei gleichzeitiger Vergrößerung/Verkleinerung des Ausschnittes auf die Bildschirmgröße.
(Kap. 2.1.2)

Bibliographische Angaben:
Christ, Fred
Begriffe der rechnergestützten Kartographie
Typoskript, Berlin 1988

Müller, Peter (Hrsg.)
Lexikon der Datenverarbeitung
Landsberg 1982

Schilcher, Matthäus (Hrsg.)
CAD-Kartographie
Karlsruhe 1985

Schulze, Hans Herbert
Das rororo Computer Lexikon
Reinbek 1988.

Anhang 1

Charakterisierung graphischer Systeme

Kern-INFOCAM System 9; Prime/Wild ECS-GTI ARC-INFO	(G. Lützow)
SICAD HYGRIS	(F. Jungwirth)
ALK-GIAP	(H. Kähmer)
LDB-System	(H. W. Koeppel)
MINIKAT	(K. Fischer)

Kurzcharakteristik

(System 9; Prime/Wild)

Schnittstellen zu vermessungstechnischen Programmen:	Systemschnittstelle
Schnittstellen zu Bürokommunikationssystemen:	ja
Schnittstellen zu Sachdatenbanken:	SQL
Programmierschnittstellen zu anderen Softwareprodukten:	SQL, C
Schnittstellen zu vermessungstechnischen Erfassungsgeräten:	alle Wild-Geräte sowie Fremdgeräte
Schnittstellen zu photogrammetrischen Auswertegeräten (on/offline):	eigenes System BCL
Schnittstellen zu anderen Systemen:	DXF, SIF, ASCI-Schnittstelle
Datenausgabegeräte:	Plotter, Hardcopy
Mehrbenutzersystem:	ja
Digitalisiertablett:	ja; z. B. AO
Netzwerkfähigkeit:	ja
Integration von Workstations:	ja (arbeitet mit SUN-Workstations)
Anbindung an ALK:	EDBS in Vorbereitung
Eigene Kommandosprache:	in Vorbereitung
Struktur der geometrischen Daten: Struktur der Sachdatenbank:	Verwaltung der Geometrie und der Sachdaten in einer gemeinsamen relationalen DB
Grafik-Standards:	GKS Metafile
Zahl der Ebenen/Folien:	keine Ebenen bzw. Folien; Objektklassen unbegrenzter Zahl
Speicher der z-Koordinate:	ja
Format des Geometriedatenaustauschs:	DXF, SIF, ASCI-Format
Umsetzungsprogramme für Punkt- und Grundrißdaten in EDBS:	in Vorbereitung
Geographische Suchverfahren:	in Vorbereitung
Blattschnittlose Verarbeitung:	ja
Maßstabsunabhängige Verarbeitung:	ja
Möglichkeit der Makrobildung:	in Vorbereitung
Integration von Rasterdaten:	in Vorbereitung
Konsistenzprüfung der Daten:	ja
Redundanzfreie Speicherung:	ja
Zugriffsschutz:	ja

System 9

Preis einer arbeitsfähigen Standardkonfiguration?	ca. 150 000,– bis 200 000,–
Wieviele Systeme sind in der Bundesrepublik Deutschland installiert?	3
Besteht die Möglichkeit, das System bei einem Anwender zu sehen?	ja; z. B. Stadtvermessungsamt DÜREN
Werden Wartungsverträge und Software-upgrades angeboten?	ja

Kurzcharakteristik

(EZS-GTI)

Schnittstellen zu vermessungstechnischen Programmen:	integriert
Schnittstellen zu Bürokommunikationssystemen:	–
Schnittstellen zu Sachdatenbanken:	beliebige Anbindung von Sachdatenbanken
Programmierschnittstellen zu anderen Softwareprodukten:	Netzberechnung
Schnittstellen zu vermessungstechnischen Erfassungsgeräten:	Wild, Zeiss usw.
Schnittstellen zu photogrammetrischen Auswertegeräten (on/offline):	Wild
Schnittstellen zu anderen Systemen:	AutoCAD, ALK, PROCARD, Intergraph
Datenausgabegeräte:	Plotter aller bekannten Hersteller
Mehrbenutzersystem:	Zugriffsschutzsystem, systemweite automatische Fortführung aller interaktiven grafischen Stationen bei Veränderung
Digitalisiertablett:	Aristo, Colcomp, Tektronix usw.
Netzwerkfähigkeit:	verteilte grafische Datenbank
Integration von Workstations:	Entladen von Fenstern der grafischen Datenbank, Fortführung auf Workstation, Rückspeicherung der geänderten Daten in die zentrale grafische Datenbank
Anbindung an ALK:	über EDBS
Eigene Kommandosprache:	–
Struktur der geometrischen Daten:	objekt-/folienorientiert
Struktur der Sachdatenbank:	beliebig nach Kundenwunsch (relational, ISAM usw.)
Grafik-Standards:	auf Wunsch X-Window (X11)
Zahl der Ebenen/Folien:	unbegrenzt
Speicher der z-Koordinate:	ja
Format des Geometriedatenaustausches:	DXF, EDBS, SIF, auf Kundenwunsch
Umsetzungsprogramme für Punkt- und Grundrißdaten in EDBS:	ja
Geographische Suchverfahren:	alle Kombinationen zwischen Flächen, Segmenten und Punkten
Blattschnittlose Verarbeitung:	ja
Maßstabsunabhängige Verarbeitung:	ja
Möglichkeit der Makrobildung:	ja
Integration von Rasterdaten:	z. Zt. in Entwicklung
Konsistenzprüfung der Daten:	ja
Redundanzfreie Speicherung:	ja
Zugriffsschutz:	räumlich sowie nach Folien bezogen auf Benutzergruppen und Einzelbenutzer

EZS-GTI

Preis einer arbeitsfähigen Standardkonfiguration?	Einzelplatzsystem ca. 50 000,— (nur Software) Hardware nach Anforderung
Wieviele Systeme sind in der Bundesrepublik Deutschland installiert?	mehr als 10
Besteht die Möglichkeit, das System bei einem Anwender zu sehen?	ja; Stadtverwaltung Hannover
Werden Wartungsverträge und Software-upgrades angeboten?	ja

Kurzcharakteristik

(ARC/INFO)

Schnittstellen zu vermessungstechnischen Programmen:	Systemschnittstelle
Schnittstellen zu Bürokommunikationssystemen:	Systemschnittstelle
Schnittstellen zu Sachdatenbanken:	Relationale Datenbank-Schnittstelle (RDBI)
Programmierschnittstellen zu anderen Softwareprodukten:	F77-Schnittstelle
Schnittstellen zu vermessungstechnischen Erfassungsgeräten:	Systemschnittstelle
Schnittstellen zu photogrammetrischen Auswertegeräten (on/offline):	APY (Analytischer Photogrammeter Yzerman) u. a.
Schnittstellen zu anderen Systemen:	SIF, SICAD-GDB, IGES, AutoCAD DXF u. a.
Datenausgabegeräte:	Farbgrafik-Terminals, Stift-, Elektrostatik-, Thermotransfer-Laserplotter
Mehrbenutzersystem:	Einzelplatz-/Mehrplatzsystem
Digitalisiertablett:	Unterstützung für Tabletts vieler Hersteller
Netzwerkfähigkeit:	LAVC
Integration von Workstations:	VAXstation und andere
Anbindung an ALK:	in Vorbereitung
Eigene Kommandosprache:	vorhanden
Struktur der geometrischen Daten:	Topologisches Datenmodell
Struktur der Sachdatenbank:	Relationales Datenmodell
Grafik-Standards:	Ditital Linie Graph (DLG) Interactive Graphics Library (IGL)
Zahl der Ebenen/Folien:	unbegrenzt
Speicher der z-Koordinate:	ab ARC/INFO Version 5.1
Format des Geometriedatenaustausches:	über Systemschnittstelle/ASCII-Format
Umsetzungsprogramme für Punkt- und Grundrißdaten in EDBS:	in Vorbereitung
Geographische Suchverfahren:	ja
Blattschnittlose Verarbeitung:	mit integrierter Kartenbibliothek „Librarian"
Maßstabsunabhängige Verarbeitung:	beliebiger Maßstab wählbar
Möglichkeit der Makrobildung:	ARC Macro Language (AML)
Integration von Rasterdaten:	Raster-/Vektorkonvertierung, Vektor-/Rasterkonvertierung, Überlagerung von Raster-/Vektordaten mit Ergänzungssoftware
Konsistenzprüfung der Daten:	für Geometrie- und Sachdaten
Redundanzfreie Speicherung:	für Geometrie- und Sachdaten
Zugriffsschutz:	in Kartenbibliotheken „Librarian" über Definition von Bildschirmmenüs und entsprechend der Möglichkeit des Betriebssystems

ARC/INFO

Preis einer arbeitsfähigen Standardkonfiguration?	PC-Version 50 000,— bis 100 000,— Workstation 150 000,— bis 200 000,—
Wieviele Systeme sind in der Bundesrepublik Deutschland installiert?	ca. 100, Stand Mitte '89
Besteht die Möglichkeit, das System bei einem Anwender zu sehen?	ja; z. B. Umlandverband Frankfurt
Werden Wartungsverträge und Software-upgrades angeboten?	ja

SICAD-HYGRIS

Siemens AG
Otto-Hahn-Ring 6
8000 München 83
Tel.: 089—636—1

Unternehmensschwerpunkte
u. a. Kommunikations- und Datenbanksysteme

GIS-Erfahrung seit 1976
DIGITAL-Erfahrung seit 1979

Vertriebspartner für Österreich
SIEMENS DATA Wien
A-1140 Wien, Hollandstr. 2

Vertriebspartner für die Schweiz
SIEMENS-ALBIS
Freilagerstr. 28
CH-8947 Zürich

ALK-GIAP

Schnittstellen zu vermessungstechnischen Programmen:	DIVA, VPR
Schnittstellen zu Bürokommunikationssystemen (ALL-IN-1):	GKS-Metafile, Sixel, PostScript
Schnittstellen zu Sachdatenbanken:	SQL
Programmierschnittstellen zu anderen Softwareprodukten:	Offene, dokumentierte Programmierschnittstelle zu beliebigen Softwareprodukten
Schnittstellen zu vermessungstechnischen Erfassungsgeräten:	ja, über DIVA, VPR, KIV oder VERKDB
Schnittstellen zu photogrammetrischen Auswertegeräten (on/offline):	in Vorbereitung
Schnittstellen zu anderen Systemen:	EDBS; sequentielle Schnittstelle
Datenausgabegeräte:	Vektor- und Rasterplotter, Hard Copy Units, Laserdrucker
Mehrbenutzersystem:	ja
Digitalisiertablett:	DIN-A4-Tablett bis Doppel-DIN-A0-Arbeitsplatz

Netzwerkfähigkeit:	ja
Integration von Workstations:	ja
Anbindung an ALK:	ja, auch ALB und BEDV
Erfüllt das System die Anforderungen der RAV:	ja
Erfüllt das System die Anforderungen des österreichischen Vermessungswesens:	ja
Eigene Kommandosprache:	ja
Struktur der geometrischen Daten:	redundanzfreie, topologische Abspeicherung
Struktur der Sachdatenbank:	hierarchisch oder relational
Grafik-Standards:	GKS Level 2c
Zahl der Ebenen/Folien:	10 Mio./1 000
Speicherung der z-Koordinate:	bei Bedarf
Format des Geometriedatenaustauschs:	einheitliche Datenbankschnittstelle EDBS
Umsetzungsprogramme für Punkt- und Grundrißdaten in EDBS:	Standardlieferumfang
Geographische Suchverfahren:	Binärstruktur
Blattschnittlose Verarbeitung:	ja
Maßstabsunabhängige Verarbeitung:	ja
Möglichkeit der Makrobildung:	ja
Integration von Rasterdaten:	ja
Konsistenzprüfung der Daten:	ja
Redundanzfreie Speicherung:	ja
Zugriffsschutz:	ja

LDB-System Baden-Württemberg

Preis einer arbeitsfähigen Standardkonfiguration?	Einzelplatzsystem	20 000,–
	Mehrplatzsystem ohne Hardware!	40 000,–
Wieviele Systeme sind in der Bundesrepublik Deutschland installiert?	7	
Besteht die Möglichkeit, das System bei einem Anwender zu sehen?	ja; z. B. Bundesforschungsanstalt für Naturschutz und Landschaftsökologie	
Werden Wartungsverträge und Software-upgrades angeboten?	ja	
Schnittstellen zu vermessungstechnischen Programmen:	GDB-Grafik- und Sachdatenschnittstelle, FORTRAN-CALL	
Schnittstellen zu Bürokommunikationssystemen:	GDB-Sachdatenschnittstelle	
Schnittstellen zu Sachdatenbanken:	GDB-Sachdatenschnittstelle, ab V5.0 über Prog.Sch.St.	
Programmierschnittstellen zu anderen Softwareprodukten:	ab V5.0 Programm-Schnittstelle (Inter-Prozess-Kommunikation)	
Schnittstellen zu vermessungstechnischen Erfassungsgeräten:	GDB-Datenschnittstelle, SICAD-GBX	
Schnittstellen zu photogrammetrischen Auswertegeräten (on/offline):	GDB-Datenschnittstelle (über jeweils vorh. Konverter	
Schnittstellen zu anderen Systemen:	GDB-Datenschnittstelle	
Datenausgabegeräte:	Raster-, Vektorplotter, Raster-, Vektorschirme, Hardcopie, Laserdrucker, Optische Platten	
Mehrbenutzersystem:	ja	
Digitalisiertablett:	3x DIN A2	

Netzwerkfähigkeit:	ja
Integration von Workstations:	ja
Anbindung an ALK:	ja (durch speziellen Baustein)
Eigene Kommandosprache:	ja
Struktur der geometrischen Daten:	redundanzfrei über hierarchische Datenstruktur
Struktur der Sachdatenbank:	relational
Grafik-Standards:	GQL, EDBS
Zahl der Ebenen/Folien:	31 x n, Tafeln unbegrenzt über Überlagerung von GDBs
Speicherung der z-Koordinate:	SICAD-SCOP (durch eigene Deskriptoren)
Format des Geometriedatenaustauschs:	GDB-Datenschnittstelle, EDBS
Umsetzungsprogramme für Punkt- und Grundrißdaten in EDBS:	in MODUL KRT 1 integriert
Geographische Suchverfahren:	Selektion über Sachdaten oder Grafikdaten oder komb.
Blattschnittlose Verarbeitung:	durch GDB
Maßstabsunabhängige Verarbeitung:	ja
Möglichkeit der Makrobildung:	Prozedurtechnik, Menüfelder
Integration von Rasterdaten:	über SICAD/HYGRIS
Konsistenzprüfung der Daten:	ja
Redundanzfreie Speicherung:	ja
Zugriffsschutz:	Betriebssystem, SICAD-interne Mechanismen und über Anwenderprogramme.

SICAD

Preis einer arbeitsfähigen Standardkonfiguration?	50 000,– bis 250 000,– abhängig von Funktionsumfang und technischer Leistungsfähigkeit
Wieviele Systeme sind in der Bundesrepublik Deutschland installiert?	ca. 250
Besteht die Möglichkeit, das System bei einem Anwender zu sehen?	ja; z. B. Bayerisches Staatsministerium für Landesentwicklung und Umweltfragen
Werden Wartungsverträge und Software-upgrades angeboten?	ja

Die Software

Programmbeschreibung: SICAD/HYGRIS

Leistungsbeschreibung

SICAD/HYGRIS ist ein GEO-INFO-System, bestehend aus aufeinander abgestimmten Hard- und Softwarebausteinen. Auf einer Grundsoftware mit den dem heutigen Grafikstandard entsprechenden Funktionen können verschiedene Anwendermodule aufgesetzt werden (Landesplanung und Umwelt, Flurbereinigung, Vermessung, Forstwesen, Geländemodelle usw.). Im Mittelpunkt des Systems steht die Grafische Datenbank (GDB). Die GDB ist der Baustein für die redundanzfreie Speicherung graphischer und nicht graphischer Daten. Durch eine logische Verknüpfung findet ein Abgleich beider Datentypen statt, um die Konsistenz aller Daten im System zu gewährleisten.

Der Anwender kann sein raumbezogenes Informationssystem auf der Basis von Vektor- oder Rasterdaten aufbauen oder die Vorteile beider Modellierungstechniken nutzen. Für die Rasterdatenverarbeitung stehen Bildverarbeitungsfunktionen, eine eigene Rasterdatenbasis zur Bildspeicherung sowie anwenderorientierte Ergänzungsbausteine zur Verfügung.

SICAD wird weltweit von mehr als 400 Anwendern eingesetzt.

Jahr der Erstinstallation:	als IGS 1976
	SICAD 1979
Referenz in Deutschland:	ja
Referenz in Österreich:	ja
Referenz in der Schweiz:	ja
Software kann Vorverfahren sein zu:	ALK-Datenbank
Software kann Anschlußverfahren sein zu:	Länderspezifische Verfahren
	technischen Berechnungsverfahren
	Bildverarbeitung (remotesensing)
	Photogrammetrische Auswertungen

MINIKAT

Preis einer arbeitsfähigen Standardkonfiguration?	Hardware	25 000,– bis 45 000,–
	Software	35 000,– bis 70 000,–
Wieviele Systeme sind in der Bundesrepublik Deutschland installiert?	10	
Besteht die Möglichkeit, das System bei einem Anwender zu sehen?	Staatskanzlei Rheinland-Pfalz	
	Umweltbehörde Hamburg	
Werden Wartungsverträge und software-upgrades angeboten?	ja	

Anhang 2

Beispiele für typische Workstations

Die Hardware-Basis für derartige Systeme kommt von Herstellern wie APOLLO, DATA GENERAL, DEC, GOULD, HEWLETT PACKARD, PRIME, SUN oder UNISYS. Ihr Haupteinsatzgebiet ist CAD (Computer-aided design, also computergestützte Konstruktion), sie bilden jedoch die Trägerplattform für verschiedene Hersteller von Bildverarbeitungs-Software. Ebenso zu dieser Kategorie zählen eigenständige Hardware-Entwicklungen mit bestimmten Schwerpunkten wie z.B. die primär für Bildanimation (bewegte Bildfolgen) konzipierte Anlage von SILICON GRAPHICS oder die schon zur vierten Generation zu zählenden Systeme von CONTEXTVISION.

Im folgenden werden die relevanten Eigenschaften einiger typischer Workstation-Systeme kurz beschrieben, um dadurch den Leistungsumfang dieser Kategorie einzugrenzen. Workstations weisen i.allg. einen 32-Bit-Prozessor, mehrere Megabyte Arbeitsspeicher, Festplatten über 40 Megabyte Kapazität und in vielen Fällen eine Mehrplatzmöglichkeit (Anschluß mehrerer Terminals an den Rechner) auf. Da diese Kriterien jedoch auch von modernen Personal Computern erreicht werden, unterscheidet sich eine Workstation heute eher durch die im Standardumfang enthaltene dedizierte Zusatzperipherie wie hochauflösende Videosysteme und Ausgabegeräte, die beim PC nachgerüstet werden muß.

APOLLO DOMAIN COMPUTER

Apollo fertigt eine ganze Familie von Rechnern auf 32-Bit-Basis, die über eine Zentralstation vernetzbar sind. Als Betriebssystem dient eine bei Apollo DOMAIN AEGIS genannte UNIX-Variante.

Im folgenden sind die wesentlichen technischen Eckdaten der Apollo-Workstation DN4000 aufgeführt, dem derzeit leistungsfähigsten Familienmitglied. Eine Relativierung zu Personal Computern kann über einen Vergleich der Prozessorleistung (vgl. Kap. 2.2.1.3) und der für PCs als Zusatz erhältlichen Videosysteme (Anhang 3) erfolgen.

Prozessor:	Motorola MC68020
Gleitkomma-Prozessor:	Motorola MC68881
Taktfrequenz:	25 MHz
Arbeitsspeicher:	4 bis 32 Megabyte
Festplatten:	bis zu 348 Megabyte
Band:	60 Megabyte Kassette
Videosystem:	15 Zoll oder 19 Zoll Bildschirm
	Auflösung 1024 x 800 Punkte
	Bildfrequenz 60 Hz
	256 Farben aus einer Palette von 16,8 Mio.
Vernetzung:	a) über eigenes Token-Ring-Netz
	b) über Industriestandard-Netze nach dem Ethernet-Protokoll
Betriebssysteme:	1. Netzwerk AEGIS von Apollo
	2. UNIX System V von Bell
	3. UNIX-Version von Berkeley
Busstruktur:	IBM AT-kompatibel, so daß Peripherie aus dem PC-Bereich anschließbar ist und mit diesem Bereich kommuniziert werden kann

SICAD/HYGRIS

Siemens bietet auf der Basis der CAD-Workstation WS2000 ein kombiniertes Verarbeitungssystem für Raster- und Vektordarstellung. (Das Programmsystem wird auch für Rechner der Serie 7500 angeboten). Durch eine einheitliche Bedienung kann der Benutzer sowohl auf Vektor- wie auf Rasterdaten zugreifen und entsprechende Daten jeweils in das andere Format konvertieren. Das System vereint somit den Funktionsumfang eines CAD-Systems mit den Fähigkeiten einer Bildverarbeitungsanlage. Der Grafikteil hat eine Auflösung von 1280 x 1024 Punkten in 256 gleichzeitig darstellbaren Farben, die aus einer Palette von 4096 Farben wählbar sind. Grundfunktionen wie Vektor-Pixelumsetzung, Kreise, Polygonfüllung u.a. sind im Grafik-Controller integriert. Die Festplattenkapazität reicht in der WS2000 bis 510 Megabyte, über ein externes Zusatzgehäuse für weitere 1800 Megabyte.

SUN Microsystems

Sun fertigt eine Familie von vernetzbaren Workstations unter der Bezeichnung SUN-3/50 bis SUN-3/400. Im folgenden ist sowohl die Workstation SUN-3/200 als leistungsfähigstes "konventionelles" Familienmitglied als auch die SUN-3/400 beschrieben, die einen spezifisch von SUN entwickelten Prozessor zum Einsatz bringt. Die Stärke der SUN-Systeme im Grafikbereich liegt u.a. in der umfassenden mitgelieferten Grafik-Software. Die Systeme zeichnen sich außerdem durch gute Konnektivität zur IBM- und DEC-Welt aus.

SUN-3/200

Prozessor:	Motorola MC68020
Gleitkomma-Prozessor:	Motorola MC68881
Taktfrequenz:	25 MHz
Arbeitsspeicher:	8 bis 128 Megabyte
Festplatte:	bis zu 1.1 Gigabyte
Band:	60 Megabyte Kassette oder
	150 Megabyte 1/2 Zoll Spulband
Videosystem:	19 Zoll Bildschirm Querformat
	Auflösung 1600 x 1280 Punkte monochrom
	oder 1152 x 900 Punkte in Farbe
	Bildfrequenz 66 Hz
	256 Farben aus einer Palette von 16,8 Mio.
Vernetzung:	über Industriestandard-Netze nach dem Ethernet-Protokoll
Betriebssysteme:	"Converged" UNIX (System V von Bell und AT&T)
Busstruktur:	VME-Bus (ein sehr verbreiteter Industriestandard)

SUN-3/400

Das besondere am System SUN-3/400 ist sein Prozessor. Er wurde spezifisch entwickelt und verkörpert die sogenannte RISC-Architektur (Reduced Instruction Set Computer, d.h. ein Prozessor, der nicht alle in den Standard-Prozessoren wie Intel oder Motorola bekannten Instruktionen unterstützt, dafür aber spezifische Instruktionen besonders rasch ausführt).

Die wesentlichen, von anderen SUN-Stationen abweichenden Daten:

Prozessor:	SUN SF9010IU
Gleitkomma-Prozessor:	SUN SF9010FPC und Weitek 1164/1165
Taktfrequenz:	16.67 MHz

PRIME PXCL 5500

Schwerpunkt dieser Anlage ist dreidimensionale Grafik in Farbe. Sie basiert auf dedizierten Grafik-Prozessoren, 16 MB Hauptspeicher und einem RISC-Chip mit 10 MIPS als CPU. MIPS ist ein Maß für die Prozessorleistung, nämlich Millionen Instruktionen pro Sekunde. Damit werden Festkomma-Operationen einer CPU (Central Processing Unit, Rechenwerk eines Computers) angegeben. Die Farbdarstellung erfolgt mit drei mal 8 Bit, womit über 16.7 Millionen Farbtöne angesprochen werden können (pro Grundfarbe Rot, Grün und Blau je 8 bit, also 2 hoch 8 = 256 Intensitäten, zusammen 2 hoch 24 = 16.7 Mio.). Der reine Rechendurchsatz erlaubt 145 000 Punkttransformationen im dreidimensionalen Raum. Das Betriebssystem auf der Basis von UNIX V.3 erleichtert die Portierung, d.h. die Übertragung von Software auf die Maschine bzw. die eigene Erstellung von Software. Die Konnektivität, d.h. die Einbindbarkeit in einen Verbund anderer Rechner, ist durch den Einsatz des Protokolls TCP/IP auf Ethernet gewährleistet. (Ethernet ist ein weit verbreiteter Standard der Computer-Vernetzung.)

Dieses System ist ein vollwertiger Grafik-Editierplatz; viele seiner Eigenschaften bleiben bei typischen Planungsarbeiten jedoch ungenutzt.

Contextvision

Dieses System besteht aus mehreren dedizierten Prozessoren, die über einen Datenbus mit einem Computer (z.B. DEC VAX oder SUN) als Trägersystem und einigen Workstations als Arbeitsstationen verbunden sind. Prozessoren sind nach dem Baukastenprinzip beifügbar und für die nachstehend beschriebenen Aufgaben erhältlich. (Zum Verständnis sei auf Kapitel B 0 dieses Berichts verwiesen.)

Supervisor-Prozessor: Basis Motorola 68000 steuert Anlage über VME-Bus (ein weitverbreiteter Standard für Datenverbindungen bzw. Datenbusse). Unterstützt Festplatten von je 160 MB, Bandlaufwerk und Asynchronverbindungen (Datenübertragung zu Plottern oder auch Modems zur Kommunikation über Postleitungen).

Filter-Prozessor: Faltungsoperationen mit komplexen Funktionen. Durchsatz entspricht etwa 100 Millionen arithmetischen Operationen pro Sekunde. Output als Gleitkommazahlen.

Gleitkomma-Prozessor: vom Anwender programmierbar, Durchsatz ca. 12 MFLOPS (1 MFLOPS entspricht 1 Million Gleitkomma-Instruktionen pro Sekunde). Zur Weiterverarbeitung der Faltungsergebnisse des Filterprozessors oder für zweidimensionale Fouriertransformationen. Eine nähere Erklärung der Prozessorleistung finden Sie im Abschnitt 3.3.

Speicher-Prozessor: dient neben der Steuerung des Datenflusses zum/vom Speicher der Restrukturierung von Daten, so daß z.B. Matrix-Transponierung in Echtzeit möglich wird.

Prozessor für geometrische Transformationen: führt Resampling von Bildfeldern durch und erlaubt dabei eine Interpolation zwischen 4x4 Punkten nach Transformationspolynomen.

Bitorientierter Prozessor: bearbeitet binäre Bilddaten. Ermöglicht rekursive Nachbarschafts-Operationen und Boolsche Operationen zwischen Pixeln einer oder verschiedener Ebenen. Ein Bild von 512x512 Punkten kann damit z.B. in 70 Millisekunden mittels eines 3x3-Operators abgetastet und entsprechend verkleinert werden.

Systeme von ContextVision sind derzeit z.B. auf in Universität von Linköping/Schweden für Forschungen auf dem Gebiet der Bildverarbeitung eingesetzt. Ebenso dienen sie im Rahmen eines GIS-Projekts für kartographische Anwendungen, an dem die Universität Hannover, das ITC in Enschede und das Norwegische Computerzentrum beteiligt sind; Ziel dieses Vorhabens ist der Aufbau eines integrierten Kartensystems, das Orthofoto- und Stereofotogrammetrische Arbeiten erlaubt.

Anhang 3

Beispiele für Videoplatinen

Die Grafikplatinen von Matrox

Hersteller:	Matrox Electronic systems Ltd. Dorval, Kanada
Vertretung:	Rauscher GmbH, München
Leistungen:	Verfügbar für PCs des generischen Typs IBM-AT sowie für Geräte mit Multibus, VMEbus und Q-Bus (verbreitete Bus-Architekturen)

Auflösung 512x512 bis 32 Bit tief, 640x480, 1280x1024 mit 8 Bit Tiefe

Bildwiederholfrequenz 60 Hz

Farbdarstellung über Nachschlagtabellen (Look-Up Tables) mit 3x8 Bit. Dadurch kann einem Bildpunktwert eine beliebige Farbe aus 16.7 Millionen Farbtönen zugewiesen werden.

Eingebauter Grafik-Baustein ACRTC von Hitachi, dadurch wahlfreie Definition von Ausschnitten, vom Chip unterstützte Translationen, Rotationen, Vergrößerungen etc.

Hardwareunterstützte Statistikverarbeitung (z.B. Histogramme ohne jeden Rechenaufwand), Möglichkeit der Signalrückkopplung und damit der Ermittlung von Nachbarschafts-Beziehungen zwischen Bildpunkten zur Bildverschärfung oder Rauschunterdrückung.

Chip unterstützt über 90 2D- und 3D-Grafikbefehle, dadurch bis zu 13 Mio. Rasteroperationen pro Sekunde, Generierung von 20 000 Zeichen/s oder 35 000 Vektoren/s.

Eingangssignalwandler für drei 8-Bit-Kanäle für die Normen CCIR, RS170, RS330, NTSC und RGB. Damit Anschluß an Fernsehkameras, Videorecorder und andere Bilddatenerfassungsgeräte möglich.

Softwaretreiber für viele Standardpakete und Terminalemulationen, dadurch gut geeignet als Trägersystem für verschiedene kommerzielle Programme, große Auswahl an anschließbaren
Videosystemen.

Die Platinenfamilie PEPPER der Firma Number Nine

Hersteller:	Number Nine Computer Corporation Cambridge, MA
Leistungen:	Verfügbar für PCs des generischen Typs IBM-AT

Darstellbare Auflösung 1600x1200
Adressierbare Auflösung bis 8192x4096

Bildwiederholfrequenz 60 Hz

Farbdarstellung 16.7 Millionen Farbtöne

Eingebaute Grafik-Bausteine 82786 von Intel und TMS34010 von Texas Instruments, dadurch mehrere Hardware-Fenster gleichzeitig, gleitendes Verschieben etc.

Eigenes Multitask-Betriebssystem NNIOS

Softwaretreiber für Standardsoftware, z.B. Windows, GEM, HALO, Pagemaker, Ventura, AutoCAD, VersaCAD und viele andere Standard-Pakete. Träger mehrerer moderner Bildverarbeitungs-Softwaresysteme. Unterstützt GKS in ADA von Software Technology Inc. (Melbourne, FL)

Die TARGA-Familie von AT&T

Hersteller: AT&T, Electronic Photography and Imaging Center, Indianapolis, IN

Leistungen: Auflösung 512x480, bis zu 32 Bit tief (siehe Speicherorganisation)

Bildwiederholfrequenz

Farbdarstellung 16.7 Millionen Farbtöne

Speicherorganisation: 32 Bit (16 Millionen Farbtöne) oder 24 Bit für Farbe, 1 Overlay-Bit, 7 Bit für die Überlagerung von bis zu 128 Bildern

Hauptanwendung: Digitalisierung von Farb-Videobildern (NTSC), On-line-Verarbeitung, Bildmischen

Eingebautes Hardware-Zoom, dadurch Vergrößerungen ohne jeden Rechenaufwand

Anhang 4

Datenbanksysteme für Personal Computer

Im folgenden sollen einige wichtige Datenbanksysteme kurz beschrieben werden, ohne den Anspruch auf Vollständigkeit zu erheben. Dabei wird versucht, alle Beschreibungen weitgehend nach folgender Gliederung vorzunehmen:

- Datenbankart
- Einsatzbereich/Betriebssysteme
- Benutzeroberfläche/Erstellung
- Anwendungsbereich/Datenaustausch/Programmierungsmöglichkeit
- besondere Vorteile und ggf. Hinweis auf weitere Programme dieser Art.

1. Datenbanksysteme für Personal Computer

Stellvertretend für die Vielzahl der Datenbanksysteme wird hier jeweils ein Beispiel aus den im Abschnitt 2.3.2.2 beschriebenen Grundsystemen dargestellt (Kurzcharakterisierung weiterer Programme siehe Marktübersicht).

1.1 dBase und Abarten
(Hersteller: Ashton Tate)

Relationales Datenbanksystem mit eigener Programmiersprache.
Zur Zeit sind 3 verschiedene Produkte für diverse Personal Computer und Betriebssysteme auf dem Markt:
a) dBase II für PC-DOS, Atari ST
b) dBase-Mac für den Apple Macintosh, das im deutschsprachigen Markt noch nicht offiziell eingesetzt wird.
c) dBase III Plus, einsetzbar auf Personal Computer mit Betriebssystemen PC-DOS und MS-DOS, Hauptspeicherplatz mindestens 512 kB.

dBase III Plus verfügt über eine Benutzeroberfläche, Assistent genannt, welche die Kommandoauswahl über Pull-Down-Menüs (Folgemenüs) ermöglicht. Alle für die direkte Bearbeitung erforderlichen Befehle können über diese Menüs angewählt werden. Im Gegensatz zu dBase II und Vorläufer dBase III ist der Anwender nicht mehr auf Kenntnis der Befehle und den Aufbau der Abfragesyntax angewiesen. Allerdings besteht auch die Möglichkeit, ohne diese Menüs zu arbeiten. Bei Nutzung des Assistent stehen 8 verschiedene Menüoptionen für Anlage, Auswertung und Manipulation der Datenbank zur Verfügung. Außerdem werden Bedienungshinweise und Statusangaben (Laufwerk, Datenbank, Name usw.) ständig eingeblendet. Weitere Hilfen sind über die F1-Taste möglich.

Es handelt sich hier um ein Datenbank-Software-System zum interaktiven Anlegen und Auswerten von Informationen und gleichzeitig zum Erstellen von Anwendungslösungen für komplexe Datenbank-Applikationen. Für die dBase-Programmiersprache ist deshalb ein Programmgenerator im Lieferumfang enthalten. Ein Zugriff auf andere Programmiersprachen und Binärdateien ist möglich.

Ein Datenaustausch mit anderen Programmen ist über ASCII-Dateien, DIF und andere gegeben. Allerdings muß hierzu die Benutzeroberfläche (Assistent) verlassen werden.

Daneben bietet es ein Schutzsystem gegenüber unbefugtem Zugriff (Anmeldeschutz, Paßwort); außerdem können unterschiedliche Zugriffsebenen definiert werden.

dBase III Plus ist netzwerkfähig; die notwendige Verwalter-Software ist Bestandteil des Programmpakets.

Bei gleichzeitiger Nutzung ist auf jeden Fall pro PC ein Programm erforderlich. Bei nur zeitweiser Nutzung reichen ein Programm im „Server" und entsprechende Netzmodule. Urheberrechtlich ist auf jeden Fall je PC ein Programm zu kaufen. Dabei können meistens Vereinbarungen über einen Mengenrabatt getroffen werden.

Im Personal-Computer-Bereich ist es das am häufigsten eingesetzte Datenbanksystem mit breiten Anwendungsmöglichkeiten durch Programmierung. Der Einsatz — auch von Anwenderprogrammen aus dBase III Plus — im Netzwerk ist möglich.

Die hohe Verarbeitungsrate von Datensätzen bei relativ geringem Zeitbedarf macht es zum geeigneten Instrument für die Verarbeitung sehr großer Datenbanken auf schnellen Personal Computern.

Zur dBase-Familie gehören noch die Datenbanksysteme Fox Base-Plus, Gbase, Rapidfile, Rbase, Gigabase. Fox Base-Plus ist vollkompatibel zu dBase III Plus, hat aber demgegenüber eine höhere Verarbeitungsgeschwindigkeit, bietet eine größere Zahl von Dateienmöglichkeiten und ist ebenso netzwerkfähig und programmierbar.

Einige Einschränkungen bei Fox Base-Plus bestehen jedoch:
Der Assistent-Befehl zum Aktivier der Benutzeroberfläche sowie die Funktionen View, Query und Catalog werden nicht unterstützt.
Die Datenaustauschmöglichkeiten wie DIF und ähnliche werden nicht genutzt.
Da auch die Programmierung wie bei dBase III Plus möglich und die Verarbeitungsgeschwindigkeit hoch ist, eignet sich das Programm für professionelle Anwendungen.

1.2 Dataflex
(Hersteller: Data Access Corporation)

Dataflex ist ein relationales Datenbanksystem mit compilierender Programmiersprache, das es zur Zeit für die Betriebssysteme PC-DOS, MS-DOS, CP/M-86 gibt.
In Vorbereitung: Xenix, Unix und VAX/VMS. Eine Mehrplatzanwendung ist möglich.

Dataflex erfordert bereits beim Erstellen einer Datenbank ein Benutzerprogramm, das mit dem Dataflex-Editor bzw. einem beliebigen anderen Editor aufgenommen wird. Die aufgebauten Eingabeformulare werden über ein Hilfsprogramm im Dataflex-Compiler übersetzt. Sofern Datenbanken unabhängig von Eingabeformularen aufgebaut werden sollen, kann dies über ein weiteres Hilfsprogramm geschehen.

Nachteilig ist die relativ schlechte Übersicht über eine ganze Datei, da nur ein Feld auf dem Bildschirm behandelt wird. Auch nachträgliche Änderungen der Datenstruktur sind umständlicher als bei anderen Datenbankprogrammen.

Mit „Query" kann der Benutzer außerhalb eines Anwenderprogramms Einsicht in die Datenbank bekommen. Ein Wechsel zwischen den Datensätzen ist so nicht möglich. Für jede Abfrage sind alle Parameter erneut anzugeben.

Die erforderliche Erstellung von Programmen für Datenbanken wird durch den vorhandenen Texteditor und Compiler unterstützt. Die bei Dataflex verwendete Programmiersprache weicht etwas von den sonst gewohnten Konstruktionen einer Programmiersprache ab. Dataflex bietet einen reichhaltigen Satz an Befehlen und Funktionen auch zur Bildschirmsteuerung. Damit steigt allerdings der Aufwand, denn für eine betriebssichere Anwendung müssen entsprechende Programmpassagen geschrieben werden, um Fehlerquellen weitmöglichst abzufangen. Der Aufwand erhöht sich noch bei der Mehrplatznutzung.

Mit einem Hilfsprogramm (READ) können Daten verschiedener Formate wie aus dBase II, MBasic oder DIF eingelesen werden.

Über ein weiteres Hilfsprogramm lassen sich innerhalb des Dataflex-Datenbanksystems Menüs definieren und verwalten. Alle zu einer Anwendung vorhandenen Programmteile lassen sich hiermit in ein Gesamtsystem einbinden; jedes beliebige Programm ist mit dem Menüsystem zu starten.

Ein erheblicher Vorteil ist die nahezu unbegrenzte Datenbankgröße. Sie wird nur vom Betriebssystem begrenzt. Deshalb eignet sich das Programm auch für die Anwendung sehr großer Datenbanken auf mittleren Rechneranlagen.

1.3 Dataease
(Hersteller: Software Solutions)

Dataease ist ein relationales Datenbanksystem für das Betriebssystem MS-DOS mit Masken- und Listengenerator.

Bei Dataease ist das Einrichten von Datenbeständen und Formularen ein Vorgang. Die Erstellung der Bildschirmformulare erfolgt interaktiv mit Hilfen des Programms. Die Dateien können nach Eingabe sofort genutzt werden. Änderungen des Formulars, der Felddefinitionen und der Schlüsselfelder sind unproblematisch bzw. werden automatisch angepaßt.

Der Benutzer bewegt sich nach Start des Programms nur noch in der Formular- und Listenebene, die über Menüs und Formulare miteinander verbunden sind. Weitere Aufrufe von Programmteilen und Dateinamen entfallen hierdurch.

Da jedes Feld eines Formulars auch einen Platz in der zugeordneten Datei hat, sind mehrfache Abspeicherungen gleicher Daten unumgänglich. Dies vergrößert die Datenbank teilweise erheblich.

Der feste Rahmen durch die hier besonders konsequent angewendete Formulartechnik verringert die Freiheit bei der Programmierung. Für Spezialaufgaben kann dies zu etwas umständlicherer Vorgehensweise führen. Für die Erstellung von Formularen und Listen steht jeweils ein Generatorprogramm zur Verfügung.

Nachteilig bei der Anwendung ist z. B. bei kleinen Korrekturen, daß jeweils der Zyklus — Selektion — Listenformat — Ausgabeformat — durchlaufen werden muß. Auch die Selektion aus mehreren Dateien, die miteinander verbunden sind, kann aufwendig und unübersichtlich werden.

Über die Definition Menü können Fremdprogramme aufgerufen und über Hilfsprogramme Daten transferiert werden. Weitere Hilfsprogramme zur Datensicherung und -reorganisation liegen vor.

Dataease verbindet alle Programmteile mit einer ausgezeichneten Menütechnik. Eingaben werden sofort vom System kontrolliert. Der Einsatz der gestuften Formulartechnik erlaubt dem Anfänger ein relativ schnelles Einarbeiten. Bei jedem Schritt werden alle Möglichkeiten angezeigt, die vom Benutzer als nächstes aufgeführt werden können.

Das Datenbanksystem Infostar und teilweise auch Adad 9 sind ähnlich aufgebaut. Bei Infostar fehlt allerdings das umfangreiche Menüsystem, das auch bei Adad 9 verwirklicht ist. Adad 9 kennt neben den Standardformularen und -listen auch die Standardmaskenfunktion. Adad 9 ist mehr auf konstante Anwendungslösungen und nicht für interaktive Datenmanipulationen konzipiert. Adad 9 gibt es auch in einer netzwerkfähigen Version.

Anhang 5

Datenbanksysteme für mittlere und Großrechner

Wichtige, für die allgemeine Anwendung zugängliche Datenbanksysteme sind u. a.:

1. DB 2 von IBM — relationales Datenbank-Managementsystem
2. UDS von Siemens
3. SESAM von Siemens — relationales Datenbanksystem
4. IMS/VS von IBM — hierarchisches Datenbanksystem
5. ADABAS von Software AG Darmstadt
6. RDB von DEC (siehe auch Untersuchung der BGR/NLfB).

Das hierarchisch strukturierte Datenbanksystem IMS/VS ist eines der ältesten und weitestverbreiteten, das bei IBM-Großrechnern und -Kompatiblen eingesetzt wurde. Es arbeitet mit einer compilierenden Programmiersprache.

ADABAS — mit NATURAL-Abfragesprache — ist eines der mächtigsten Datenbanksysteme, die für Großrechner existieren; es handelt sich um ein netzwerkorientiertes rechnerunabhängiges Datenbanksystem, das aber auch baumstrukturierte Darstellungen nutzt; es ist weitgehend maschinenunabhängig und läuft auf größeren Anlagen verschiedener Hersteller.

DB 2 (Data Base 2) ist ein relationales Datenbank-Managementsystem, das als Subsystem an das Betriebssystem MVS gebunden ist. Ein Austausch von Datenbanken zwischen dem Datenbanksystem IMS/VS und DB 2 ist möglich. Dies gilt ebenfalls für das unter 4. beschriebene Datenbanksystem ORACLE, da dieses Programm mit der Datenabfragesprache SQL arbeitet.

DB 2 eignet sich für Anwendungen, deren Anforderungen sich ständig ändern, Planungen, Analyse, Modellbildung. Auf die Daten kann sowohl interaktiv als auch über Anwendungsprogramme zugegriffen werden. Anwendungsprogramme können in COBOL, PL/I, FORTRAN und Assembler geschrieben sein. Lesen und Ändern erfolgt über die Datenabfragesprache SQL.

Das Datenbanksystem UDS ist auf der Basis der BS 2000 Rechner von Siemens in diesem System universell einsetzbar. Dabei sind sowohl Mainframe, PC-Verbund oder reine PC-Lösungen möglich. Anwendungsprogramme können außer in den bei DB 2 genannten Programmiersprachen auch in Pascal geschrieben werden. Für einen direkten Zugriff auf Datenbanken ist ein Endbenutzersystem IQS (Interactive Query System) installiert. Dieses Dialogabfragesystem ist für Ad-hoc-Auswertungen von Datenbanken geeignet. Über die Abfragesprache DRIVE wird UDS in die einheitliche Sprachumgebung SQL eingebunden. Über DRIVE ist der einheitliche Zugang zu den Siemens-Datenbanksystemen wie SESAM möglich.

Nachfolgend wird eine Liste von Minimalanforderungen abgebildet; diese wurde im Rahmen einer „Auswahl eines relationalen Datenbanksystems für BGR/NLfB" von Kühne 1986 (unveröffentlicht) erstellt. Sie war Grundlage für die Untersuchung der funktionalen Eigenschaften der aus einer Marktanalyse ermittelten 11 Datenbanksysteme (MIMER, INGRES, DAMES, DATA 600, ADABAS, IDM 500, CONDOR, SIR, RAPPORT), 2 weitere Datenbanksysteme ORACLE (Version 4.2.2) und RDB (Version 2.0) wurden für einen Test installiert. Getestet wurde Funktionalität und Performance (Benchmark-Test). Randbedingungen waren dabei, daß das Datenbanksystem:

— unter dem Betriebssystem VMS auf VAX-Rechnern lauffähig ist

— nach Coddscher Definition „relational" ist.

Auf eine Darstellung der gesamten Ergebnisse der o. g. Untersuchung muß wegen des Umfanges verzichtet werden.

Anhang 6

Datenbanksysteme für alle Rechnerarten

Neben den in den vorangegangenen Kapiteln beschriebenen Datenbanksystemen, die nur für bestimmte Rechnerarten eingesetzt werden können, gibt es Datenbankprogramme, die auf allen Rechnerarten bzw. auf fast allen Rechnerarten vom Kleinst- bis zum Großrechner einsetzbar sind. Es handelt sich vor allem um folgende Datenbanksysteme:

1. Oracle von Oracle Corporation
2. Informix SQL von Informix-Software
3. Adimens von Adi-Software
4. Progress von Data Language Corporation
5. ZIM von Zanthe Inc.

Stellvertretend für Datenbanksysteme, die mit der Datenbanksprache (Abfragesprache) SQL arbeiten, wird das Programm Oracle beschrieben:

— Oracle ist ein relationales Datenbanksystem mit der Möglichkeit interaktiver Bearbeitung. Alle Versionen von Oracle sind identisch; Oracle ist auf allen Rechnern, mittlere und Großrechner, Personal Computer, Kleinstrechner einsetzbar.

— Die tabellarische Darstellung mit Angabe der Daten in Zeilen und Spalten vereinfacht den Aufbau einer Datenbank und erleichtert die Kommunikation. Für die Bearbeitung einer Datenbank ist das Erlernen der Datenbankabfragesprache SQL erforderlich. Alle Möglichkeiten mit SQL können direkt auf dem Bildschirm oder innerhalb der Standardprogrammiersprachen wie COBOL, FORTRAN, C, Pascal genutzt werden.

Mit dem SQL-Befehlssatz werden neue Tabellen in einen Datenbestand aufgenommen, neue Spalten an bestehende Tabellen angesetzt und bestehende Spalten erweitert. Jeder dieser Vorgänge läßt sich mit einem Befehl ausführen. Die Änderungen werden sofort ausgeführt, da keine Umorganisation im Datenbestand erforderlich ist. Bei Änderungen der Datenbank werden die bestehenden Programme davon nicht betroffen. Als Schutz hiergegen können bei Oracle alte und neue Auswertung des gleichen Datenbestandes nebeneinander bestehen. Datenabspeicherung und Datensicht sind getrennt. Mit Hilfe des Programmwerkzeuges SQL* Menü besteht die Möglichkeit menügesteuert zu arbeiten.

— Oracle bietet neben der SQL-Anwendung und -Schnittstelle voll mit diesen integrierte Anwendungsgeneratoren. Diese Werkzeuge machen in vielen Fällen spezieller Anwendungen eine traditionelle Programmierung entbehrlich. Es stehen folgende Werkzeuge zur Verfügung:

Generator für Anwendungsprogramme, Berichtsgenerator, Erstellung von Farbgrafiken, Erstellung von Dokumenten, integriertes Kalkulationsprogramm, Endbenutzer-Werkzeuge, integrierter Datenkatalog.

Das Programm baut auf einer **vollen** Implementierung der interpretativ arbeitenden Abfragesprache SQL auf; es ist in seinen Basisfunktionen deshalb voll mit DB 2 von IBM kompatibel und bedient sich der gleichen Sprachschnittstelle SQL.

Mit Oracle SQL* Star besteht eine umfangreiche Vernetzungsmöglichkeit von Rechnern verschiedener Größen unter einem einheitlichen Datenbankmanagement mit SQL-Benutzerschnittstelle. Außerdem besteht eine direkte Zugriffsmöglichkeit von Personalcomputern auf Datenbanken in Großrechnern. Die Datensicherheit wird durch automatisch aufgezeichnete Wiederherstellungsprotokolle bei allen Veränderungen im Datenbestand gewährleistet. Damit ist ein weitgehender Schutz bei Ausfall im Anwenderprogramm, in der Hard- und Software des Systems und im Speichermedium gegeben.

— Wegen seiner erforderlichen höheren Grundkenntnisse ist Oracle für kleinere Anwendungen weniger geeignet. Beim Einsatz für größere Datenbanken können erst die Vorteile hinsichtlich der Variationsmöglichkeiten bei Ein- und Ausgabe über die Programmgeneratoren sowie insbesondere der Vernetzungsmöglichkeiten voll genutzt werden. Mit SQL* Star sind die Möglichkeiten dezentraler direkter Nutzung von Datenbanken auf zum Beispiel PC bei Datenhaltung zentral im Großrechner möglich. Dabei können auch die mit den Programmwerkzeugen entwickelten Anwenderprogramme (z. B. in einer Datenzentrale) ausgetauscht bzw. mitbenutzt werden.

Weitere Vorteile liegen in der unbeschränkten Größe der Datenbank; hierbei sind Arbeitsspeicherbedarf und Programmgröße abhängig vom jeweiligen Betriebssystem.

Durch Clusterbildung mit mehreren Tabellen, d. h. Speicherung von Daten aus verschiedenen Tabellen auf zusammenhängendem Plattenspeicherplatz, bestehen Zugriffsmöglichkeiten auf Daten aus verschiedenen Tabellen in einem einzigen Lesevorgang. Diese Arbeitsweise und die systemoptimierte Navigation durch die Datenbank beschleunigt den Zugriff auf die Daten. Daher ist Oracle für Großanwendungen besonders geeignet.

- Das Datenbanksystem Informix SQL ist zwar im Grundsatz ähnlich strukturiert wie Oracle und arbeitet ebenfalls mit der interpretativ arbeitenden Programmiersprache SQL; es bietet allerdings bei der Vernetzung mit mittleren und Großrechnern nur begrenzte Möglichkeit insoweit, daß im wesentlichen nur Personal Computer und mittlere Rechner mit Betriebssystemen MS-/PC-DOS, Unix, Xenix und Sinix angeschlossen werden können.

Die Datenbankprogramme Adimens, Progress und vor allem ZIM sind dagegen weitgehender einsetzbar, da sie außer für die o. g. auch für die Betriebssysteme VMS (Adimens), VAX-VMS (Progress und ZIM) geeignet sind.

Minimalanforderungen an ein relat. DBMS für den Einsatz in BGR/NLfB

1. Mindestanforderungen

Die folgende Liste von Minimalanforderungen basiert einerseits auf speziellen BGR/NLfB-Anforderungen (z. B. vorhandene Hardware, Abspeicherung von Graphik) und andererseits auf dem heutigen Stand der Datenbanktechnologie.

1.1 Allgemeines

1.1.1 **Relationales System** (nach Coddscher Definition).

1.1.2 Unter VAX-VMS lauffähig.

1.1.3 Support von einer deutschen Niederlassung aus.

1.1.4 vollständige und verständliche Dokumentation.

1.1.5 $> = 500$ **Installationen** (weltweit).

1.2 Datenobjekte

1.2.1 Felder

a) Datentypen NUMERIC (Integer, Real) und CHARACTER (möglichst auch DATE).
b) $> = 200$ Zeichen pro CHARACTER-Datenfeld.
c) LONG-Datentyp ($> = 2000$ Zeichen pro Feld).

1.2.2 Relationen

a) $\geq$ = 200 Datenfelder pro Relation.
b) $\geq$ = 5000 Zeichen pro Tupel in einer Relation.

1.2.3 Views

a) mit Feld-Auswahl.
b) mit „computed by"-Feldern.
c) JOIN-Views (über mind. 5 Relationen).
d) mit Tupel-Auswahl über eine Query.
e) a)–d) kombinierbar.

1.2.4 Datenbanken

a) $\geq$ = 10 000 Relationen pro Datenbank (alternativ: gemeinsame Verarbeitbarkeit von Relationen aus mehreren Datenbanken).
b) max. Datenbankgröße $\geq$ = 10 Gigabytes (alternativ wie a)).

1.2.5 Indizes

a) UNIQUE/NOT UNIQUE pro Index umschaltbar.
b) Multi-Field-Indizes ($\geq$ = 5 Felder pro Index).
c) Verwendbarkeit eines Feldes in mehreren Multi-Field-Indizes.
d) $\geq$ = 10 Indizes pro Relation.

1.2.6 Metadaten

in Systemrelationen gespeicherte und dem Anwender zugängliche Metadaten (mindestens eine Liste der vorhandenen Relationen und von deren Aufbau).

1.3 Datendefinition

1.3.1 Möglichkeit des Definierens und Löschens von

a) Relationen
b) Views
c) Indizes

auch durch ausgewählte Anwender und während des lfd. DB-Betriebs.

1.3.2 Möglichkeit der strukturellen Änderung von Relationen

a) Hinzufügen von Feldern
b) Löschen von Feldern
c) Ändern von Datentypen

(nicht notwendigerweise von Anwendern bzw. im lfd. Betrieb).

1.4 On-Line-DML

1.4.1 SQL oder mit ähnlichem Funktionsumfang

a) geschachtelte Queries/Subqueries (mind. 5fach).
b) beliebige Logik (UND/ODER/NICHT/(/)) im WHERE-TEIL.
c) $\geq$ = 10 Vergleichsbedingungen in einer Query bzw. Subquery.

d) Vergleichsoperatoren < > = für NUMERIC- und CHARACTER-Datentypen, Suche ggf. mit Index-Unterstützung.
e) Pattern Matching beim CHARACTER-Datentyp.
f) arithmetische Ausdrücke im WHERE-Teil einer Query.
g) DISTINCT-Klausel (= Tupel-Faltung).
h) ORDER-BY-Klausel (> = 5 Sortierfelder).
i) GROUP-BY-Funktionen MIN, MAX, SUM, COUNT, AVG.
j) FULL JOIN (d. h. mind. 3 Join-Felder, neben „=" auch „<", „>" als Join-Operatoren).
k) INNER JOIN (d. h. Verknüpfbarkeit einer Relation bzw. View mit sich selbst).
l) OUTER JOIN (d. h. auch Tupel ohne „JOIN-Partner" sollen wahlweise im JOIN-Ergebnis vorkommen).
m) UPDATE/INSERT/ERASE zum Ändern/Einsetzen/Löschen von Tupeln in Relationen.
o) UPDATE/INSERT/ERASE mit SELECT kombinierbar (d. h. Spezifizierbarkeit der zu ändernden Tupel durch eine Query).
p) Abspeicher- und Abfragbarkeit leerer (von Blank bzw. „0" unterscheidbarer!) Feldinhalte.
q) Sprachliche Unabhängigkeit von phys. Optimierungsmaßnahmen (z. B. Indizierung).

1.4.2 Verfügbarkeit einer Transaktionssteuerung, d. h. blockweises Rückgängigmachen von Update-Anweisungen

1.4.3 Mindestanforderungen an den Bedienungskomfort

a) Eingabe-Editor
b) HELP-Info
c) Formatierbarkeit der Datenausgabe auf dem Bildschirm (z. B. Masken oder variables Spaltenformat).

1.5 Hostsprachen-DML

1.5.1 wie 1.4.1. (d. h. mit Tupelmengen operierend!)

1.5.2 wie 1.4.2

1.5.3 Volle Unterstützung von FORTRAN-77 als Hostsprache
(d. h. u. a. auch FORTRAN-gemäße Datendarstellungen bzw. problemlose Datenkonvertierung)

1.5.4 Unterstützung einer datenunabhängigen Programmierung

a) Zugänglichkeit der Metadaten (s. o.).
b) Möglichkeit der dynamischen Generierung von DML-Anweisungen zur Laufzeit des betreff. Programms. Dabei müssen neben Datenwerten auch Relationen-, View- und Feldnamen als Variable verwendbar sein.
c) wahlweise typ-unabhängige Datenübergabe zwischen Programm und Schnittstellensoftware.

1.5.5 Fehlerbehandlung
(d. h. als Reaktion auf einen Fehler muß die Kontrolle an das Programm übergeben werden)

1.6 Datenschutz

1.6.1 Datenbezogene Schutzebenen

a) Datenbank
b) Relation
c) Feld (d. h. Spalte einer Relation), ersatzweise Views
d) Tupelmengen, ersatzweise Views
e) Datendefinition (Relation, Feld, Index).

1.6.2 Funktionsbezogene Schutzebenen

a) Lesen
b) Schreiben bzw. Generieren
c) Ändern
d) Löschen.

1.6.3 Anwenderbezogene Schutzebenen

a) Einzelanwender
b) möglichst auch Gruppe.

1.6.4 Kombinierbarkeit

1.6.1—1.6.3 müssen beliebig kombinierbar sein, z. B. müssen die folgenden Definitionen möglich sein:

— Anwender X darf in Relation A Tupel lesen, ändern und einsetzen.

— Anwender Y darf in der Datenbank keine Relationen definieren.

1.6.5 Der Datenschutz muß auch mißbräuchliche DB-Zugriffe auf Betriebssystem-Ebene verhindern

1.7 Concurrency Control

1.7.1 Explizites Locking auf Relationen-Ebene (SHARED/EXCLUSIVE/READ/WRITE), transaktionsbezogen angebbar

1.7.2 Schaltbares WAIT/NOWAIT zur Festlegung der Reaktionen auf Zugriffskonflikte

1.7.3 Parallele Abarbeitung
von:
a) SHARED READ — SHARED READ
b) SHARED READ — SHARED WRITE
c) SHARED WRITE — SHARED WRITE
(hier notfalls auch transaktionsbezogene Warteschlangenverwaltung).

1.7.4 Stabiler DB-Pseudozustand mindestens für die Dauer einer DML-Anweisung, besser für die Dauer einer Transaktion (SNAPSHOT)

1.7.5 Automatische Erkennung und Behebung von DEADLOCKS

1.7.6 Ausführbarkeit von DDL-Anweisungen parallel zu DML-Transaktionen
(wenn nicht dieselben Datenobjekte betroffen sind)

1.8 Datensicherung

1.8.2 Explizit durchführbares ROLLBACK für einen Anwender durch entsprechenden Transaktions-CLOSE-Modus

1.8.3 Automatisch durchgeführtes ROLLBACK für einen (oder mehrere) Anwender zur Behebung von Deadlocks
(s. 7.1 f)

1.8.4 Globales ROLLBACK für alle Anwender bei einem Warmstart
(nach DBMS- oder Rechner-Absturz)

1.8.5 ROLLFORWARD wahlweise auch mit Datum/Uhrzeitangabe zum Zurücksetzen der DB auf einen früheren Zustand

1.9 Operative Aspekte

1.9.1 Komprimierte Abspeicherung von Datenfeldinhalten

a) bei variabel langen CHARACTER-Feldern.
b) bei Leerfeldern.

1.9.2 Weitgehende Reorganisationsfreiheit, d. h. automatische Wiederbelegung freigewordenen Platzes

1.10 Periphere Software

1.10.1 Report-Writer

a) Ausgabe mehrerer Relationen in einem Report (auch hierarchisch).
b) spaltenbezogenes, zeilenbezogenes und gemischtes Report-Design.
c) Unterstützung langer Feldinhalte z. B. durch Spalten-Umbruch.

1.10.2 Anwendungsgenerator
  mit:

a) Masken-IO.
b) Anwendbarkeit für Erfassung, Laufendhaltung und Abfrage von DB-Daten.
c) einfacher Generierbarkeit von anwendungsspezifischen Retrieval- und Update-„Programmen" (auch von erfahrenen End-Anwendern).
d) deutlich geringerem Generierungsaufwand im Vergleich zur Hostsprachen-Programmierung mit Formathandler- und DB-Schnittstellen-CALLS.
e) einschaltbaren Daten-Konsistenzprüfungen (Bereichsprüfungen, listenmäßige Prüfung über Check-Relationen).
f) > 1-Relation (bzw. Teile davon) in einer Maske darstellbar bzw. änderbar (hierarchische Darstellung!)
g) wahlweise Folgemasken (bei großen Tupeln notwendig!).
h) Unterstützung langer DB-Felder, z. B. durch horizontales Scrolling im betr. Feld.
i) Ein tabellarischer Masken-Aufbau (d. h. Darstellung mehrerer Tupel derselben Relation) muß möglich sein, wahlweise auch mit vertikalem Scrolling.

1.11 Hard- und Softwareumgebung

1.11.1 Multi-DB-Betrieb (dezentrale Organisation) unter Wahrung aller Verknüpfungsmöglichkeiten

1.11.2 Unterstützung eines rechnerübergreifenden Multi-DB-Betriebes
  (DECNET-gekoppelte VAXen)

1.11.3 Einsetzbarkeit innerhalb eines VAX-Clusters
  (d. h. zentrale Vorhaltung der DB auf einem SHARED VOLUME für mehrere Rechnerknoten, incl. voller Recovery-Funktionalität